电力生产现场作业票
管理指南

白泽光 编著

中国电力出版社
CHINA ELECTRIC POWER PRESS

内 容 提 要

本书对电力生产现场作业的不安全因素进行了综合分析，找出了生产现场作业的各种不安全因素，以及安全生产管理漏洞，提出了相应控制措施，并在工作票、操作票基础上，增加了杜绝无票作业的生产任务单，增加了防止人的不安全行为、物的不安全状态、作业环境不良的危险点控制措施票，增加了防止误调度运行设备的设备检修申请票，增加了防止检修设备工序颠倒、检修工艺差、检修质量低的检修作业指导书，内容涵盖了电力安全生产相互关联的全部作业票，保证了对生产现场作业的全方位、全过程可控在控。同时，为了规范"两票"标准化管理工作，介绍了标准票库的建立和"两票"管理系统，建立了"两票"管理体系，推进了电力生产现场作业票的管理工作，相信本书的出版将会为电力生产现场作业票，特别是"两票"管理工作发挥着积极的作用。

本书内容全面、理念新颖，流程规范清晰，票面术语标准严谨，每章均附有典型范例分析点评，实用性非常强，是从事电力生产的运行人员、检修人员，以及各级生产管理人员不可多得的参考资料。

图书在版编目（CIP）数据

电力生产现场作业票管理指南/白泽光编著 . —北京：中国电力出版社，2014.10（2022.4 重印）
ISBN 978－7－5123－5523－1

Ⅰ.①电… Ⅱ.①白… Ⅲ.①电力工业－安全生产－生产管理－指南 Ⅳ.①TM08-62

中国版本图书馆 CIP 数据核字（2014）第 024421 号

中国电力出版社出版、发行
（北京市东城区北京站西街 19 号　100005　http：//www.cepp.sgcc.com.cn）
北京雁林吉兆印刷有限公司印刷
各地新华书店经售

*

2014 年 10 月第一版　　2022 年 4 月北京第二次印刷
787 毫米×1092 毫米　16 开本　20.25 印张　469 千字
印数 3001 册—3500 册　定价 80.00 元

前 言

几十年来，广大电力工作者为加强"两票"的管理付出了艰辛的努力，做了大量的工作。但时至今日，与"两票"相关的事故仍时有发生。在总结经验教训的基础上，从探索"两票"的本源入手，系统分析了"两票"使用、管理流程与生产实际工作的匹配衔接问题，发现了传统"两票"在认识和管理上存在的许多误区。针对研究中发现的问题，制订了一系列的标准、规范，明确了管理的目标和重点，完善了"两票"体系，清晰了管理的责任体系。

众所周知，人是生产过程中最活跃的因素，人员作业行为对电力安全生产有着最直接的影响。如何有效控制人员的作业行为，如何确保操作流程符合生产的客观规律，这就需要建立起一套行之有效的现场工作行为规范。查阅的许多资料中，几乎没有找到"两票"的定义，也很少看到关于"两票"本质探讨的资料。或许因为大家对"两票"太熟悉了，才忽略了对其本质的研究，这正是"不识庐山真面目，只缘身在此山中"。其实，"两票"的本质就是规范人员现场作业行为。工作票是检修作业的指令、条件和工作程序，是检修维护人员从事现场作业的依据；操作票是运行人员改变设备、系统运行方式的指令和操作步骤。

从"本质"和"定义"的角度，对照分析传统的"两票"管理存在以下问题：

问题一，远远没有把"两票"提高到人员行为规范的高度来认识。虽然《电力安全工作规程》中有一些明确的规定，但执行者和管理者往往以"工作本身是否复杂、是否安全"来衡量。问题二，在《电力安全工作规程》中也存在一定的模糊界定。例如："事故抢修可以不开工作票，但要求做好措施并记录。"什么是事故抢修？对于它的界定很难说清楚。问题三，工作票执行的各个环节和流程如何衔接，如何建立起运行和检修，以及监督、管理部门相互制约的机制，这是一直没有得到有效解决的问题。如今，仍有很多企业，一提到"两票"就想当然地认为这是安全监督部门的事情，造成了"两票"管理的缺位和越位。问题四，原有"两票"的体系已经不能满足现在大机组运行管理的要求，应进行补充和完善（如热控工作票）。问题五，"两票"管理缺乏系统的管理标准。几十年来，电力行业没有形成统一的"两票"管理标准，各个区域的理念、标准和方法千差万别。

在防止电气误操作事故方面，有一个典型的案例，非常令人深思。曾经有一个地区，为遏制电气误操作事故，采取了对电气误操作事故责任者解除劳动合同的严厉处罚，虽然电气误操作事故得到了一定控制，但仍然没有从根本上解决问题。执行这项制度的几年时间里，有 10 多人被解除了劳动合同。是这些人不珍惜自己的工作机会，不珍惜自己的生命安全，还是管理存在问题？因此，传统的"两票"管理有标准方面的问题、有方法方面的问题、有管理方面的问题，多种因素综合造成了"两票"管理水平始终在低层次徘徊，但最根本的还是管理者的认识问题。

结合研究的成果，提出了"两票"管理工作三个 100% 的目标，即现场作业除不立即处置会严重危及人身、设备安全的情况下按应急预案处置外，都必须做到 100% 开票；票面安全措施、危险点分析、控制措施及"两票"执行的环节必须 100% 落实；标准票的覆盖率要努力达到100％，即正常方式下的作业都必须有标准的工作票和操作票。

根据生产实际的需要，新制订了"热力机械第二种工作票"、"热力机械操作票"等8个新票种，丰富了"两票"体系。实施第二种工作票，旨在规范作业行为。对不需要运行人员从设备、系统上采取隔离措施，作业本身风险性较小的作业，使用第二种工作票，简化了办理工作票的程序，但要求必须得到运行人员的许可，使运行人员全面掌握现场作业的情况，及时处置设备、系统发生的异常，更为重要的是强化了员工现场作业遵章守纪的意识，规范了人员行为。

针对"两票"管理责任不清的问题，规定工作票、操作票实施"分级管理，逐级负责"的管理原则。检修主管部门对工作票的质量和执行情况负责；运行管理部门对操作票的质量和执行情况负责；安全监督部门代表厂部行使监督、检查和考核职责。其真正落实了"管生产必须管安全"的原则。

针对管理工作中的漏洞，规定对"两票"使用的检查，除进行现场执行情况的动态检查外，要定期进行定量分析无票作业的情况，即已经消除缺陷的数量，定期工作的数量，检修、技术改造工作的数量，必须与已经执行的工作票的数量相等。每张第一种工作票，必须有与之对应的两张操作票，形成了一个闭环的管理体系。同时，为杜绝无票作业，增加了生产任务单。

在标准化作业方面，规定标准工作票包括票面、危险点分析与控制措施，对解体检修的设备还必须有标准的作业指导书；标准的设备、系统操作票包括票面和危险点分析与控制措施。危险点分析与控制措施包括两部分内容，一是对工作的工艺流程、使用工器具、周边环境固有的危险性分析与控制措施，要事先编制好；二是涉及人员身体、情绪、气候等动态的危险，需要作业前工作负责人临时组织分析、制订。对编制好的标准票，必须经过车间和厂两级审核才能录入标准表库，以保证标准票的准确、完整。积极探索标准票体系建立的客观规定，对标准化建设进行定量的管理。

在防止电气误操作方面，规定电气倒闸操作票包括标准的准备工作项目表（表中含危险点分析与控制措施）、操作票、标准的操作完成后收尾项目表。以此规范操作前的准备工作，现场操作后的台账、记录等管理工作，防止发生疏漏。操作前，所有要使用的工具、材料一次带齐。操作中，使用专用的通信工具，只能与值班室联系，排除外界干扰。在操作票的填写环节，要求每一个操作任务的填写，只能是一个操作动作，确保指令和行为的统一，提高了监护的效率。在检查和确认的项目中，必须填写检查确认的参照物，通过判定标准来确认设备的位置、状态，养成严谨的工作作风。从实施2年多的情况看，电气操作人员的工作作风更加严谨，行为习惯更加安全、可靠，为有效防范电气误操作事故发挥了重要作用。

本书是对电力生产现场作业票使用和管理的诠释，更重要的是通过这本书的出版，把几年来对"两票"本质的认识，对"两票"使用和管理客观规律探索的心得和体会，与广大同行进行交流，以期推动电力安全生产基础的不断夯实，为我国电力安全生产水平的不断提高贡献一己之力。

鉴于水平和时间所限，书中难免有疏漏、不妥或错误之处，恳请广大读者批评指正。

作 者

2014 年 8 月

目　录

第一章

绪　　论

第一节　概　　论

在电力生产中，经常遇到正在运行的设备发生故障时，需要运行人员停运该设备而转为检修状态，做好现场必要的安全措施并许可开工后，检修人员开始进行检修工作；待检修工作结束并办理完工作终结手续后，又需要运行人员拆除现场所做的安全措施，将设备再恢复到正常运行状态。其整个设备检修工作流程属于闭环过程，如图1-1所示。

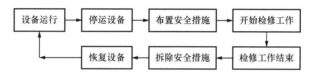

图1-1　设备检修工作流程

如图1-1所示，"设备运行→停运设备→布置安全措施"或"拆除安全措施→恢复设备→设备运行"工作环节属于运行人员执行的环节，即运行人员如果要改变某一个工作环节，就需要进行一系列的设备操作才能实现，所有操作全过程的工作称为操作工作。

操作工作是指运行人员从事操作设备作业所需要进行的一系列工作。常见的有电气设备倒闸操作、热力机械设备操作，例如：220kV系统倒母线操作、发电机并列或解列等电气设备倒闸操作；发电机氢侧密封油泵定期倒换操作、电动给水泵启动/停止等热力机械设备操作。

为了保证设备操作的正确性，杜绝人为误操作事故的发生，规范运行人员的操作行为，做到操作万无一失，保证圆满地完成操作任务，在操作前根据操作任务，按照系统、设备的技术要求和操作原则，将操作项目（步骤）按顺序要求填写在特制的表格内，成为操作票。

操作票是生产设备及系统上进行操作的书面依据和安全许可证。其作用是：

（1）操作人员根据值班调度或值班负责人的命令来完成指定的操作任务。

（2）作为准许操作设备的凭证。

（3）执行具体操作步骤，以防止人为误操作事故的发生。

如图 1-1 所示，"开始检修工作→检修工作结束"工作环节属于检修人员执行的环节，即检修人员办理工作许可手续后开始进行检修工作，待检修工作结束后，再办理工作终结手续。整个检修作业的全过程工作，称为检修工作。

检修工作是指检修人员从事检修设备作业所需要进行的一系列工作。常见的有电气类检修工作、机械类检修工作，例如：变压器、电动机等电气设备的检修；送风机、水泵等机械设备的检修。

为了保证检修人员在设备检修全过程中的人身安全，保证检修设备与运行系统可靠隔离，保证检修人员与运行人员工作之间的联系和约束，根据工作内容，按照系统和设备的特点，将要求运行人员所必须采取的安全措施及注意事项填写在特制的表格内，并在检修全过程中履行相互联系、准许作业的有关手续，成为工作票。

工作票是在电力生产现场、设备、系统上进行检修作业的书面依据和安全许可证，是检修、运行人员双方共同持有、共同强制遵守的书面安全约定。其作用是：

（1）用它来执行和完成检修、测试或安装施工等工作任务。

（2）用它来作为准许检修工作的凭证。

（3）用它来落实安全技术措施、组织措施，以及有关人员安全责任。

（4）发生事故后，用它作为查清事故的依据。

综上所述，我们把操作票和工作票统称为"两票"。

在电力企业中，无论运行人员从事操作工作，还是检修人员从事检修工作均存在着危险因素。为了避免这些危险因素而造成各类事故的发生，防止人为误操作事故，保证作业人员的人身安全和设备安全，"两票"是一项非常有效的措施且发挥着重要的作用。

第二节　生产现场作业票

一个发电企业建成投产后，设备、系统基本固定，生产工艺流程相对固定，定期工作基本不变，生产现场的危险因素种类也基本上相对不变。归纳起来有两大类：①以作业人员所从事工作类别不同考虑，有运行人员从事操作工作的危险因素、检修人员从事检修工作的危险因素、生产指挥人员从事调度工作的危险因素等；②从人的不安全行为、物的不安全状态、作业环境不良三个方面考虑，有涉及人员身体、情绪、气候等动态的危险因素，涉及工作的工艺流程、使用工器具、周边环境等固有的危险因素等。

所有这些危险因素如果在生产过程中控制不到位，均有可能会演变为事故。为防止事故的发生，保证生产作业过程中全方位的可控性，针对生产现场的实际需要，制订相应的控制措施。如图 1-2 所示，主要有以下几个方面。

（1）运行人员在操作工作中，因人为误操作而对人员伤害或设备损坏，需要采取的安全措施使用操作票。

（2）正在运行系统或设备因与被检修设备隔离不到位而对检修作业人员的伤害，需要对被检修设备与运行系统可靠隔离所采取的安全措施使用工作票。

（3）因作业人员的不安全行为（如人员身体不良、情绪波动等）、设备或工器具的不安全状态（如电动工器具漏电等）或现场作业环境不良（如风雨天、作业现场周边有大坑井等）而对作业人员的伤害或设备损坏，需要采取的安全措施使用危险点控制措施票。

（4）因生产设备调度范围划分不清、责任分工不清、调度联系不清误调度运行设备而造成的人身伤害或设备损坏，需要采取的安全措施使用检修申请票。

（5）因设备检修工序颠倒、检修工艺差、检修质量低而造成人身伤害或设备损坏，需要采取的安全措施使用检修作业指导书。

图 1-2 生产作业危险因素

综上所述，为了使生产作业现场的危险因素能够全方位的可控在控，规范人员的作业行为，保证作业全过程中的人身安全和设备安全，圆满地完成安全生产任务，针对生产现场危险因素的种类和特点，在操作票、工作票的基础上又增加了危险点控制措施票、检修申请票和检修作业指导书，补充和完善了"两票"不足之处，保证了生产现场作业的全方位控制，它们构成了电力企业从事生产作业工作的作业票，如表1-1所示。

表 1-1 　　　　　　　　　　　生产现场作业票

序号	票种类	作 用
1	操作票	防止运行人员误操作设备对人员造成的伤害或设备损坏
2	工作票	防止运行设备、系统与被检修设备隔离不到位造成对检修人员的伤害
3	危险点控制措施票	防止人的不安全行为、作业环境不良、使用工器具不当等对人员造成的伤害
4	检修申请票	防止生产指挥人员误调度运行设备对人员造成的伤害或设备损坏
5	检修作业指导书	防止检修人员作业时，因设备检修工序颠倒、检修工艺差等造成检修质量低或对人员的伤害、设备损坏

第三节 "两票"管理记录

生产现场作业票是规范人员的作业行为，防止作业全过程中可能造成事故发生的有效措施，但是，在执行过程中，往往还需要检修与运行之间、各运行值之间工作的相互沟通、相互交底、落实责任，保证工作延续和作业人员的心中有数，需要建立完善的"两票"管理记录。

"两票"管理记录分为运行操作类记录和检修交代类记录。

运行操作类记录是对运行人员在执行操作任务的过程记录。记录是由当值运行人员填写，并向接班运行值进行工作交接的依据。记录本有工作票记录本，设备停送电记录本，装拆接地线记录本，电气、热控保护投停记录本。

检修交代类记录是指检修工作结束后，工作负责人向当值运行人员交代检修工作完成情况及检修后设备状况的记录。记录是由工作负责人填写，记录本有设备检修记录本，继电保护定值及保护交代本，热控保护定值及保护交代本，设备异动、变更记录本。

一、工作票记录本

工作票记录本是对工作票从"接票→开工→完工"办理过程的登记本。

1. 内容

其内容包括接票时间、专业、工作票编号、工作票内容、开工时间、工作负责人、措施执行人、开工许可人、完工时间、完工许可人。

2. 格式

格式如表 1-2 所示。

表 1-2 工 作 票 记 录

接票时间	专业	工作票编号	工作票内容	开工时间	工作负责人	措施执行人	开工许可人	完工时间	完工许可人
月 日 时 分				月 日 时 分				月 日 时 分	
月 日 时 分				月 日 时 分				月 日 时 分	

3. 填写

由运行人员填写。运行值班负责人接收到工作票后，首先应将接票时间、专业、工作票内容进行登记，然后责令监护人、操作人填写操作票，布置安全措施，办理工作许可手续，并将开工时间、工作票编号、工作负责人、措施执行人、开工许可人内容进行登记，待检修工作结束办理完工作票终结手续后，将完工时间、完工许可人内容进行登记。

二、设备停送电记录本

设备停电（送电）联系单（简称"小票"）是热力机械（热控）第一种工作票要求对检修设备的动力电源开关进行停电或送电的操作，或运行值班室之间通知对方，要求设备停电或送电操作的指令性联系单。

设备停送电记录本是对检修设备停电或送电操作过程的登记本。

1. 内容

其内容包括工作票编号、设备名称、停电通知人、停电时间、停电操作人、送电通知人、送电时间、送电操作人。

2. 格式

格式如表 1-3 所示。

表 1-3 设 备 停 送 电 记 录

工作票编号	设备名称	停电通知人	停电时间	停电操作人	送电通知人	送电时间	送电操作人
			月 日 时 分			月 日 时 分	
			月 日 时 分			月 日 时 分	

3. 填写

由运行人员填写。运行值班负责人接到设备停电联系单审核无误后，将工作票编号、设备名称、停电通知人进行登记。然后，责令监护人、操作人填写操作票，执行操作任务，操作结束后，将停电时间、停电操作人进行登记；送电操作与停电操作相同。

三、装拆接地线记录本

在电气高压设备上进行检修工作时，为了防止突然来电，保证检修人员的人身安全，检修人员要求运行人员在检修设备的各侧装设接地线（或合上接地开关）；待检修工作结束后再拆除接地线。

装拆接地线记录本是对电气设备装设或拆除接地线操作的登记本。

1. 内容

其内容包括工作票编号、地线装设位置、地线号、设备接地开关号、装设时间、操作人；拆除时间、操作人。

2. 格式

格式如表1-4所示。

表1-4　　　　　　　　　　　装拆接地线记录

工作票编号	地线装设位置	地线号	设备接地开关	装设时间	操作人	拆除时间	操作人
				月 日 时 分		月 日 时 分	
				月 日 时 分		月 日 时 分	

3. 填写

由运行人员填写。首先，由运行的操作人、监护人依据电气工作票中安全措施所列的内容填写电气倒闸操作票，并执行装设接地线（合上接地开关）的操作工作，操作工作结束后，由监护人应将工作票编号、地线装设位置、地线号、设备接地开关号、装设时间、操作人内容进行登记，待电气检修工作结束后，操作人、监护人恢复所布置的安全措施，拆除接地线（断开接地开关）后，由监护人将拆除时间、操作人进行登记。

四、电气、热控保护投停记录本

电气、热控保护投停记录本是对电气主要保护（继电保护）或热控主要保护投入、退出运行的操作登记本。

1. 内容

其内容包括保护名称、投入时间、退出时间、投停原因、批准人、通知人、操作人、备注。

2. 格式

格式如表1-5所示。

表1-5　　　　　　　　　　　电气、热控保护投停记录

保护名称	投入时间	退出时间	投停原因	批准人	通知人	操作人	备注

注　备注栏内填写保护设备归属部门，如电气、热控。

3. 填写

由运行人员填写。电气主要保护（继电保护）或热控主要保护非正常的需要投入、退出运行时，应先办理主要保护投退申请票，待申请票审批后办理工作票手续，对于继电保护的投入、退出操作由运行人员负责执行，对于热控保护的投入、退出操作由热控专业人员负责执行，待保护投退无误后，由运行人员将保护操作有关内容进行登记。

五、设备检修记录本

设备检修记录本是在一次设备的检修工作结束后，由工作负责人向运行人员交代设备检修后情况的记录本。

1. 内容

其内容包括设备名称、交代内容、工作负责人签字、运行值班负责人签字。

2. 格式

格式如表 1-6 所示。

表 1-6 设 备 检 修 记 录

设备名称：
交代内容：
工作负责人签字：　　　　　　　　　　　　　　　　　　　　年　　月　　日　　时　　分
运行值班负责人签字： 一值：　　　　二值：　　　　三值：　　　　四值：　　　　五值：

3. 填写

由工作负责人填写。设备（一次设备）的检修工作结束后，由工作负责人将设备检修后的情况及设备能否正常投入运行等结论性的内容填写在设备检修记录本，并向当值运行人员交代清楚具体的内容。

其他运行各值接班后，应主动查阅记录本，交班值的运行值班负责人主动向接班值的运行值班负责人交代记录内容，接班值的运行值班负责人确认无误后签名。

六、继电保护定值及保护交代本

继电保护定值及保护交代本是继电保护的检修工作结束后，工作负责人向运行人员交代设备检修后情况的记录本。

1. 内容

其内容包括设备名称、保护装置名称、编号、保护名称、变比、保护定值及装置是否可以投运、工作负责人签字、运行值班负责人签字。

2. 格式

格式如表 1-7 所示。

3. 填写

由工作负责人填写。继电保护的检修工作结束后，由工作负责人办理工作票终结手续，并将保护检修后情况及保护能否正常投入运行等结论性的内容填写在继电保护定值及保护交代本，并主动向当值运行人员交代清楚具体的内容。

其他运行各值接班后，应主动查阅记录本，交班值的运行值班负责人主动向接班值的运行值班负责人交代，接班值的运行值班负责人确认无误后签名。

表 1-7　　　　　　　　　　继电保护定值及保护交代

设备名称：			保护装置名称：
编号	保护名称	变比	保护定值及装置是否可以投运
工作负责人：			年　月　日　时　分
运行值班负责人：			
一值：　　二值：　　三值：　　四值：　　五值：			

七、热控保护定值及保护交代本

热控保护定值及保护交代本是热控保护的检修工作结束后，工作负责人向运行人员交代设备检修后情况的记录本。

1. 内容

其内容包括系统名称，编号，保护及设备名称，保护定值、装置是否可以投运及必要操作说明，工作负责人签字，运行值班负责人签字。

2. 格式

格式如表 1-8 所示。

表 1-8　　　　　　　　　　热控保护定值及保护交代

系统名称：		
编号	保护及设备名称	保护定值、装置是否可以投运及必要操作说明
工作负责人：		年　月　日　时　分
运行值班负责人：		
一值：　　二值：　　三值：　　四值：　　五值：		

3. 填写

由工作负责人填写。热控保护的检修工作结束后，由工作负责人办理工作票终结手续，并将保护检修后情况及保护能否正常投入运行等结论性的内容填写在热控保护定值及保护交代本，并主动向当值运行人员交代清楚具体的内容。

其他运行各值接班后，应主动查阅记录本，交班值的运行值班负责人主动向接班值的运行值班负责人交代，接班值的运行值班负责人确认无误后签名。

八、设备异动、变更记录本

设备异动是指在生产系统或设备上需要增加设备、拆除设备或对设备进行技术改造及对保护定值变更、逻辑修改、二次线变动等检修的工作，如主变压器油枕改型更换，主变压器差动保护定值变更等。

设备异动、变更记录本是指在设备异动检修工作时，办理异动申请票→异动检修工作→竣工验收全过程的记录本。

1. 内容

其内容包括申请日期，设备异动、变更内容，对系统设备运行的影响，竣工日期，通知人。

2. 格式

格式如表 1-9 所示。

表 1-9 设备异动、变更记录

申请日期	设备异动、变更内容	对系统设备运行的影响	竣工日期	通知人

3. 填写

由工作负责人填写。设备（一次设备）进行增加、拆除或更新改造等检修的工作，以及保护定值变更、逻辑修改或二次线变动等检修的工作，必须办理设备异动申请票，待申请票审批后办理工作票手续，方能进行异动检修工作。异动检修工作结束后，工作负责人应将设备异动后的情况及设备能否正常投入运行等结论性的内容填写在设备异动、变更记录本内，并主动向当值运行人员交代清楚具体的内容。

第四节 "两票"管理体系

"两票"是电力企业规范作业人员的行为，控制生产现场的危险因素，防止人为误操作事故的发生，保证作业人员安全的一项有效措施。多年来，在执行"两票"的过程中，存在着票面填写不标准、文字描述不规范、安全措施不完善、执行过程流于形式等诸多问题，这些问题将直接影响着"两票"使用和管理工作的质量，威胁着作业人员的人身安全和设备安全。为了对"两票"规范化、标准化管理，提高票面，保证票面合格率达到100%的要求，编制了工作票规范、电气倒闸操作票规范、设备和系统操作票规范。以大量的范例介绍了什么叫标准票、如何编制标准票、如何审核标准票等内容，具有通俗易懂、容易理解、可操作性强、仿真性强等特点，为编制、审核、执行标准票提供了指导性的作业文件。

"两票"规范给作业人员如何编制、使用和规范化管理工作提供了依据，但是，在现场作业时，作业人员接受到工作任务后需要花费很多的时间来填写工作票（或操作票），特别是大型操作任务，需要填写的时间就更长了。同时，在填写过程中，不能完全保证票面的正确性，若发现填写错误，还需要重新填写，耽误作业时间。为了让一线作业人员从填写票面的繁琐工作中解脱出来，提高工作效率，保证票面合格率，建立了标准票库。

标准票库是依据生产作业现场的需求建立的，票库里的内容非常贴近实际，作业人员需要时直接从票库中调用即可。标准票库的建立彻底解决了作业人员填票难的历史问题，同时又提供了"两票"填写的培训学习材料。但是，标准票覆盖率是否能达到100%、标准票库结构是否合理、作业人员检索所需票是否方便已成为建立标准票库的主要问题，它将直接影响着标准票库的建库质量，影响着作业人员查询标准票的工作效率。为了保证标准票库的建库质量，努力达到标准票覆盖率为100%的要求，编制了标准票库的建立方法，并以量化形式对标准票库进行了科学管理，为建库工作提供了指导性的作业文件。

综上所述，"两票"的"使用→规范→建立标准票库"已构成了一个相互关联的标准化管理模式，打破了传统的"两票"管理模式，建立了"两票"管理体系。其支持性作业文件如下：

（1）使用。提供了工作票、操作票使用和管理的指导性文件。主要介绍了工作票、操作票的种类和适用范围，填写、执行程序、管理以及各级人员的安全责任。其作业文件《工作票、操作票使用和管理标准》。

（2）记录。提供了在执行"两票"过程中，作业人员相互进行工作交底的记录本。其记录本有《工作票记录》《设备停送电记录》《装拆接地线记录》《电气、热控保护投停记录》《设备检修记录》《继电保护定值及保护交代》《热控保护定值及保护交代》《设备异动、变更记录》。

（3）规范。提供了标准票编制的指导性文件。主要介绍了什么是标准票、怎样编制标准票、对标准票的具体要求和规定。其作业文件有《工作票规范》《电气倒闸操作票规范》《设备、系统操作票规范》。

（4）导则。提供了标准票库建立的指导性文件。主要介绍了标准票库目录树结构的建立，单台机组标准票数量的统计方法。其作业文件有《单台机组标准工作票数量统计》《单台机组电气标准操作票数量统计》《单台机组热机标准操作票数量统计》。

"两票"管理体系的建立标志着"两票"以高标准、高要求管理模式迈进了一大步，使多年来传统的手工写票改变为机打票、从经验开票改变为标准票、从人工办票改变为网上办票，从作业人员写票改变为调用标准票的管理模式，简化了一线作业人员制票环节，彻底解脱了一线作业人员的工作强度，提高了工作效率和票面合格率，避免了因错票而造成事故的发生，建立了"两票"标准化管理体系模式，使经常化工作规范化，规范化工作标准化，标准化工作网络化，使"两票"在生产作业中发挥着越来越重要的作业，做到了"凡事有章可循、凡事有章必循、凡事有据可查、凡事有人负责"，实现"两票"长效管理机制，保证了作业过程中的人身安全，实现了本质安全。

第五节 "两票"管理体系的应用

设备检修工作流程为：设备运行→停运设备→布置安全措施→开始检修工作→检修工作结束→拆除安全措施→恢复设备→设备运行。

（1）"运行设备→停运设备"环节。由检修单位向上级有关生产管理部门或生产领导提出要求检修设备的申请，办理设备检修申请票（计划停运除外）。

（2）"停运设备→布置安全措施"环节。待设备检修申请票审批后，由工作负责人办理工作票手续。

（3）"布置安全措施→开始检修工作"环节。运行值班负责人接收到检修申请票和工作票后，对工作票中的工作任务和安全措施进行认真审核，需要补充安全措施时应填写在工作票的"运行值班人员补充的安全措施"栏内，审核无误后责令操作人调用标准操作票，经"四审"无误签名，操作人和监护人执行现场布置安全措施的操作任务，操作任务结束后，工作许可人（监护人）会同工作负责人共同到现场检查安全措施的布置情况，确认无误后办理工作票许可手续。

（4）"开始检修工作→检修工作结束"环节。工作票许可手续办理完后，由工作负责人带领工作班成员进入作业现场进行检修工作，在检修过程中，要严格执行《检修作业指导书》，确保设备的检修质量。

（5）"检修工作结束→拆除安全措施"环节。检修工作结束后，工作负责人会同工作许可人检查设备检修工作确已结束、工作班成员确已全部撤离现场，确认无误后办理工作票终结手续。然后，由操作人调用标准操作票，经"四审"无误签名后，操作人和监护人执行拆除安全措施的操作任务。

（6）"恢复设备 →设备运行"环节。检修后的设备能否投入运行，由值长（单元长）负责调度；当操作人和监护人接收到值长（单元长）调度命令后，由操作人调用标准操作票，经"四审"无误签名后，操作人和监护人执行恢复设备运行的操作任务，保证设备正常投入运行。

设备检修流程如图 1-3 所示。

另外，对于特殊作业（如动火、动土、保护工作）还需要增加相应的特殊工作票，作为检修工作票的附票。在禁火区域内进行动火作业时，应办理一级动火工作票，或二级动火工作票；如果在生产区域内进行动土作业时，应办理动土工作票；如果在电气二次设备上进行检修工作时，应办理二次工作安全措施票。

综上所述，某一个运行（备用）设备从要求停运检修，到检修工作结束、恢复设备运行的每一个工作环节中，均需要有相应的作业票的支持，作为作业人员之间相互联系、相互制约、保证安全作业、落实安全责任的凭证，是防范生产现场各种危险因素的有效措施，只有严格、规范执行，才能保证作业全过程中的安全。

例如，运行人员在巡检设备时，发现某机组正在运行的汽动给水泵（简称汽泵）声音异常，给检修单位下达设备缺陷通知单，生成生产任务单；检修单位接到生产任务单后，派人到现场进一步核实设备，初步判断汽泵轴承（内端）有问题，需要停运汽泵后才能进行处理，汇报检修单位负责人。

检修单位负责人对汽泵是否需要停运检修的必要性和可行性进行论证，如果需要停运时，由检修单位提出设备检修申请票，经有关生产部门领导审批后，办理工作票手续；由于汽泵安装于氢冷发电机附近，属于一级动火区，需要动火作业时应办理一级动火工作票，考虑到更换汽泵轴承，需要汽泵解体检修，还应准备有关检修作业指导书（检修执有）。

由此可见，在汽泵检修工作前，首先需要检修单位办理设备检修申请票，待申请票审批后，方可持有热力机械第一种工作票、危险点控制措施票、一级动火工作票（动火作业

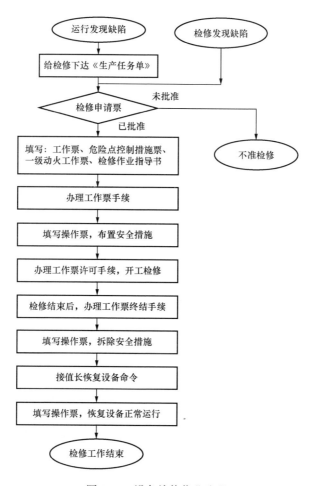

图 1-3　设备检修作业流程

时)、检修作业指导书(工作负责人执有)到运行值班处办理工作票许可手续。

运行值班负责人接收到上述作业票审核无误后,责令操作人填用标准操作票,由操作人和监护人布置安全措施,停止汽动给水泵运行、关闭汽源、切断电源、挂上标示牌等,现场安全措施布置完后,工作许可人会同工作负责人到现场核查所布置的安全措施,确认无误后,办理工作票许可手续,关闭生产任务单工作负责人方可带领工作班成员进入现场开始工作,待检修工作结束后,工作负责人会同工作许可人到现场检查设备检修后的情况,确认无误后办理工作票终结手续,关闭生产任务单工作票终结后,由操作人调用标准操作票,操作人和监护人拆除现场安全措施、恢复汽动给水泵运行,恢复常设遮栏和标示牌,全部检修工作结束。

第二章

定义、名词和术语

为了规范"两票"编制，保证票面质量，保证作业人员理解的唯一性，应做到定义准确、术语规范、描述简洁、准确清晰，尽量减小作业人员的记忆量，避免因文字描述不规范、理解不一致而造成事故的发生。

第一节 定 义

一、电气设备状态

电气设备一般有四种状态，即运行状态、热备用状态、冷备用状态、检修状态。

1. 运行状态

设备的刀闸及开关均在"合闸"位置，设备带电运行，相应保护投入运行。

2. 热备用状态

设备的刀闸在"合闸"位置，开关在"断开"位置，相应保护投入运行。

3. 冷备用状态

设备的刀闸及开关均在"断开"位置，相应保护退出运行（属中调、区调所辖的调度范围内保护，按中调、区调令执行）。

4. 检修状态

设备的刀闸及开关均在"断开"位置，在有可能来电端挂好接地线，挂好安全标示牌，相应保护退出运行（属中调、区调所辖的调度范围内保护，按中调、区调令执行）。

二、线路状态

线路一般有四种状态，即运行状态、热备用状态、冷备用状态、检修状态。

1. 运行状态

线路两侧开关、刀闸均在"合闸"位置，线路全部处于带电状态。

2. 热备用状态

系指线路两侧开关在"断开"位置、而刀闸在"合闸"位置，相应的保护及自动装置投入运行，即线路虽然退出运行，但没有明显的断开点；热备用状态的线路应视为运行线路。

3. 冷备用状态

线路两侧开关、刀闸均在"断开"位置，线路与变电站带电部位有明显断开点。但线路本身处于完好状态。

4. 检修状态

系指线路两侧开关、刀闸均在"断开"位置，两侧装设了接地线或合上了接地开关。或线路虽然不检修，但因二次设备上有工作使该线路停电，尽管该线路两侧没有装设接地线或合上接地开关，但该线路不具备投入运行的条件，也应视该线路为检修状态。

三、手车开关状态

手车开关有五种状态，即运行状态、热备用状态、冷备用状态、试验状态、检修状态。

1. 运行状态

手车开关本体在"工作"位置，开关处于"合闸"状态，二次插头插好，开关操作电源、合闸电源均已投入，相应保护投入运行。

2. 热备用状态

手车开关本体在"工作"位置，开关处于"分闸"状态，二次插头插好，开关操作电源、合闸电源均已投入，相应保护投入运行。

3. 试验状态

手车开关本体在"试验"位置，开关处于"分闸"状态，二次插头插好，开关操作电源、合闸电源均已投入，保护投退不确定。

4. 冷备用状态

手车开关本体在"试验"位置，开关处于"分闸"状态，二次插头拔下，开关操作电源、合闸电源均未投入，相应保护退出运行。

5. 检修状态

手车开关本体在"检修"位置（在开关柜外），二次插头拔下，开关操作电源、合闸电源均未投入，相应保护退出运行，已做好安全措施。

四、手车开关位置

手车开关位置有三种，即工作位置、试验位置、检修位置。

1. 工作位置

手车开关本体在开关柜内，一次插件（动、静插头）已插好。

2. 试验位置

手车开关本体在开关柜内，且开关本体限定在"试验"位置，一次插件（动、静插头）在"断开"位置。

3. 检修位置

手车开关本体在开关外柜。

第二节 名 词 和 术 语

标准的名词术语是指国标、行标、企业规范的标准称谓。

一、名词

名词解释如表 2-1 所示。

表 2-1   名 词 表

名 词	名 词 解 释
操作指令	值班调度员对其管辖的设备进行变更电气接线方式和事故处理而发布的立即操作指令（分为逐项操作指令、单项操作指令和综合操作指令）
操作许可	电气设备在变更状态操作前，由厂、站值长或班长、地调调度员提出操作要求，在取得省调值班调度员许可后才能操作。操作后应汇报
操作任务	对该设备的操作目的或设备状态改变
操作要求	该设备在操作前提出的要求
调整性操作	负荷增减、不涉及人为就地启停或切换设备（系统），或在 DCS 上实现顺序控制的操作
合上	把断路器或隔离开关放在接通位置（包括高压熔断器）
断开	把断路器或隔离开关放在断开位置（包括高压熔断器）
合环	将电气环路用断路器或隔离开关闭合的操作
解环	将电气环路用断路器或隔离开关断开的操作
并列	将发电机（或两个系统）经用同期表检查同期后并列运行
解列	将发电机（或一个系统）与全系统解除并列运行
自同期并列	将发电机用自同期法与系统并列运行
非同期并列	将发电机（或两个系统）不经同期检查即并列运行
强送	设备故障跳闸后未经详细检查或试验即送电
强送成功	设备故障后，未经详细检查或试验，用断路器对其送电成功
试送	设备检修后或故障跳闸后，经初步检查再送电
冲击合闸	新设备在投入运行时，连续操作合闸，正常后拉开再合闸。一般线路三次，主变压器五次，母线一次
跳闸	设备（如开关、主汽门等）自动从接通位置变为断开位置
零起升压	利用发电机将设备从零电压渐渐升至额定电压
装设（拆除）接地线（或合上，拉开接地开关）	用临时接地线或接地开关将设备与大地接通（或断开）
带电拆接	在设备带电状态下拆断或接通短接线
限电	限制用户用电
检查	观察设备的状态如何，如进行正常定期检查和事故检查
清扫	消除设备上的灰尘、脏物
测量	测量电气设备绝缘、电压、温度等
装上或取下熔断器	将熔断器装上或取下
保护投入	将继电保护投入运行，指投跳闸位置
保护停用	将继电保护停止（或退出）运行
投入或停用连接片	将继电保护、安全自动装置连接片投入（用上）或停用（解除）
信号复归	继电保护动作的信号牌恢复原位
开启	把汽门或阀门转动至开启位置
关闭	把汽门或阀门转动至关闭位置

名　　词	名　词　解　释
验电	用校验工具验明设备是否带电
放电	设备停电后，用工具将静电放去
充电	不带电设备与电源接通，但设备没有供电（不带负荷）
核相	用校验工具核对带电设备的两端相位
试相序	用校验工具核对电源的相序
短接（或跨线）	用临时导线将开关或刀闸等设备跨越旁路
拆（接）引线	将设备引线或架空线的跨越线（弓子线）拆断（或接通）
倒母线	指双母线互相倒换
校验	对自动装置、继电保护装置进行预先测试检验是否良好
冷倒	开关在热备用状态，先断开×母线刀闸，再合上×（另一组）母线刀闸
开机	将发电机、汽轮机开动
停机	将发电机、汽轮机停下
上锁	重要机构用锁锁住
除锁	将锁取下不用
挂上××标示牌	设备上挂上标示牌（警告牌）
摘下××标示牌	设备上摘下标示牌（警告牌）
蒸汽母管并列（解列）	将主蒸汽母管并列（或解列）运行
装设（拆除）堵板	法兰装设（拆除）堵板
数字称谓	"零、一、二、三、四、五、六、七、八、九"在设备名称或编号中的统一称谓分别为"洞、幺、两、三、四、五、六、拐、八、九"

不具有阿拉伯数字编号的设备，如线路、主变压器等，可以直呼其名。票面需要填写数字的，应使用阿拉伯数字（母线可以使用罗马数字）。

注：填写"两票"时，必须使用"号"字，严禁使用"♯"字。

"六清"：接受命令清；布置任务清；操作联系清；发生疑问要问清；操作完毕汇报清；交接班清。

"六核对"：核对工作票；核对接地线登记簿；核对模拟图；核对接地线悬挂处；核对接地线存放处；核对交接班记录。

"四查"：查工作票全部终结；查安全措施全部拆除、回路符合运行条件；查检修单位有书面交代；查运行值班记录。

二、术语

1. 电气类操作术语（见表 2-2）

表 2-2　　　　　　　　　电 气 类 操 作 术 语

术　　语	应用设备	规　范　描　述
合上/断开	开关	合上×××开关（刀闸）
	刀闸	断开×××开关（刀闸）

术　语	应用设备	规　范　描　述
检查	开关	检查×××开关在"合闸"位 检查×××开关在"分闸"位
	刀闸	检查×××刀闸合闸到位 检查×××刀闸分闸到位
	指示灯 表计 把手 保护压板 保险等	检查×××开关"红灯"亮 检查×××开关"绿灯"亮 检查×××表计指示正常 检查×××把手在"×××"位 检查×××保护压板已投入（已退出） 检查×××保险已装好（已取下）
拉出/推入	拉出式手车开关 抽出式手车开关	拉出××手车开关至"××"位 推入××手车开关至"××"位
摇出/摇入	摇出式手车开关	摇出××手车开关至"××"位 摇入××手车开关至"××"位
拔下/插上	开关二次插头	拔下×××开关二次插头 插上×××开关二次插头
装上/取下	熔断器（保险）	装上×××熔断器（保险） 取下×××熔断器（保险）
装设/拆除	接地线	在××处装设接地线（××号） 拆除××处接地线（××号）
	绝缘板	在×××刀闸口处装设绝缘板 拆除×××刀闸口处绝缘板
放上/取下	绝缘垫	在×××刀闸口处放上绝缘垫 取下×××刀闸口处绝缘垫
切	切换把手	切×××把手至"×××"位
投入/退出	保护压板	投入×××保护压板 退出×××保护压板
测量	测量设备的电气量	测量×××对地绝缘电阻为××兆欧 测量×××相间电压为××伏 测量×××电流为××安
验电	对电气设备验电	验明×××处无电压
挂上/摘下	安全标示牌	在××处挂上"××"标示牌 摘下××处"××"标示牌

2. 机械类操作术语（见表2-3）

表2-3　　　　　　　　　　　　机 械 类 操 作 术 语

操作术语	应用设备	规 范 描 述
开启/关闭	手动阀门 电动阀门 调整阀门 气动阀门 液压阀门	开启×××阀门（电动门、气动门、调整门、液压门） 关闭×××阀门（电动门、气动门、调整门、液压门）
开启到位/关闭到位	手动阀门 电动阀门 调整阀门 气动阀门 液压阀门	检查×××阀门（电动门、气动门、调整门、液压门）开启到位 检查×××阀门（电动门、气动门、调整门、液压门）关闭到位
至×%位/在×%位	调整阀门	开启（关闭）×××调整阀门至×××位 检查×××调整阀门在×××位
合上/断开	电动阀门	合上×××电动阀门电源开关 断开×××电动阀门电源开关
装设/拆除	堵板	在×××法兰处装设堵板 在×××法兰处拆除堵板
上锁/除锁	重要阀门	在×××阀门处上锁 在×××阀门处除锁
挂上/摘下	安全标示牌	在×××处挂上"×××"标示牌 摘下×××处"×××"标示牌

3. 调度术语（见表2-4）

表2-4　　　　　　　　　　　　调 度 术 语

联系方式	调度术语	适 用 范 围	规范描述
上级与下级	通知××	××中调、××区调给××电厂下令	通知××电厂（变电站）
		××值长给××单元长下令	通知××单元长
		××单元长给××值班负责人下令	通知××值班负责人
	接××汇报	××中调、××区调接电厂（变电站）汇报	接××电厂（变电站）汇报
		××值长接××单元长汇报	接××单元长汇报
		××单元长接××值班负责人汇报	接××值班负责人汇报
下级与上级	接××令	××值长接××中调、××区调令	接××中调令，接××区调令
		××单元长接××值长令	接××值长令
		××值班负责人接××单元长令	接××单元长令
	汇报××	××电厂（变电站）汇报××中调、××区调	汇报××中调，汇报××区调
		××单元长汇报××值长	汇报××值长
		××值班负责人汇报××单元长	汇报××单元长

续表

联系方式	调度术语	适 用 范 围	规范描述
平级	通知	××值班负责人通知××值班负责人	通知××值班负责人
	接通知	××值班负责人接××值班负责人通知	接××值班负责人通知

三、设备双重名称

设备的双重名称是指具有中文名称和阿拉伯数字编号的设备（简称双重编号）。

在操作票和工作票的内容中，凡涉及的设备都要写上双重名称；在下达、复诵操作命令中，在设备标示牌中，都要一并使用。描述如下：

1. 电气设备双重名称的描述

电压等级	××段	××设备或线路名称	××开关(刀闸)

（1）接入固定段的开关（刀闸）描述：应写明电压等级、固定段、设备名称、开关（刀闸）编号，如6kVⅡA段1号磨煤机33开关。

（2）接入双母线的开关（刀闸）描述：应写明电压等级、设备（线路）名称、开关（刀闸）编号，如220kV春二乙线4004开关。

（3）接入3/2接线方式的开关（刀闸）描述：应写明电压等级、固定串、固定母线、开关（刀闸）编号，如500kV第一串Ⅰ母线侧5011开关。

2. 热机设备双重名称描述

×号机（炉）	××号设备名称	××阀门

例如，2号炉1号磨煤机33入口门。

第三章

生产任务单

第一节 概　　述

在生产现场的设备检修或消缺工作中，经常会出现工作人员不开工作票擅自从事作业，或者与运行人员达成口头协议后就从事作业。例如，某厂运行中的电动机靠背轮松动，运行人员通知检修人员停止电动机后给紧固一下靠背轮螺栓，只口头交代了安全措施，未开工作票，也未做任何安全措施。检修人员在紧固靠背轮螺栓时，由于该螺栓使用多年已螺扣，需要更换新螺栓，当检修人员从库房找回螺栓后，运行班已换成另一运行班，但未与接班运行人员交代现场情况，检修人员正在靠背轮处紧固螺栓时，电动机突然启动，将检修人员的手打断。可见，这种图省事、侥幸行为将严重危机工作人员生命安全，为防止现场人员作业的随意性，杜绝无票作业，防止人员责任事故发生，规范生产现场的作业管理，提高现场作业安全监管等级，保证生产现场人员行为的可控性，对生产任务实行生产任务单管理。

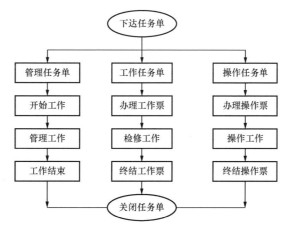

图 3-1　生产任务单

生产任务单是指为完成某项工作任务下达的指令单（简称，任务单），如图 3-1 所示。目的是保证每项工作任务必须有领导布置、开票工作、留有痕迹，杜绝无票作业。换句话说，没有生产任务单不得开工作票（或操作票），实现了生产任务工作的闭环管理。

第二节　生产任务单简介

生产任务单分为管理任务单、工作任务单、操作任务单三种。其中，管理任务来源于安全生产日常管理工作，例如，安全检查工作、重大危险源评估工作、"两票"检查和统计工作、编制文件工作等；工作任务来源于设备缺陷、定期工作、计划性工作、临时性工作；操作任务来源于调度指令、工作票、运行定期工作以及临时性操作。

一、管理任务单

1. 管理任务单

管理任务单是指为完成管理工作任务下达的指令单。票样内容：任务单编号、管理任务、计划完成时间、实际完成时间、下达人及下达时间、接收部门及接收时间、接收人及接收时间、备注，如表3-1所示。

表3-1　　　　　×××公司（发电厂）管理任务单

任务单编号：

管理任务				
下达人		下达时间	计划完成时间	
接收部门		接收时间	部门接收人	
接收人		接收时间	实际完成时间	
备注				

2. 管理任务单的使用范围

安全生产的重要管理工作安排需要使用管理任务单，如重大危险源评估、季节性安全检查、专项安全检查等。

二、工作任务单

1. 工作任务单

工作任务单是指为完成检修工作任务下达的指令单，如表3-2所示。票样内容：任务单编号、工作任务、计划完成时间、终结时间、工作票编号、是否开票（是/否）、下达人及下达时间、接收部门及接收时间、接收班组及接收时间、接收人及接收时间、备注。

表3-2　　　　　×××公司（发电厂）工作任务单

任务单编号：

工作任务				
下达人		下达时间	是否开票	是/否
接收部门		接收时间	部门接收人	
接收班组		接收时间	班组接收人	
接收人		接收时间	工作票编号	
计划完成时间		终结时间		
备注				

2. 工作任务单的适用范围

除以下工作外的所有工作均需要使用工作任务单。

（1）生产区域的日常巡视检查类工作。例如：点检巡视检查、运行人员的巡回检查，现场例行安全检查等。

（2）生产区域的采样工作。例如，汽、气、煤、油等。

（3）生产区域的灰渣清运工作和保洁工作。

（4）"两票"管理制定中规定的紧急处置的工作。

三、操作任务单

1. 操作任务单

操作任务单是指为完成操作工作任务下达的指令单，如表3-3所示。票样内容：任务单编号、操作任务、计划完成时间、终结时间、操作票编号、是否开票（是/否）、下达人及下达时间、接收部门及接收时间、接收人及接收时间、备注。

表3-3　　　　　　　　×××公司（发电厂）操作任务单

任务单编号：

操作任务					
下达人		下达时间		是否开票	是/否
接收部门		接收时间		部门接收人	
接收人		接收时间		操作票编号	
计划完成时间		终结时间			
备注					

2. 操作任务单的适用范围

在生产区域内，除以下操作外的所有操作均需要使用操作任务单。

（1）运行调整性操作；

（2）程控操作；

（3）紧急事故处理时的相关操作。

第三节　生产任务单的下达与接收

生产任务单的下达方式分为自动和手动两种。来源于设备缺陷和定期工作的生产任务采用自动方式下达；当自动方式故障或企业没有 EAM 系统或缺陷管理系统时，可采用手动方式下达。非来源于设备缺陷和定期工作的其他生产任务采用手动方式下达。

一、下达任务的权限

（1）管理任务单下达权限为副总工程师及以上的厂级领导，安监部门、设备部门、发电部门等职能部门管理人员。

（2）工作任务单下达权限为点检人员，车间专工及以上人员或项目部负责人，班组技术员及以上人员。

（3）操作任务单下达权限为值长、单元长、机组长、辅控主值、运行值班负责人（运行班长）。

二、下达任务的原则

1. 可以不通过任务系统下达的任务

（1）设备、系统或气候正常情况下的点检、运行、检修巡视检查，但不得进行任何维护和检修工作。

（2）其他各类人员日常现场各类非接触类检查。

（3）汽、气、水、油、氢、煤、粉、灰、渣采样类的工作。

（4）在生产现场进行的煤、油、酸、碱、灰、渣、石粉、石膏等装卸工作。

（5）石子煤清运、生产区域保洁工作。

（6）运行调整性操作。

调整性操作是指设备（调整门除外）状态不发生变化，只改变运行参数的操作，具体如下：

1）热力系统：温度、压力、真空、流量、水位、油位、料位调整；各类风机风门调整；给煤机的给煤量调整；各类调整门调整性操作。

2）电气系统：发电机有功负荷、无功负荷调整；发电机内冷水温度、流量调整；氢冷发电机的氢气湿度、纯度调整；空冷发电机的空气温度、压力调整；变频电机的转速调整。

（7）运行程控操作。

"程控操作"是指操作人员一键发出指令后，系统能够按照事先编制好的程序、无需就地有辅助操作的，如各类系统的程控启停。

（8）按试验方案，在控制室进行，无需就地协助操作的如火灾烟雾报警装置的试验；各类光字、音响报警试验；具体项目明细，由企业根据具体情况进行补充确定。

（9）紧急事故处理时的相关操作。

2. 需通过任务系统下达，可以不开工作票的工作

（1）热力、机械、土建等检修维护工作，在检修已经签发工作票，但尚未履行许可手续前的材料、备品、备件、工器具的搬运、摆放工作，可以不使用工作票，但如果在易燃、易爆、有毒场所、升压站、配电室、电缆沟道、电缆夹层、电气及热控等电子设备间，必须在履行许可手续后，在监护人的监护下，方可开始工作。

（2）在机加工车间、设备检修间、检修班组内，维修已经从设备、系统上拆卸下来的设备、部件，可以不使用工作票。

（3）在机加工车间、设备检修间、检修班组内，对机具、工具进行检验、维修工作，且不需要进行电气试验的工作，可以不使用工作票。

（4）在实验室进行的化验工作，进行仪器仪表、测量器具等的检查与校验工作，可以不使用工作票。

（5）在检修间或非工作现场对厂内机动车辆进行的检查和维修工作。

（6）生产区内办公用计算机、打印机的维修以及生活水系统（如下水道疏通、水龙头更换等）维修等与生产无直接关联的工作。

（7）非生产区域，与电力生产无关的作业，由企业参照集团公司《工作票操作票使用管理标准》自行界定。

（8）各类管理任务。

3. 需通过任务系统下达，可以不开操作票的工作

（1）在 CRT 上进行的操作，通过一个操作指令可以完成，无需就地协助操作的项目，可以不开操作票。

（2）按试验方案，在控制室进行，无需就地协助操作的，如火灾烟雾报警装置的试验，可以不开操作票。具体项目明细，由企业根据具体情况确定。

（3）一次调频装置、AGC 装置的投退。

三、下达与接收任务单

（1）管理任务的下达与接收应按照"逐级下达、逐级接收"的原则，即厂级领导下达任务，职能部门领导接收任务；职能部门下达任务，相关部门或班组接收任务。

（2）工作任务的下达与接收应按照"专业对口、逐级下达、逐级接收"的原则，即点检人员下达任务，检修车间、项目部接收任务；检修车间或项目部下达任务，检修班组接收任务；检修班组下达任务，本班组工作负责人接收任务。各企业也可根据自身管理模式确定任务下达流程。

（3）操作任务的下达与接收应按照"调度权限、逐级下达、逐级接收"的原则。

1）对于集控运行模式。值长下达任务、单元长接收任务；单元长下达任务、机组长接收任务；机组长下达任务、操作人员接收任务。

2）对于运行车间模式。值长或单元长下达任务、运行班长接收任务；运行班长下达任务、操作人员接收任务。

第四节 生产任务单的执行

生产任务单的执行流程为生成任务单、下达任务单、接收任务单、执行任务单、终结任务单五个环节，如图 3-2 所示。

1. 生成任务单

任务单在生成时，必须明确该任务的计划完成时间，对于来自于设备缺陷从 EAM 或缺陷管理系统自动生成的工作任务单，默认计划完成时间是 24h。对于定期任务，其计划完成时间按照定期任务预先设定的时间时限确定。其他手动生成的任务单，由下达人根据该任务的工作量与紧急程度，确定其计划完成时间。

一张应开票的工作任务单只能生成一张工作票，一张操作任务单只能对应一张操作票。

2. 下达任务单

下达人下达任务单后，发现有误可以收回重新下达；任务的各级接收人在接收任务前，应仔细对任务的执行情况和计划完成时间进行评估，如果发现存在问题应退回给上一级重新分配任务，否则应及时接收，如果是中间环节的接收人还应及时分配给下一级接收人。

正式下达的任务不能删除，但可以申请作废或延期，作废的任务仍然保留其痕迹信息。

3. 接收任务单

当生产任务单接收后，由于特殊原因（如需停机或减出力处理的工作、缺少备件等）不能进行工作时，接收人可申请退回给下达人，由下达人在备注栏内说明原因，并将任务作废或挂起。对于挂起的任务，待具备工作条件后下达人应重新下达。

分配工作任务后，如果涉及变更专业，应由专业之间的负责人协商解决。

4. 执行任务单

（1）任务单与"两票"系统关联，接收人只有接收到任务单后才能开票，并且在打印出正式的工作票（或操作票）后，"两票"系统将票号自动填写到任务单内相应栏目，作为已开票的判据条件。

（2）工作任务单在打印出正式工作票后就不得办理任务单延期手续。如果工作需要延期时，应履行工作票延期手续。

（3）任务单在打印出正式工作票（或操作票）后就不得办理任务单作废手续。如果工作无法进行时，应履行工作票（或操作票）终结手续。

（4）已执行的任务单任何人均无权删除。

（5）如有工作（操作）任务未执行，应在备注栏内填写未执行的原因。

5. 终结任务单

（1）接收人在终结工作票（或操作票）后，"两票"系统会自动将工作票（或操作票）的终结时间填写到任务单内相应栏目，作为已终结票的判据条件，同时，系统会自动终结任务单。

（2）对于需要开票的任务单，由"两票"系统自动终结任务单；对于不需要开票的任务单，由下达人负责验收并手动终结任务单。

（3）已终结的任务单任何人均无权修改。

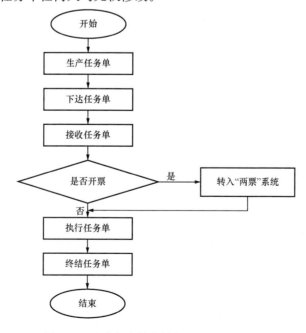

图 3-2 生产任务单的执行流程

第五节　生产任务单的管理

一、生产任务单的检查

具有以下任一情况者为"不合格"任务单。

（1）部门接收人、班组接收人没有及时接收和没有及时分配给下级；

（2）工作任务单的接收人不是本班组的工作负责人；

（3）操作任务单的接收人不是操作人；

（4）任务单未及时终结；

（5）无需开票的任务单不是由下达人终结；

（6）已延期的任务单未重新下达；

（7）未执行的任务单没有在备注栏内说明原因。

二、生产任务单的统计

（1）管理任务单由管理任务下达部门负责统计管理，工作任务单由设备部门负责统计管理，操作任务单由发电部门负责统计管理，安全监察部门负责生产任务单管理的监督和考核。

（2）每月由责任部门对生产任务完成情况尤其是无票作业情况进行统计、分析和总结，对每个无票作业任务都要查找原因，提出改进措施，并及时通报生产任务的完成情况及考核情况，并将结果报到安全监察部门。

（3）生产任务单按照每天进行统计，统计的数据包括：每日下达任务数、每日应完成任务数、每日应开票任务数、每日实际完成任务数、每日实际开票任务数、每日无票任务数、本月累计无票任务数、每日实开标准票任务数、每日实开标准票率、月实开标准票率。

（4）生产任务单的统计数据定义如下：

1）每日下达任务数：下达时间大于或等于每日零时且小于每日 24 时的所有任务数量。

2）每日应完成任务数：计划完成时间大于或等于每日零时且小于每日 24 时的所有任务数量。

3）每日应开票任务数：计划完成时间大于或等于每日零时且小于每日 24 时的所有需要开票的任务数。

4）每日实际完成任务数：终结时间大于或等于每日零时且小于每日 24 时的任务数。

5）每日实际开票任务数：开票时间大于或等于每日零时且小于每日 24 时的任务数。

6）每日无票任务数：计划完成时间大于或等于每日零时且小于每日 24 时且要求开票但没有对应的工作票票号或操作票票号的任务数。

7）本月累计无票任务数：本月中每日统计的无票任务数之和。

8）每日实开标准票任务数：开票时间大于或等于每日零时且小于每日 24 时且为标准票的任务数。

9）每日标准票使用率：每日实开标准票任务数/每日实开票任务数×100％；月标准

票使用率：月实开标准票任务数/月实开票任务数×100％。

三、生产任务"内外审"管理

生产任务单下达后，接收人应及时接收任务单，办理工作票（或操作票）手续。如果在任务单的"计划完成时间"内未开票（工作票或操作票），"两票"系统没有给任务系统反馈票号，任务系统就会判断为"疑似无票"。

1. 产生疑似无票的主要原因

（1）重复下达任务单，未及时作废多余的任务单。

（2）接收人未及时处理下达的任务单，在计划完工时间内开票（工作票或操作票）。

（3）接收人接收任务单后，由于预先未估计到此项任务无法执行，需要取消的任务单，但未及时办理"申请作废"手续。

（4）接收人发现下达的任务单有错误或需要延期工作时，将任务单退回给下达人，但下达人未及时进行处理。

2. 生产任务"内外审"管理

（1）为了搞好生产任务管理工作，建立健全"三级内外审"体系，杜绝无票作业，加强对生产任务系统的疑似无票审核管理工作，形成一级保一级，一级对一级负责的责任体系，建立奖惩配套机制，做到对发现问题的持续改进，形成闭环管理，必须建立生产任务"内外审"管理体系。

（2）生产任务管理审核实行三级审核。"三级内外审"是指班组内审，车间对班组外审；车间内审，厂部对车间外审；厂部内审，上级主管单位对厂部外审。形成一级保一级，一级对一级负责的责任体系。

（3）运行管理部门是操作任务内外审管理部门，每月应对操作任务进行内外审，对疑似无票进行统计和分析，并将审核结果报到安全监察部门，如表3-4所示。

表3-4　　　　　　　　　　　　操作任务疑似无票统计表

填报单位：　　　　　　　　　　　　　　　填报时间：　　　　年　　　月　　　日

序号	任务编号	任务内容	疑似无票原因	是否无票	责任单位	责任人	考核结果	备注

审核人：　　　　　　　　　　　　　　　　填报人：

（4）设备管理部门是工作任务内外审管理部门，每月应对工作任务进行内外审，对疑似无票进行统计和分析，并将审核结果报到安全监察部门，如表3-5所示。

表3-5　　　　　　　　　　　　工作任务疑似无票统计表

填报单位：　　　　　　　　　　　　　　　填报时间：　　　　年　　　月　　　日

序号	任务编号	任务内容	疑似无票原因	是否无票	责任单位	责任人	考核结果	备注

审核人：　　　　　　　　　　　　　　　　填报人：

（5）安全监察部门是生产任务内外审监督管理部门。每月应对管理任务单、工作任务单和操作任务单的执行情况进行监督和考核。

（6）各内外审工作组负责对生产任务管理系统实施过程中发现的问题进行评价，找出疑似无票的原因，并提出整改建议。

第六节 生产任务管理系统

生产任务管理系统是利用企业安全生产管理网络的现有资源，以及"两票"管理系统的数据，进行数据共享、整合关键字，建立生产系统管理平台。目的是规范生产任务管理工作，杜绝无票作业，防止现场人员作业的随意性，实现生产任务的痕迹管理。通过应用生产任务管理系统平台，把"两票"管理工作落实到每一个环节、每一个岗位、每一个人，实现"两票"闭环管理、过程控制，实现"两票"管理三个100％，提高企业安全生产管理水平。

本系统通过与"两票"管理系统的数据互动，增加了没有生产任务单不能开票功能，为各级管理者及时掌握"两票"和生产任务的进行程度提供了手段；实现了"两票"执行由结果控制，变为过程到结果的闭环控制，减少了现场无票作业，特别是由原来传统的员工开票改变为主管领导派任务开票的管理模式，提高了管理等级，落实了责任，建立了主管领导与员工之间的工作连带关系，双重把关。

一、生产任务系统简介

本系统是以生产任务为中心，以信息化为手段，通过与EAM、缺陷管理、两票管理、生产MIS等安全生产信息系统实时互联，实现所有生产任务的可控在控与闭环管理的工作平台。

本工作平台是通过设备缺陷、定期工作、定期操作、调度指令、临时工作的数据来自动生成任务单，或由下达人手动下达任务单，当接收人接收到任务单后，任务系统会将"任务单编号"传送给"两票"系统，此时，接收人才能进入"两票"系统开工作票（或操作票）；当"两票"系统将票面打印出来时，"两票"系统会把"票面编号"自动返回给任务系统内，任务单和工作票（或操作票）均进入了正在执行状态，工作（或操作）人员开始进行作业（或操作）；待工作（或操作）结束，办理完工作票（或操作票）终结手续后，"两票"系统自动将"终结时间"返回给任务系统，任务系统收到"终结时间"后，自动关闭任务单。并将有关数据自动填入到生产管理信息系统（MIS）中的运行日志内，如图3-3所示。

图3-3中，如果一个应开票任务单没有对应的工作票（或操作票）号，则视为无票作业；如果一个应开票任务单有对应的工作票（或操作票）号，但是没有终结时间，视为正在执行中；如果一个应开票任务单有对应的工作票（或操作票）号，并且有终结时间，视为已终结。

二、生产任务单的状态

生产任务单分为管理任务单、工作任务单、操作任务单。本系统将任务单的状态分为草稿状态、下达状态、未分配状态、退回状态、收回状态、接收状态、执行状态、终结状态共8种状态，如图3-4所示。

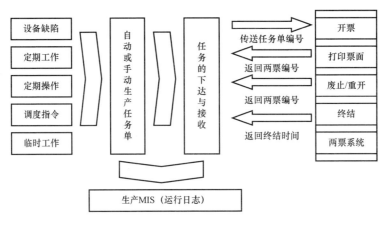

图 3-3　生产任务管理系统

图 3-4　生产任务单的状态

（1）草稿状态。任务没有下发下去，还只是保存在待办工作状态。

（2）下达状态。任务下达后到接收人接收之前所有的下达环节。

（3）未分配状态。任务已下达，部门或班组接收人接收后，但还没有下达给下级班组或接收人。

（4）退回状态。下级任务接收人阅读任务单后，发现有误，可以将任务单退回给上级下达人。

（5）收回状态。任务单下达后，发现有误，在接收人没有接收任务单的前提下，下达人可以收回任务单。

（6）接收状态。接收人已接收任务单的状态。

（7）执行状态。任务单已执行，工作票（或操作票）已打印的状态。

（8）终结状态。任务在手动输入或由"两票"系统自动返回终结时间后的状态。

三、生产任务系统的功能

为了保证每个业务系统之间的数据交互的可靠，在每个业务系统之间建立一种数据交互的应答机制。凡是接收数据的一方要在成功接收后发送一个确认信息，凡是传送信息一方在没有收到接收方的确认信息时，应每隔一定时间重新传递，如果对方已手动建立了相同的一条任务信息，还是发送一个接收 ok 信息，但对该接收信息不进行任何处理。

（1）与 EAM 系统的数据交互。当安排一项新任务时，EAM 通过数据交互平台向任务系统传送的信息为工单编号、工作任务、下达人工号、下达时间、接收专业。其中实现方式为数据交互平台调用任务系统的接口创建一个任务单。

（2）与"两票"系统的数据交互。当接收人接收一项需要开票的任务时，通过数据交互平台向两票系统传送任务单编号、任务内容、任务类型（工作任务还是操作任务）和接收人工号名称，其中实现方式为任务系统调用数据交互平台的接口将数据传送过去。

（3）如果数据交互平台出现故障，无法将任务单编号传送给两票系统，会导致两票系统无法开票，从而影响生产工作，为避免这种情况的出现，两票系统要具备手动录入任务单功能，并且要保证所录入的任务单编号是唯一的。

（4）当"两票"系统开出一张工作票（或操作票）并打印时，通过数据交互平台向任务系统传送任务单编号、工作票（或操作票）编号、是否标准票、是否开票、操作票（或工作票）类型汉字串和 id、运行值别汉字串和 id、机组汉字串和 id。其中实现方式为数据交互平台调用任务系统的接口更改任务单相应信息。

（5）当"两票"系统废止一张票时，通过数据交互平台向任务系统传送该票对应的任务单编号。其中实现方式为数据交互平台调用任务系统的接口更改任务单相应信息。

（6）当"两票"系统终结一张票时，通过数据交互平台向任务系统传送任务单编号、终结时间。其中实现方式为数据交互平台调用任务系统的接口更改任务单相应信息。

（7）任务撤销。当任务下达人发现下达有误时，在接收人未接收任务单前，可以撤销下达的任务并再次分配。

（8）任务退回。当接收人阅读任务后，发现不妥可以将任务退回给上级下达人，当任务被退回后，除了任务的原下达人外，上级所有具有权限的人都可以再行分配任务。但是接收人接收任务并将任务编号传递给两票系统后就不能再退回了。

（9）任务浏览。所有人员都能在任务系统浏览所有的任务。

（10）"两票"票号回填。当"两票"系统开票并打印后，自动将工作票（或操作票）编号写入任务单相对应的栏目内。

（11）废票回写重置。当两票系统作废一张票时，自动将任务单内对应栏目置为空。

（12）两票终结时间回填。当"两票"终结完毕时，系统将终结时间自动写入任务单对应栏目内。

（13）回填运行日志。操作任务完成后，将操作任务名称、操作票票号、操作时间自动填入生产管理信息系统交接班日志中；工作任务完成后，将工作任务名称、工作票票号、工作时间自动填入生产管理信息系统交接班日志中。

四、生产任务单的执行

生产任务单的执行环节包括：下达任务、接收任务、延期任务、作废任务、退回任务、收回任务、终结任务。

1. 下达任务单

下达任务单的方式分为自动、手动两种。通常采用自动方式。

（1）自动下达任务单。

1）设备缺陷系统下达。

当 EAM 系统中安排了一个新工单时，系统会自动生成一个对应的任务单，并且保留其工单编号。其中任务单编号是系统自动生成的，工作任务的内容也是自动生成的（内容：缺陷单描述加上处理要求组合而成），下达人、下达时间和接收部门均从工单中读取，由于工单只有专业属性，因此要将工单中的专业转换为任务单的接收部门。注意，所有来自于 EAM 系统的任务都是工作任务。

2）任务系统定期下达。

生产任务除临时安排任务外，日常例行工作也很多，往往这些工作都是定日定时进行的。任务系统针对此类任务采用了定期下达任务单方式，即首先列出生产现场所有的定期任务，并对其进行分类，按照规程和有关规定的要求，事先将定期任务的内容及工作时间录入到任务系统的数据库内，经过系统内的判据单元，每日将当天的定期任务自动地调选出来，下达任务单。

（2）手动下达任务单。

手动下达任务时，下达人填写"工作任务、计划完工时间"，选择是否开票、专业分类，点击"下达"按钮即可。其中，下达人、下达时间均是系统自动填写的内容，如图3-5所示。

图3-5 下达任务单

2. 接收任务单

接收任务通常由部门、班组和接收人来接收。部门接收后将任务单分配给班组，班组接收后将任务单分配给接收人，接收人接收任务后，点击"接收"按钮，任务系统会自动向"两票"系统发送任务单信息。若发送成功，系统会提示"向两票系统发送任务单信息成功"。若发送失败，则系统同样会提示，确定后，此任务单还显示在待办任务中，任务单状态为"接收状态"，如图3-6所示。

图3-6 接收任务单

3. 延期任务单

任务延期是指接收人接收任务后，由于预先未估计到此任务无法在计划完成时间内完成，需要延长任务的计划完成时间。其操作，在任务单为"接受"状态的操作栏中，接收

人可点击"申请延时"按钮向任务下达人申请延期,弹出申请延期对话框,如图3-7
所示。

图3-7 延期任务单

写入延期原因,点"确定"按钮后,任务单为"申请状态"。被申请延期的任务单直
接返回到任务下达人,由任务下达人决定是否同意延期。若同意,直接将任务单计划完成
时间置为延期后的时间;若不同意,任务单状态还是为原来的计划完成时间,并显示在接
收人的待办任务栏中。

4. 作废任务单

作废任务是指接收人接收任务单后,由于预先未估计到此项任务无法执行,需要取消
的任务单。其操作,在任务单为"接收状态"的操作栏中,点击"申请作废"按钮,弹出
对话框,如图3-8所示。

图3-8 作废任务单

被申请作废的任务单直接返回到任务下达人,由任务下达人决定是否同意作废。若同
意,直接将任务单置为"作废"状态;若不同意,任务单状态还是为"接收状态",并显
示在接收人的待办任务栏中。

5. 退回任务单

退回任务单是指接收人接收到任务单后,发现下达任务单有误,请求下达人修改任务
单内容时,选择退回任务单。其操作,点击"退回"按钮,提示"是否退回任务单",确
定后即可将任务单退回到下达人,任务单为"退回状态",如图3-9所示。

6. 收回任务单

收回任务单是指下达人下达任务单后,发现任务单有误,在接收人未接收任务单前,
可以收回已下达的任务单,再重新修改其内容后,重新下达任务。注意,如果接收人已接

图 3-9　退回任务单

收了任务单，下达人就不能再收回任务单了。其操作，点击工具栏的"收回"按钮，弹出对话框，列出当前用户所有可收回的任务单，点击"收回"按钮，提示"收回成功"，即可将任务单收回，如图 3-10 所示。

图 3-10　收回任务单

7. 终结任务单

任务结束后，接收人应在"两票"系统内办理工作票（或操作票）终结手续，当工作票（或操作票）终结时，系统会自动将终结时间回填到任务单内，表明任务单已终结。已终结的任务单任何人均无权修改。

五、生产任务单的工作流程

生产任务单生成方式有自动生成任务单、手动下达任务单、定期生成任务单。

1. 自动生成任务单的工作流程

自动生产任务单是指运行人员在 EAM 系统（或设备缺陷管理系统）内登记缺陷的同时，系统会自动将缺陷内容、缺陷单编号传送到任务系统内，生成任务单。

点检人员接到任务单后，根据专业分工、工作实际情况安排设备消缺工作，下达任务单，检修班组接到任务单后，安排工作负责人办理工作票手续后，进行设备消缺工作；待设备消缺工作结束后，办理工作票终结手续，关闭任务单，如图 3-11 所示。

2. 手动下达任务单的工作流程

当 EAM 系统（或设备缺陷管理系统）故障或没有安装该系统时，可采取手动下达任务单方式。由下达人手动录入任务单，接收人接到任务单后，办理工作票（或操作票）手续，开始工作；待工作结束后，办理结票手续，关闭任务单，如图 3-12 所示。

3. 定期生成任务单的工作流程

定期生成任务单是针对定期工作设计的程序，即首先列出定期工作明细，根据相关管理制度规定，将每个定期工作预置工作时间，录入到任务系统内，然后，系统依据事先预

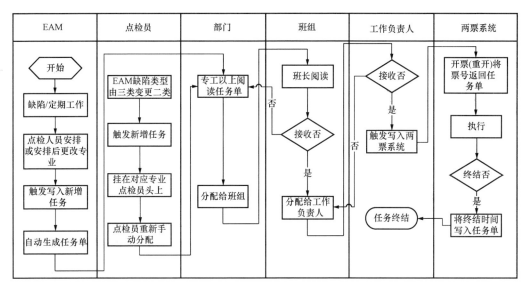

图 3-11　EAM 自动生成任务单的工作流程

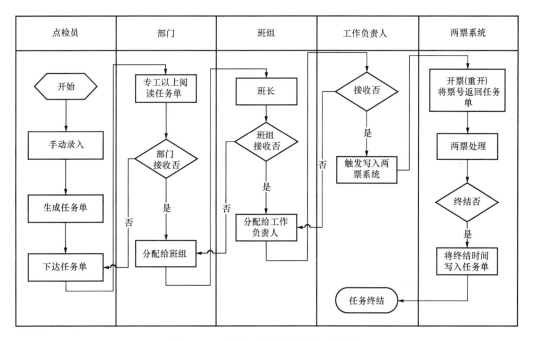

图 3-12　手动下达任务单的工作流程

置好的工作时间自动按时生成任务单。接收人接到任务单后，办理工作票（或操作票）手续，开始工作；待工作结束后，办理结票手续，关闭任务单，如图 3-13 所示。

六、任务系统及两票系统的统计

1. 任务系统的统计

系统每日按照以下判别原则进行统计：

（1）今日下达任务数。下达时间大于或等于今日零点且小于今日 24 点的所有任务数

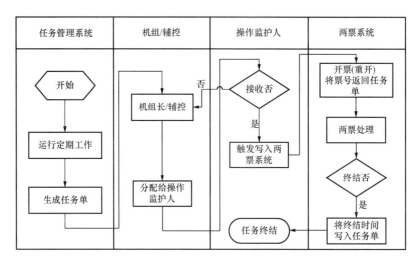

图 3-13　定期生成任务单的工作流程

量，包括今日需开票和今日无需开票的任务。

（2）本月下达任务数。下达时间在本月的所有的任务数量，包括本月需开票和本月无需开票的任务。

（3）疑似无票任务数。超过计划完成时间且要求开票且状态为接收、执行、终结、申请延期、申请作废，但没有对应的工作票号或操作票号的任务数，包括今日疑似无票数和本月每日疑似无票累计数。

（4）本月内审情况统计累计数。包括本月的疑似无票确认数、应开票而下达为无需开票数、需开票未下达数以及无票作业合计。

其中疑似无票确认数是从内审管理下疑似无票确认中经过内审员一审，以及最高内审员最终判定为"确认是无票"而得来的数据。

（5）需开票未下达数是内审员在实际的现场检查工作中发现的没有下达任务单也没有开票的任务，通过在内审管理下"内审无票管理"下录入的无票信息后，经过最高内审员确认后而得来的数据。

无票作业合计为本月的疑似无票确认数、应开票而下达为无需开票数、需开票未下达数三者相加而得来的数据。

无需开票未下达数为内审员在实际的现场检查工作中发现没有下达任务单无需开票的任务，该项只是作为参考用途，不计算在无票统计中。

本月标准票使用率＝月实开标准票任务数/月实开票任务数×100%。

2．两票系统的统计

（1）工作票统计。

工作票统计可按照票种类、检修单位、运行值、机组 4 种形式显示，每种形式时间段可任意选择。

应开票数（需要工作票的任务单数量）＝工作任务单总数量－不需要工作票的任务单数量

不用开票数＝工作任务单数－应开票数

无票数＝应开票数－实开票数

标准票数＝应开票数－非标准票数

（2）操作票统计。

操作票统计可按照票种类、运行值、机组 3 种形式显示，每种形式时间段可任意选择。

应开票数（需要操作票的任务单数量）＝操作任务单总数量－不需要操作票的任务单数量

不用开票数＝操作任务单数－应开票数

无票数＝应开票数－实开票数

标准票数＝应开票数－非标准票数

按操作票种类统计（时间段可任意选择）。

第四章

操 作 票

第一节 概 述

在设备状态转换的过程中，运行人员将设备或系统从一种状态（或方式）转变为另一种状态（或方式）的操作过程，称为设备操作。设备操作分为电气倒闸操作、热力机械操作。

一、电气倒闸操作

电气倒闸操作是将电气设备由一种使用状态转换到另一种使用状态需要进行的一系列操作。倒闸操作主要是指拉开或合上某些断路器和隔离开关，同时还包括拆除及装设临时接地线等。其主要操作内容包括以下几个方面：

（1）电气设备状态进行转换。如某开关由"热备用"状态转为"检修"状态。

（2）变更一次系统运行结线方式。如 220kV 双母线运行方式改为单母线运行方式。

（3）继电保护定值调整。如将 220MW 电动机更换为 500MW 电动机，相应的继电保护定值随之调整。

（4）保护装置的启停用。如启用（停用）发变组保护装置。

（5）二次回路切换。如将变压器"轻瓦斯"保护连接片切换至"重瓦斯"保护。

（6）自动装置投切。如自动重合闸装置投入（退出）运行。

（7）切换试验。如 6kV 高压厂用备用电源自投切换试验。

（8）工作地点必须停电的设备。如检修的设备，或与工作人员在进行工作中正常活动范围距离小于规定的安全距离的设备，或带电部分在工作人员后面或两侧、上下无可靠安全措施的设备等。

二、热力机械操作

热力机械操作是将热力设备系统从一种状态（或方式）转变为另一种状态（或方式）的操作执行过程的总称。其主要操作内容包括以下几个方面：

（1）热力设备的启动和停止。如启动（停止）锅炉或启动（停止）汽轮机的操作。

（2）热力系统的切换操作。如某厂给水管道由 1 号运行切换为 2 号运行的操作。

（3）改变运行方式操作。如某厂轴封供汽由厂用汽供汽改为由除氧器平衡管供汽的操作。

（4）设备试验操作。如汽轮机自动主汽门定期活动试验，或锅炉主，再热器安全门的试验。

（5）设备检修前采取安全隔离措施的操作。如某厂需检修1号给水泵（正在运行中），将1号给水泵停止运行，并与运行设备隔离所必须采取的安全措施的操作。

为了保证电气倒闸操作、热力机械操作的正确性，防止人为误操作事故的发生，根据操作任务，按照设备、系统的技术要求和操作原则，将每一步操作项目写在特制的票样内，作为执行操作过程的依据，称为操作票。实践证明，只有严格、规范执行操作票，才能保证操作任务的圆满完成，否则就有可能会造成人为误操作事故的发生。如某厂电气运行人员接收到工作票，工作内容是6kVⅣB段182开关（2号除尘变）消缺，监护人孙××、操作人王××二人没有填写操作票，便一起到6kVⅣB段配电间布置安全措施，两人走到163开关（电源开关）前（走错间隔），发现开关在"合闸"位，孙××认为机构有问题，就顺手按了一下跳闸按钮，造成开关跳闸。因在操作前备用开关自投把手已切除，结果导致6kVⅣB段母线失电，1号引风机低油压保护动作跳闸，MFT动作，锅炉灭火。由此可见，如果在操作前填写了操作票，并严格按照"唱票复诵制"进行操作，此类事故是完全可以避免的。

第二节　操 作 票 简 介

操作票是保证运行人员操作设备的正确性，保证操作过程中人身安全和设备安全的有效措施，是准许运行人员操作设备的书面凭证。操作票分为主票和附票两种，如图4-1所示。

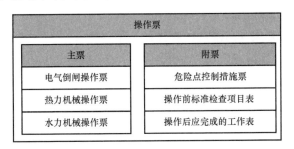

图 4-1　操作票

其主票是指电气倒闸操作票、热力机械操作票、水力机械操作票。附票是对主票安全措施的补充和完善，包括危险点控制措施票、操作前标准检查项目表、操作后应完成的工作表。

附票不得代替操作票，它是与主票配合使用的。如电气设备倒闸操作时，应填写电气倒闸操作票、危险点控制措施票、操作前标准检查项目表、操作后应完成的工作表；对于热力（水力）机械设备操作时，应填写热力（水力）机械操作票、危险点控制措施票；对于非集控运行发电厂，热机与电气联系进行停送电时，应使用设备停（送）电联系单。

一、操作票的种类及适用范围

1. 电气倒闸操作票

运行人员对电气设备进行倒闸操作的书面依据，是防止人为误操作（如错拉、错合、带负荷拉隔离开关及带地线合闸等）的有效措施。其票面内容有操作开始时间和终结时间，操作任务，执行情况（模拟、实际），序号、操作项目和时间，操作人、监护人、值班负责人、值长签字。

电气倒闸操作票适用于发电厂内电气设备的状态转变和位置改变的操作。

2. 热力（水力）机械操作票

值班人员根据操作任务，按照设备系统的技术要求，将操作项目按顺序要求填写在操作票内，作为保证人身和设备安全的书面依据，称为热力（水力）机械操作票。其票面内容有操作开始时间和终结时间，操作任务，执行情况，序号、操作项目和时间，操作人、监护人、运行值班负责人签字。

热力机械操作票适用于火力发电厂的水、汽、气、油、灰、渣等系统及设备的投入及退出运行的操作。水力机械操作票适用于水力发电厂机械设备、水工建筑物及金属结构等系统及其控制电源、通信、测量、监视、控制、调节、保护等系统的操作。

3. 操作前标准检查项目表

运行人员在电气倒闸操作前，根据操作任务及现场实际情况，检查操作全过程需要提前准备的如工器具、用具等工作。其检查内容如下：

（1）核实目前的系统运行方式。

（2）个人通信工具是否完好。

（3）是否有检修作业未结束。

（4）检查检修作业交代记录。

（5）核实所要操作开关（刀闸）目前状态。

（6）检查防误闭锁装置完好。

（7）核实要操作设备的自动装置或保护投入情况记录。

（8）所要操作的电气连接中是否有不能停电或不能送电的设备。

（9）操作对运行设备、检修措施是否有影响。

（10）操作过程中需联系的部门或人员。

（11）操作需使用的安全工器具。

（12）操作需使用的备品备件。

（13）操作需要使用的安全标志牌。

（14）开锁钥匙、操作工具和绝缘手套等。

4. 操作后应完成的工作表

运行人员在电气倒闸操作后，检查操作结束后需要完成工作及需要做的后续工作。其检查内容如下：

（1）登记地线卡。

（2）登记绝缘值。

（3）修改模拟图。

（4）登记保护投退操作记录。

（5）拆除的接地线是否放回原存放地。

（6）摘下的安全标示牌、使用的安全工器具是否放回原存放地。

（7）如实做操作记录。

（8）未用完的备品、备件（保险）放回原存放地点。

（9）向值长、单元长汇报。

（10）操作录音文件保存。

（11）值长对照录音对操作过程进行检查等。

5. 危险点控制措施票

在操作过程中有可能发生危险的地点、部位、工器具或动作等，称为操作危险点。

操作危险点预测是指在操作前，对操作中可能存在的危险点进行分析判断，并采取相应措施消除或控制，防止在操作过程中发生人身和设备事故，实施超前控制。

操作危险点生成有下列几种情况：

（1）伴随着操作活动而生成的危险点，随着操作结束，危险点也随之消失；

（2）操作时伴随着特殊天气变化而生成的危险点，天气变好，危险点也不再存在；

（3）设备制造或维修不良，存在缺陷，在操作时潜伏的缺陷就会变成现实的危险；

（4）违章操作直接生成的危险点；

（5）人本身存在的心理和生理缺陷，如不够镇定、听错觉、视错觉等。

操作危险点内容包括人员精神状况，人员身体状况，人员搭配是否合理，人员对系统和设备是否真正熟悉，设备存在缺陷对操作的影响，温度、湿度、气温、雨、雪对操作的影响，照明、振动、噪声对操作的影响，相邻其他操作或工作对操作的影响。

注：操作票是运行人员操作设备时所列的具体操作步骤，而危险点控制措施票是从人、机、环境考虑在操作全过程中的危险因素，以及所采取的防范措施。可见，危险点控制措施票与操作票是互补关系，不能相互取代。

6. 设备停电（送电）联系单

设备停电（送电）联系单是指热机专业或其他专业要求电气专业对设备停电或送电操作时，需要相互联系的通知单。

（1）设备停电联系单，如表 4-1 所示。

表 4-1 设备停电联系单

工作票号		值长（单元长）	
停电设备名称			
热机申请人（班长）		电气接受人（班长）	
申请停电时间	月　日　时　分	停电措施执行完时间	月　日　时　分
停电措施执行人		已通知热机负责人	月　日　时　分

（2）设备送电联系单，如表 4-2 所示。

表 4-2　　　　　　　　　　设备送电联系单

工作票号		值长（单元长）	
送电设备名称			
热机申请人（班长）		电气接受人（班长）	
申请送电时间	月　日　时　分	送电完毕时间	月　日　时　分
送电措施执行人		已通知热机负责人	月　日　时　分

二、操作票的使用

1. 操作票使用统一格式

各种操作票的票面格式见附录 A。

2. 机组的启、停操作

为便于系统操作的连贯性，防止发生疏漏，可以按照系统操作的流程，将涉及电气一次、二次、热控自动、热力系统的所有操作整合成一张操作票。

3. 可以不使用操作票的操作

以下情形的操作可以不使用操作票，但必须按照运行规程执行，事故处理要按照运行规程和事故预案进行。

（1）运行调整性操作。设备状态不发生变化，只改变运行参数的操作。

1）热力系统。温度、压力、真空、流量、水位、油位、料位调整；各类风机风门调整；给煤机的给煤量调整；各类调整门调整性操作等。

2）电气系统。有功负荷、无功负荷调整；内冷水温度、流量调整；氢气湿度、纯度调整；空气温度、压力调整；变频电机的转速调整等。

（2）程控操作。操作人员一键发出指令后，系统能够按照事先编制好的程序，无需就地有辅助的操作，如输煤程控系统的启停。

（3）按试验方案，在控制室进行，无需就地协助的操作，如各类光字、音响报警试验。

（4）紧急事故处理时的相关操作。

1）现场发生人员触电，需要立即停电解救。

2）现场发生火灾，需要立即进行隔离扑救。

3）设备、系统运行异常状态明显，保护拒动或没有保护装置，不立即进行处理，可能造成损坏的。

第三节　操　作　原　则

操作工作具有专业性强、逻辑性强、操作严谨等特点，操作人和监护人应在了解设备特性、熟悉系统、掌握操作规律和方法的基础上，还要严格地遵守操作原则，按照操作原则编制操作票并逐项执行，才能保证操作的正确性，保证顺利完成操作任务。

一、电气系统操作原则

1. 一般原则

（1）电气设备转入热备用前，继电保护必须按规定投入。

（2）电网解列操作时，应首先平衡有功与无功负荷，将解列点有功功率调整接近于零，电流调整至最小，使解列后两个系统的频率、电压波动在允许范围内。

（3）电网并列操作必须满足以下三个条件：

1）相序、相位一致。

2）频率相同，偏差不得大于 0.2Hz。

3）电压相等，调整困难时，500kV 电压差不得大于 10%，220kV 及以下电压差不得大于 20%。

（4）合、解环操作不得引起元件过负荷和电网稳定水平的降低。

（5）合环时，500kV 的电压差一般不应超过额定电压 10%，220kV 电压差不应超过额定电压 20%。合环操作一般应检查同期合环，有困难时应启用合环断路器的同期装置检查相角差。合环时，相角差 220kV 一般不应超过 25°，500kV 一般不应超过 20°。

（6）电气一次设备不允许无保护运行。一次设备带电前，保护及自动装置应齐全且功能完好、整定值正确、传动良好、保护连接片在规定位置。

（7）系统运行方式和设备运行状态的变化将影响保护的工作条件或不满足保护的工作原理，从而有可能引起保护误动时，操作之前应提前停用这些保护。

（8）倒闸操作前应充分考虑系统中性点的运行方式，不得使 110kV 及以上系统失去接地点。

（9）原则上不允许在无防误闭锁装置或防误闭锁装置解锁状态下进行倒闸操作，特殊情况下解锁操作须经运行部门主管领导批准，操作前应检查防误闭锁装置电源在投入位置。

（10）电气设备由"检修"转"运行"操作程序：摘下所挂的安全标示牌→合上开关的控制电源→断开接地开关→测量检修设备绝缘→投入保护装置→合上刀闸→合上开关。

（11）电气设备由"运行"转"检修"操作程序：断开开关→断开刀闸→验电→合上接地刀闸（挂上接地线）→退出保护装置→断开开关的控制电源→挂上安全标示牌。

2. 断路器操作原则

（1）断路器允许断开、合上额定电流以内的负荷电流及切断额定遮断容量以内的故障电流。

（2）断路器控制电源必须待其回路有关隔离开关全部操作完毕后才退出（合隔离开关前投入），以防止误操作时失去保护电源。

（3）断路器分闸操作时，若发现断路器非全相分闸，应立即合上该断路器。断路器合闸操作时，若发现断路器非全相合闸，应立即断开该断路器。

（4）下列情况下，必须停用断路器自动重合闸装置：

1）运行中的重合闸装置发现异常时；

2）运行中的断路器发现灭弧介质或机构有异常，但可维持运行时；

3）断路器切断故障电流次数超过规定次数时；

4）线路带电作业要求停用自动重合闸装置时；

5）运行中的线路有缺陷时；

6）对线路充电时；

7）其他按照规定不能投重合闸装置的情况。

（5）发生拒动行为的断路器未经处理不得投入运行或列为备用。

（6）若发现操作 SF_6 断路器漏气时，应立即远离现场（戴防毒面具、穿防护服除外）。室外应远离漏气点 10m 以上，并处在上风口。

（7）手车开关的机械闭锁应灵活、可靠，禁止将机械闭锁损坏的手车开关投入运行或列为备用。

（8）在手车开关拉出后，应观察隔离挡板是否可靠封闭。

（9）在进行操作的过程中，遇有断路器跳闸时，应暂停操作。

3. 隔离开关操作原则

（1）禁止用隔离开关断合带负荷设备或带负荷线路。

（2）禁止用隔离开关断开、合上空载主变压器。

（3）允许使用隔离开关进行下列操作：

1）断开、合上无故障的电压互感器及避雷器；

2）在系统无故障时，断开、合上变压器中性点接地开关；

3）断开、合上无阻抗的环路电流；

4）用屋外三联隔离开关可断开、合上电压在 10kV 及以下，电流在 9A 以下的负荷电流。超过上述范围时，必须经过计算、试验，并经主管总工程师批准。

（4）单相隔离开关和跌落保险的操作顺序：

1）三相水平排列者，停电时应先断开中相，后断开边相；送电操作顺序相反。

2）三相垂直排列者，停电时应从上到下断开各相；送电操作顺序相反。

（5）禁止用隔离开关断开、合上故障电流。

（6）电压互感器停电操作时，先断开二次空气开关（或取下二次熔断器），后断开一次隔离开关。送电操作顺序相反。一次侧未并列运行的两组电压互感器，禁止二次侧并列。

（7）隔离开关操作前，必须投入相应断路器控制电源。

（8）手动操作隔离开关时，必须戴绝缘手套；雨天室外操作应使用带防雨罩的绝缘棒、穿绝缘靴；接地网电阻不符合要求的，晴天也应穿绝缘靴。

4. 母线操作原则

（1）母线操作时，应根据继电保护的要求调整母线差动保护运行方式。

（2）母线停、送电操作时，应做好电压互感器二次切换，防止电压互感器二次侧向母线反充电。

（3）用母联断路器对母线充电时，应投入母联断路器充电保护，充电正常后退出充电保护。

（4）倒母线应考虑各组母线的负荷与电源分布的合理性。

（5）对于曾经发生谐振过电压的母线，必须采取防范措施才能进行倒闸操作。

（6）倒母线操作，应按规定投退和转换有关线路保护及母差保护，倒母线前应将母联断路器设置为死开关。

（7）运行设备倒母线操作时，母线隔离开关必须按"先合后断"的原则进行。

（8）在停母线操作时，应先断开电压互感器二次空气开关或熔断器，再断开一次隔离开关。

（9）母联断路器停电，应按照断开母联断路器、断开停电母线侧隔离开关、断开运行母线侧隔离开关顺序进行操作。

（10）对母线充电的操作，一般情况下应带电压互感器直接进行充电操作，有以下几种方式：

1）用母联断路器进行母线充电操作，应投入母线充电保护。母联断路器隔离开关的操作遵循先合电源侧隔离开关的原则。

2）用主变压器断路器对母线进行充电（发变组出口开关对母线充电）。

3）用线路断路器（本侧或对侧）对母线充电。

（11）两组母线的并、解列操作必须用断路器来完成。

（12）双母线倒闸操作。热倒时，母联断路器必须合上，并将其改为非自动；冷倒时，待操作刀闸的本回路开关必须分开，然后先拉后合母线刀闸。

5. 线路操作原则

（1）线路送电操作顺序，应先合上母线侧隔离开关，后合上线路侧隔离开关，再合上断路器。一般应选择大电源侧作为充电侧，停电时顺序相反。线路停送电时，应防止线路末端电压超过额定电压的 1.9 倍，持续时间不超过 20min。

（2）500kV 线路停电应先拉开装有并联高压电抗器的一侧断路器，再拉开另一侧断路器，送电时则相反。无并联高压电抗器时，应根据线路充电功率对系统的影响选择适当的停、送电端。避免装有并联高压电抗器的 500kV 线路不带并联高压电抗器送电。

（3）220kV 及以上电压等级的长距离线路送电操作时，线路末端不允许带空载变压器。

（4）用小电源向线路充电时应考虑继电保护的灵敏度，防止发电机产生自励磁。

（5）检修后相位有可能发生变动的线路，恢复送电时应进行核相。

6. 变压器操作原则

（1）变压器并联运行的条件：

1）电压比相同；

2）阻抗电压相同；

3）接线组别相同。

（2）电压比和阻抗电压不同的变压器，必须经过核算，在任一台都不过负荷的情况下可以并列运行。

（3）变压器并列或解列前应检查负荷分配情况，确认解、并列后不会造成任一台变压器过负荷。

（4）新投运或大修后的变压器应进行核相，确认无误后方可并列运行。

（5）变压器停送电操作。

1）停电操作，一般应先停低压侧、最后停高压侧（升压变压器和并列运行的变压器停电时可根据实际情况调整顺序）；操作过程中可以先将各侧断路器操作到断开位置，再逐一按照由低到高的顺序操作隔离开关到断开位置（隔离开关的操作须按照先拉变压器侧隔离开关，再拉母线侧隔离开关的顺序进行）。

2）强油循环变压器投运前，应按运行规程的要求投入冷却装置。

3）无载调压的变压器分接开关更换分接头后，必须先测量三相直流电阻合格后，方能恢复送电。

4）切换变压器时，应确认并入的变压器带上负荷后才可以停待停的变压器。

（6）变压器中性点接地开关操作。

1）在110kV及以上中性点直接接地系统中，变压器停、送电及经变压器向母线充电时，在操作前必须将中性点接地开关合上，操作完毕后按系统方式要求决定是否拉开。

2）并列运行中的变压器中性点接地开关需从一台倒换至另一台运行变压器时，应先合上另一台变压器的中性点接地开关，再拉开原来的中性点接地开关。

3）对中性点接地系统的变压器进行停、送电前都应先将中性点接地开关合上，操作结束后再根据调度要求对中性点接地方式进行调整。

（7）未经试验和批准，一般不允许500kV无高抗长线路末端带空载变压器充电，如需操作时电压不应超过变压器额定电压的110%。

7．继电保护及安全自动装置操作原则

（1）当一次系统运行方式发生变化时，应及时对继电保护装置及安全自动装置进行调整。

（2）同一元件或线路的两套及以上主保护禁止同时停用。

（3）运行中的保护及自动装置需要停电时，应先退出相关连接片，再断开装置的工作电源。投入时，应先检查相关连接片在断开位置，再投入工作电源，检查装置正常，测量连接片各端对地电位正常后，才能投入相应的连接片。

（4）保护及自动装置检修时，应将电源快速空气开关（熔断器）、信号电源刀闸、保护和计量电压快速空气开关（熔断器）断开。

8．验电、接地线原则

（1）在已停电的设备上验电前，除确认验电器完好、有效外，还应在相应电压等级的有电设备上检验报警正确，方能到需要接地的设备上验电。禁止使用电压等级不对应的验电器进行验电。

（2）电气设备需要接地操作时，必须先验电，明确无电压后方可进行合接地开关或装设接地线的操作。

（3）验电完毕后，应立即进行接地操作。验电后因故中断未及时进行接地，若需继续操作必须重新验电。

（4）验电、装设接地线应有明确位置，装设接地线或合接地开关的位置必须与验电位置相符（接地线必须有编号，禁止重复编号）。

（5）装设接地线应先在专用接地桩上做好接地，再接导体端，拆除顺序相反。禁止用缠绕方法装设接地线。需要使用梯子时，禁止使用金属材料梯。

（6）在电容器组上验电，应待其放电完毕后再进行。

（7）500kV线路的验电接地操作，应将该线路操作至冷备用，且在线路电压互感器二次侧确认无电压后方可进行。

（8）对于手车开关柜合接地开关或装设接地线必须满足以下条件：

1）设备停电前检查带电显示器有电；

2）手车开关拉至试验/分离位置；

3）带电显示器显示无电；

4）验明确无电压。

（9）不能直接验电的母线合接地开关前，必须核实连接在该母线上的全部隔离开关已拉开且闭锁，检查连接在该母线上的电压互感器的二次快速空气开关（熔断器）已全部断开。

二、热机操作原则

1.**锅炉设备操作原则**

（1）进行蒸汽吹灰的一般操作程序是：先全开吹灰系统疏水门，稍开吹灰来汽门进行暖管及疏水，然后再进行吹灰。

进行吹灰时，应注意保持锅炉燃烧稳定，并适当增大燃烧室负压，防止向外喷烟。

（2）冲洗水位计时，应站在水位计的侧面，打开阀门时应缓慢小心。

2.**汽轮机设备操作原则**

（1）冷油器的投入。

1）先将空气排净，防止油中带入空气。

2）主油箱油位在正常范围，根据油温变化，逐步投入冷油器。

3）调整中要保持油压大于水压。

4）调整中监视润滑油压，防止断油烧瓦。

（2）循环水管道与备用循环水泵并入运行系统时，必须放净管道内存储的空气。

（3）除氧器的投入。母管制除氧器投入运行时，应先开汽侧平衡阀，后开水侧平衡阀；调整除氧器水位不得过高；除氧器投入时，压力不得过高。

（4）高压加热器的投、停。高压加热器投入时，应先投入水侧运行，投入汽侧时，按抽汽压力由低到高逐段投入，投入后应检查高压加热器给水温度，还应防止高压加热器汽侧水位过高造成汽轮机进水。

高压加热器停止时，应按抽汽压力由高到低逐段关闭进汽门，退出高压加热器汽侧运行。

（5）润滑油系统、密封油系统的切换。进行润滑油系统、密封油系统的切换操作时，必须在专人监护下缓慢进行，并密切监视油压变化。

3.**热机公用设备操作原则**

（1）串联阀门的操作。进行串联阀门的操作时，应先开一次门，后开二次门，关闭阀门时与此相反。

（2）汽、水、风、烟系统。汽、水、风、烟系统、公用排污系统、疏水系统进行检修前，必须将应关闭的截门、闸板、挡板关严加锁，并挂警告牌。如截门不严，必须采取关严前一道门的措施，并加锁挂牌。

（3）水泵的启、停操作。水泵启动前应关闭出口门，开启入口门，启动水泵，待电流正常后，再开启出口门，停止水泵时应先关闭出口再停止水泵。停泵时应注意惰走时间，防止泵倒转。

（4）风机的启、停操作。风机启动前应关闭入口门，开启出口门，启动风机待电流正常后，再开启入口门；停风机时，应先关闭入口门再停风机。

第四节 操 作 票 的 编 号

操作票必须编号，编号应在票面右上角标示；由微机管理的操作票，打印操作票时，票号由微机自动生成。

各发电企业可自行设定编号原则，要确保每份操作票在本厂（公司）内的编号唯一，且便于查阅、统计、分析。

下面以两个范例简要说明编号原则，仅供参考。

一、按专业编号

操作票按专业编号，共 8 位。其构成为"专业＋运行值＋机组＋月＋序号"。

1	2	3	4/5	6/7/8
专业	运行值	机组	月	序号

第 1 位：表示专业。电气为 D；汽轮机为 Q；锅炉为 G；化学为 H；除灰为 C；输煤为 S。

第 2 位：表示运行值。取值 1～5。

第 3 位：表示机组。取值 0～8，其中 0 为网控，1～8 为机组。

第 4、5 位：表示月。取值 1～12。

第 6、7、8 位：表示操作票序号。取值 000～999。

例如：D1112020（含义：电气专业；运行一值；1 号机组；12 月份；第 20 张操作票）。Q4112020（含义：汽轮机专业；运行四值；1 号机组；12 月份；第 20 张操作票）。G5112020（含义：锅炉专业；运行五值；1 号机组；12 月份；第 20 张操作票）。

二、按票种类编号

操作票按票的种类编号，共 8 位。其构成为"票种类＋运行值＋机组＋月＋序号"。

1	2	3	4/5	6/7/8
票种类	运行值	机组	月	序号

第 1 位：表示操作票种类。电气倒闸操作票为 D；热力机械操作票为 R；水力机械操作票为 J。

第 2 位：表示运行值。取值 1～5。

第 3 位：表示机组。取值 0～8，其中 0 为网控，1～8 为机组。

第 4、5 位：表示月。取值 1～12。

第 6～8 位：表示操作票序号。取值 000～999。

例如：D1112020（含义：电气倒闸操作票；运行一值；1 号机组；12 月份；第 20 张操作票）。R4112020（含义：热力机械操作票；运行四值；1 号机组；12 月份；第 20 张操作票）。J5112020（含义：水力机械操作票；运行五值；1 号机组；12 月份；第 20 张操作票）。

三、附票的编号

危险点控制措施票、电气倒闸操作前标准检查项目表、电气倒闸操作后应完成的工作表的编号应与主票编号相同。

第五节 操 作 票 的 填 写

操作票的生成方式有手写票和机打票两种：手写票，手工填写纸质票面生成，手工填写纸质票面时，要用蓝、黑钢笔，圆珠笔填写。机打票，在微机上手工输入填写（或通过系统图模拟生成）票面或调用标准票修改，微机打印生成。

一、操作票的填写

操作票由操作人填写或调用标准票，监护人和值班长（单元长或班长）认真审核后分别（多页操作票，在最后一页）签名。须经值长审核签字的应由值长审核后签名。若操作票已由上一个班填写好时，接班人员必须认真、细致地审查，确认无误后，在原操作人、监护人、值班负责人、值长处签名后执行。

1. 操作开始时间、操作终结时间

（1）操作开始时间。从接到值长或值班长（单元长或班长）下达操作命令后填写开始时间。对多页操作票，开始时间填在第一页。

（2）操作终结时间。全部操作完毕、复查无误，并汇报值长后，填写终结时间。多页操作票，终结时间填在最后一页。

2. 操作任务

操作任务是指对该设备的操作目的或设备状态改变。每份操作票只能填写一个操作任务，操作任务应准确、清楚、具体，并使用设备的双重名称（名称和编号）。

3. 序号

填票时，按照操作项目先后顺序填写相应的阿拉伯数字。

4. 操作项目

操作项目是指完成操作任务的具体操作步骤，应逐项按逻辑顺序逐行填写，不得空行。在最后一项操作的下一行中间位置注明"以下空白"或加盖"以下空白"章，印章规格为1cm×4cm。

5. 执行情况

操作票在执行过程中，每执行完一项操作项目后，由监护人在对应操作项目内划"√"，对于重要的操作项目还应记入操作时间。

6. 备注

应填写在操作中存在的问题或因故中断操作等情况。

二、操作项目的填写

1. 电气操作票应填写的内容

（1）断开、合上的断路器和隔离开关。

（2）检查断路器和隔离开关的位置。

（3）合上隔离开关（或断开隔离开关）前检查断路器在断开位置。

（4）断开、合上接地开关。

（5）检查断开、合上的接地开关。

（6）装设、拆除的接地线及编号；检查装好及拆除接地线及编号。

（7）继电保护和自动装置的调整。

（8）检查负荷分配。

（9）投入或取下二次回路及电压互感器回路的熔断器。

（10）断开或合上空气开关。

（11）检查、切换需要变动的保护及自动装置。

（12）投入或退出相关的二次连接片。

（13）投入或退出断路器等设备的操作电源、控制电源。

（14）投入或退出隔离开关电动操作电源。

（15）在具体位置检验确无电压（合接地开关、装设接地线前）。

（16）根据操作任务核对相关设备的运行方式。

（17）装设或拆除绝缘挡板或绝缘罩。

（18）核对现场设备的运行状态。

（19）测量电气设备绝缘电阻值。

（20）挂上或摘下安全标示牌。

2. 热机操作票应填写的内容

（1）应断开或合上设备、阀门、挡板门的动力和操作电源。

（2）应开启或关闭的阀门、挡板门。

（3）检查阀门、挡板门的位置正确。

（4）启动或停止设备。

（5）检查设备电流。

（6）调整参数符合控制要求。

（7）对已退出或投入的设备、系统，检查其内部情况和表计指示，证实汽（气）源、水源、风源、油源、灰源和煤源等已隔断（运行正常）。

（8）装设或拆除堵板、开启或关闭人孔门。

（9）需要进行的各种试验。

（10）挂上或摘下安全标示牌。

3. 水力机械操作票应填写的内容

水力发电厂机械设备、水工建筑及金属结构等系统及其控制电源、通信、测量、监视、控制、调节、保护等系统的操作。

三、操作票的填写要求

（1）操作票的填写必须使用标准的名词术语、设备的双重名称。

（2）操作票填写要做到字迹工整、清楚，不得涂改、刮改，使用机打票时，要采用宋体五号字。票面上填写的数字，用阿拉伯数字（母线可以使用罗马数字）表示；时间按 24h（制）计算；年度填写四位数字；月、日、时、分填写两位数字。例如：2012 年 11 月 03 日 18 时 05 分。

（3）对于重要开关操作时间以时、分、秒记录，例如：18 时 20 分 20 秒。

（4）对于设备编号用数字加汉字表示，例如：2 号炉 5 号磨煤机。

（5）每份电气倒闸操作票由《电气倒闸操作前标准检查项目表》《电气倒闸操作票》《电气倒闸操作后应完成工作表》三部分组成。

（6）每份热力（水力）机械操作票必须附有一份针对该项操作的《危险点控制措施票》。

（7）为了同一操作目的，根据调度命令进行中间有间断的操作，原则上应分别填写操作票。特殊情况可填写一份操作票。

（8）"操作项目"的填写必须与"操作任务"相符，严禁扩大或缩小操作范围。比如，某出线的线路停电检修做安全措施时，不应给出线开关等设备做安全措施；某手车开关停电检修做安全措施时，不应合接地开关等。

（9）每一个操作项内只能填写一个操作项目，严禁并项，不得添项、漏项、倒项、任意涂改，一个操作项目栏内只应该有一个动词。

（10）填写电气倒闸操作票时，以下的内容不应填入操作票内，但在操作过程中必须执行：

1）模拟预演过程；

2）测量绝缘电阻过程；

3）高频通道的测试；

4）二次电压切换继电器或位置继电器等位置的检查；

5）表计指示的检查（如断开开关后，检查表计指示回零）；

6）操作票的审核；

7）操作票执行中的复诵、唱票。

（11）手写操作票中的设备名称、编号、接地线位置、日期、动词，以及人员姓名不得改动；机打票不得在打印票上用笔改动。

（12）手写票的修改应遵循以下方法，并做到规范清晰：填写时写错字，更改方法为在写错的字上划两道水平线，接着写正确的字即可；审查时发现错字，将正确的字写到空白处圈起来，将写错的字也圈起来，再用线连接；漏字时，将要增补的字圈起来连线至增补位置，并画"∧"符号。每页修改不得超过 2 处。

（13）填写错误作废的操作票以及未执行的操作票，应在操作任务后及其余每张的操作任务栏右侧盖"作废"或"未执行"章，印章规格为 1cm×2cm。

（14）单人值班，操作票由发令人用电话向值班人员传达，值班人员应根据传达内容和步骤来填写操作票，复诵无误，并在"监护人"签名处填入发令人的姓名。

（15）每份操作票必须在页脚注明"第××页、共××页"。

四、操作票的填写流程

填写操作票时，填票人应根据工作票中的工作内容、调度命令来填写操作任务，依照操作任务、操作原则、对照系统图逐项填写操作项目。操作票全部填写完毕后，经操作票"四审"，审核有问题时应重新填写，无问题时准备执行。当监护人接受到操作命令，在操作票上填写操作开始时间后，执行操作任务，操作结束后，汇报值长，填写操作终结时间，完成填写操作票工作。操作票填写流程如图 4-2 所示。

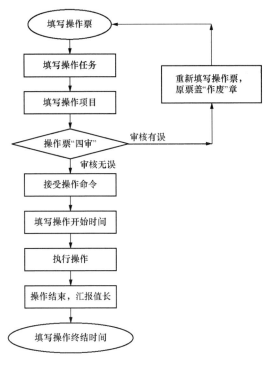

图 4 - 2　操作票填写流程

第六节　操作票的审批

操作票填写完成后，必须经过"四审"人员审核签名后，方可生效。操作票"四审"是指操作人自审，监护人初审，审核人（运行值班负责人）复审，值长（或单元长）批准。

操作人（填票人）应由熟悉设备的人员担任；监护人应由较为熟悉设备的人员担任；审核人应由运行值班负责人担任，如机组长、班长；批准人应由值长或单元长担任。

一、操作票的审批流程

操作票的审批流程如图 4 - 3 所示。

（1）操作人根据系统图核对操作票无误、签名后交监护人和运行值班负责人。

（2）监护人和运行值班负责人根据系统图进行审核，确认正确后，分别在操作票上签名后交批准人（发令人）。

（3）批准人审核无误后签名，并保存待用（待用时间不得超过本班次，随班交接的操作票除外）。

（4）审核操作票的内容如下：

1）操作名词和术语是否规范；

2）是否按操作票的填写要求认真填写；

3）操作项目与操作任务是否相符，是否存在扩大（或缩小）范围的操作；

4）操作步骤是否正确完备，是否违反《电力安全工作规程》以及操作原则，是否存在并项、添项、漏项或倒项等现象；

　　5）电气倒闸操作票是否附有《电气倒闸操作前标准检查项目表》、《危险点控制措施票》和《电气倒闸操作后应完成工作表》，内容是否正确完备；

　　6）热力（水力）机械操作票是否附有《危险点控制措施票》，内容是否正确完备。

　　（5）审核操作票发现有误时，应向填票人详细说明，在原操作票上盖"作废"章后，由操作人重新填写。

　　（6）审核操作票无误后，应在最后一项操作的下一行中间位置注明"以下空白"

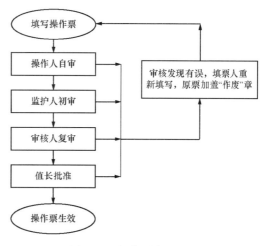

图 4 - 3　操作票审批流程

或加盖"以下空白"章，并由审核人在审核栏内亲笔签名。对于多页操作票，为避免重复签名应将签名写在最后一页。

二、审批操作票的注意事项

　　（1）填票人和审核人不能为同一人。

　　（2）若操作票由交班人填写，接班人接班后重新履行审核手续，并分别签名，签字的每个人都应对操作票的正确性负责。

　　（3）审核人必须独立认真审核操作票各项内容，必须亲笔签名，严禁委托他人审核或不审核就签名或代签名或盖手章等。

　　（4）在审核过程中，若发现错误或票面不合格，该操作票应予以作废，并在每张操作票的操作任务栏内右侧位置盖"作废"章，在备注栏内说明理由，值班负责人签名，然后，再重新填票。注意对已"作废"操作票不得销毁。

　　（5）审核电气倒闸操作票必须实行各级负责制，全部审核人签名后，如发现不合格的不能使用，此票按一次不合格统计。

　　（6）审核合格、全部审核人签名待用的操作票，因指令变更不再使用，则在每张操作票的操作任务栏内右侧位置盖"未执行"章，并在备注栏说明理由，值班负责人签名；未签名的，盖"作废"章。

第七节　操作票的执行

　　操作票的执行是指从操作人、监护人接到准许操作命令填写操作开始时开始，至操作全部结束、汇报值长、填写操作终结时间止。具体内容为：操作票经"四审"人员逐级审核无误，得到发令人可以开始进行操作的命令后，监护人将受令时间填入操作开始时间栏内，开始执行操作；在执行操作时，必须严格按照操作票的操作顺序逐项执行，严格执行"唱票复诵制"；操作结束后，操作人、监护人应对操作的正确性进行复核，确保操作正确无误，并由监护人汇报值长（单元长或班长）后，填写操作终结时间，完成操作任务，如图 4 - 4 所示。

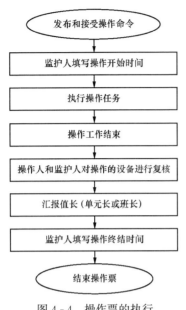

图 4-4　操作票的执行

一、操作票的执行

（1）发令人发出操作命令，监护人接受命令，填写操作开始时间后，即可执行操作任务。对于电气倒闸操作应先进行模拟预演，然后，再操作实际设备；对于热机操作，可直接操作实际设备。

（2）监护人携带操作票和开锁钥匙，操作人携带操作工具等，操作人在前，监护人在后，走向操作地点。在核对设备名称、编号、位置及实际运行状态后，做好实际操作前准备工作。

（3）操作人和监护人面向被操作设备的名称编号牌，由监护人按照操作票操作顺序高声唱票，操作人应注视设备名称编号牌，必须手指设备名称标示牌，高声复诵；监护人确认标示牌与复诵内容相符后，在"执行情况"栏内打"＼"，下达"正确，执行！"命令，并将钥匙交给操作人实施操作，操作完毕后，操作人回答"操作完毕！"，监护人确认无误后，在"＼"上加"／"，完成一个"√"。

（4）对于检查项目监护人唱票后，操作人应认真检查，确认无误后再复诵，监护人听到操作人复诵后，在"执行情况"栏打"＼"，同时监护人也进行检查，确认无误后在"＼"上加"／"，严禁操作项目和检查项目一并打"√"；对于热力机械操作票不执行分步打"√"的方法。

（5）对于重要操作项目，比如，机炉启、停，主要辅助设备投停等，监护人在"时间"栏内应记录操作时间。

（6）对长时间的操作，如启、停机组的操作，可在告一段落后，由交接双方交代清楚后，接班人方可继续进行操作。

（7）操作票若出现某一操作项目不能执行时，首先应向发令人汇报，若该操作项目对设备或机组的安全没有影响，经发令人批准，可以继续操作，否则应立即停止操作，并在该操作项目打"×"记号，在"备注"栏说明不执行原因并签名。

（8）操作中发生疑问时，立即停止操作，向发令人汇报，必要时由发令人向当值值班调度员报告，弄清问题后再进行操作，严禁擅自更改操作票。

（9）操作中如有异常应及时处理并汇报发令人或值班负责人。操作中发生事故时应立即停止操作，事故处理告一段落后再根据调度、值班负责人命令或实际情况决定是否继续操作。

（10）操作过程中因故停止操作，则应在已操作完项目的最后一项后盖"已执行"章，并在"备注"栏注明中断原因，值班负责人签名；对多张操作票，应在次页起每张操作票的"操作任务"栏内右侧位置盖"未执行"章。

（11）操作过程中发现操作票有问题，该操作票不能继续使用时，应在已操作完项目的最后一项后盖"已执行"章，并在"备注"栏说明"本操作票有错误，自××条起不执行"，值班负责人签名；对多张操作票，应在次页起每张操作票操作任务栏内右侧盖"作废"章，然后重新填写操作票再继续操作。

二、操作结束

1. 复查、盖章

（1）操作票的操作项目全部结束后，监护人、操作人应全面复查被操作设备的状态、仪表、信号指示等是否正常，确认操作票执行无遗漏，模拟系统图（或 CRT 画面）与实际相符；

（2）已执行的操作票，监护人在操作票每页右上角编号处盖"已执行"章，记录操作结束时间，并向发令人汇报操作结果；

（3）仅部分执行的操作票，应在已操作完项目的最后一项右侧空白处栏内盖"已执行"章，其他每张操作票的"操作任务"栏内右侧加盖"作废"或"未执行"章，在"备注"栏内由值班负责人填写原因并签名；

（4）合格的操作票全部未执行，在各页"操作任务"栏内右侧加盖"未执行"印章，在"备注"栏内由值班负责人说明原因并签名；

（5）错误的操作票全部未执行，在各页"操作任务"栏内右侧加盖"作废"印章，在"备注"栏内由值班负责人说明原因并签名。

2. 操作汇报

监护人、操作人复查、盖查无误后，监护人将执行完的操作票交运行值班负责人，汇报操作完毕；值班负责人向值长（单元长或班长）汇报操作任务已完成，并记录在值班记录簿内。

3. 结束操作票

操作票执行、汇报、盖章、运行值班负责人记录全部完毕，即为操作票结束。

三、执行时的注意事项

（1）执行操作时，应做到以下几点：

1）操作前"三对照"，即对照操作任务和运行方式填写操作票、对照系统图（模拟图板、CRT 画面）审查操作票、对照设备名称和编号无误后再操作。

2）操作中"三禁止"禁止监护人直接操作设备、禁止有疑问时盲目操作、禁止边操作边做其他无关事项。

3）操作后"三检查"，即检查操作质量、检查运行方式、检查设备状况。

4）严禁不核对就操作。

（2）为了同一操作目的，根据调度命令进行中间有间断的操作（分段操作），应分别填写操作票。特殊情况可填写一份操作票，但每接一次操作命令，应在操作票上用红线表示出应的操作的范围，不得将未下达操作命令的操作内容一次模拟完毕；分段操作时，在操作项目终止，开始项旁边应填写相应的时间。

（3）一份操作票应由一组人员操作，监护人手中只能持一份操作票。

（4）电气倒闸操作必须有两人执行，且注意以下几点：

1）操作前应进行模拟预演，操作后应检查模拟图板（包括 CRT 画面）与实际相符，如发现不符时，不得任意变更，应查明原因，汇报发令人后进行更改，并做好记录。

2）对于110kV及以上主变压器停送电、110kV及以上母线倒换、两个电气系统并列、发电机并列、6kV母线电源切换、其他较重要的复杂操作，应提高操作人、监护人的等级（比如，主值班员担任操作人，值班长、单元长或值长担任监护人）。

3）严禁随意打开防误闭锁装置进行操作，特殊情况下解锁操作须经生产厂领导批准。

4）装设（拆除）接地线：

①装设接地线模拟操作时，必须在模拟系统图相应位置装设地线编号相同的模拟接地线。

②设备停电后，在装设接地线（或接地开关）前，必须在已停电的设备上进行验电。验电时，应使用电压等级合格的验电器，先在有电设备上试验良好，然后在检修设备上三相分别验电。

③装设接地线时，应先装设接地端，后装设导体端；拆除时与此相反；装设接地线严禁缠绕，固定应牢固。

④接地线编号及装设位置必须和操作票所列项目对应一致。

（5）热力（水力）机械操作，各电厂应根据实际情况编制需要监护的操作项目表，经总工程师批准后，严格执行，除此之外的操作可以不需监护，由操作人按操作票完成该操作任务。

（6）操作前认真核对设备名称、编号和位置及实际状态，确认无误后按操作票的顺序逐项操作。

（7）操作人每完成一项操作，监护人应认真检查无误后，在相应操作项目处打"√"。严禁跳项、倒项、并项、添项、漏项或不逐项打"√"。

（8）一个操作任务，应由一组操作人员负责到底，中途不得更换人员，监护人自始至终认真监护，不得离开操作现场或进行其他工作。

（9）操作中，不准擅自更改操作票，不准穿插口头命令，不准约时操作，不准凭记忆进行操作。

（10）操作临时变更时，应按实际情况重新填写操作票。

第八节　操作票的执行程序

一、接受操作预告

（1）中调（或区调）操作预告应由调度员发布，当值值长接受；本厂范围内操作预告应由值长发布，单元长或运行班长接受。

（2）发布及接受双方必须互报单位名称和姓名，并由接受人记入值班记录簿，其他人员不得接受操作预告。

（3）发布操作预告时，应明确操作任务、范围、时间、安全措施及被操作设备的状态，接受人应向发令人复诵一遍，并做好记录，在得到其同意后生效。

（4）在接受操作预告时，应录音并做好记录。

二、查对系统图（模拟图板、CRT画面），生成操作票

运行值班负责人根据操作预告或工作票的要求指定操作人和监护人，并向操作人和监护人交代清楚，由操作人调用标准操作票，核对无误后签名；如果无对应的标准操作票，由操作人根据操作任务查对系统图（模拟图板、CRT画面）填写操作票，核对无误后签名。

三、组织开展危险点分析，制定控制措施

操作票填写完毕，由运行值班负责人组织（复杂的操作由值长组织）操作人、监护人根据操作任务、设备系统运行方式、操作环境、操作程序、使用工具、操作方法、操作人员身体状况、不安全行为、技术水平等具体情况进行危险点分析，并制定相应的控制措施；

操作人填写完危险点控制措施票后，操作人、监护人共同学习其内容，掌握后在《危险点控制措施票》上分别签名。

四、核对操作票

操作人填好操作票自审签名后交给监护人初审，监护人审核签名后交给运行值班负责人复审，值班负责人审核签名后交给值长（单元长或班长）批准。

"四审"人员在审核操作票的同时必须审核危险点控制措施票，不得审批没有危险点控制措施票的操作票；对于电气倒闸操作还需要审核《操作前标准检查项目表》《操作后应完成的工作表》。

五、接受操作命令

涉及电网调度范围内设备的操作命令由中调或区调下达，值长接受；本厂调度范围内设备的操作命令由值长下达，单元长或班长接受。

发布操作命令时，应正确、清楚地使用正规操作术语和设备双重名称。

接受操作命令时，应录音并做好记录，接受完操作命令后，接令人应向发令人全文复诵操作命令。

接令人接受到发令人发布的开始执行命令后，方可组织执行操作任务。

六、操作实际设备前，应做好以下工作：

（1）监护人的操作票上记录操作开始时间；

（2）对于电气设备倒闸操作应完成《操作前标准检查项目表》，并进行模拟预演；

（3）在进行模拟预演时，监护人根据操作票中所列的项目，逐项发布操作命令（检查项目、模拟图板、保护装置等除外），操作人听到命令并复诵后更改模拟图板。

七、执行操作任务

在得到运行值班负责人下达的开始操作指令后，监护人携带操作票、操作人携带操作工具等，开始执行操作任务。

操作时，操作人、监护人应严格执行"唱票复诵制"，按照操作票中的操作项目逐项进行操作，每项操作完毕后，应检查操作质量，确认操作无误后在"执行情况"栏内打"√"。

全部操作项目完成后，操作人、监护人对所操作的设备进行复核。

八、复核

全部操作项目完成后，应全面复查被操作设备的状态、表计及信号指示等是否正常、有无漏项等，并核对操作命令或工作票的要求、系统图（模拟图板、CRT画面）、设备实

际状态三者应一致。

对于电气倒闸操作还应完成《电气倒闸操作后应完成工作表》。

九、操作汇报

复核无误后，监护人在操作票上记录操作终结时间，并在每页操作票的右上角编号处盖"已执行"章。

监护人将执行完的操作票交运行值班负责人，汇报操作完毕；值班负责人向值长（单元长）汇报操作任务已完成，并记录在值班记录簿内。

十、结束操作票

操作票执行、汇报、盖章，运行值班负责人记录全部完毕，即为操作票结束。

操作票的执行程序如图4-5所示。

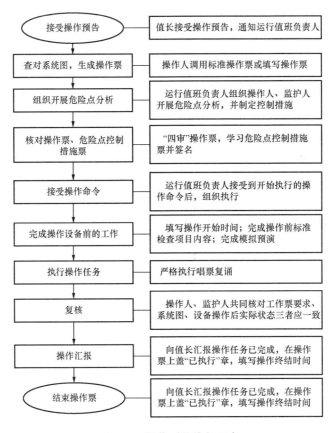

图4-5 操作票的执行程序

第九节 操作票的管理

为保证操作票管理体系能够正常运转，保证操作票规范、标准、正确、完备，保证设备操作的正确性，操作票的管理工作是一项重要的、细致的工作，能否抓好操作票的管理工作，将直接影响着操作票执行的质量和效果，所以，各级人员应严格履行本岗位的安全责任，经常深入现场检查操作票的执行情况，保证操作票执行的严肃性和实效性。

一、操作票的管理

（1）操作票实施分级管理、逐级负责的管理原则。

1）发电企业的运行主管部门是确保操作票正确实施的最终责任部门，安全监督部门是操作票执行的监督部门，对执行全过程进行动态监督，并对责任部门进行考核。

2）发电企业领导对操作票的正确实施负管理责任，并对相关责任部门进行考核。

（2）发电企业的安全监督、运行主管部门、班组要对操作票执行的全过程经常进行动态检查，及时纠正不安全现象，规范操作人员的作业行为。

全过程是指从发布、接受操作预告、人员安排到建票、危险点分析及预控措施制定、票面审核、模拟操作、实际操作、复核、汇报等。

（3）发电企业的运行主管部门对已经执行操作票按月统计分析和考核，并将结果报安全监督部门复查，安全监督部门对其进行综合分析，提出对主管部门的考核意见和改进措施。

（4）发电企业领导要定期组织综合分析执行操作票存在的问题，提出改进措施，做到持续改进。

（5）已执行的操作票由运行主管部门按编号顺序收存，保存三个月。

（6）发电企业的安全监督、运行主管部门、班组要建立操作票检查记录，主要包括内容有检查日期、时间、检查人、发现的问题、责任人。

二、操作票的检查

操作票的检查分为静态（票面）检查和动态检查。

1. 操作票的静态检查

操作票的静态检查是指对已执行操作票的票面内容的检查。凡具有以下任一情况者均视为"不合格"操作票：

（1）无编号或编号错误；

（2）未写或写错操作开始时间或终结时间；

（3）操作任务不明确或与操作项目不符；

（4）操作中未按规定打"√"或未按规定填写重要操作时间；

（5）操作内容、顺序违反规程规定；

（6）操作票漏项、并项、跳项；

（7）手写票字迹不清或任意涂改；

（8）未按规定签名或代签名；

（9）未按规定格式填写；

（10）使用术语不规范且含义不清楚；

（11）未按规定盖章；

（12）最后操作项目的下一行未按规定注明"以下空白"；

（13）在保存期内丢失、损坏、乱写、乱画；

（14）页脚填写错误；

（15）每页修改超过两处者；

（16）电气倒闸操作票的模拟栏内未按规定划"√"；

（17）其他违反《电力安全工作规程》有关规定和本标准。

2. 操作票的动态检查

操作票的动态检查是指对执行操作任务的全过程检查。其检查内容如下：

（1）需要填写操作票的操作，是否按规定填写，是否使用正规的操作术语，操作人和监护人是否核对系统图。

（2）操作前，运行值班负责人是否组织开展危险点分析工作。

（3）电气倒闸实际操作前是否进行模拟操作。

（4）监护人是否按所填写的操作票内容逐项发布操作命令，操作人复诵操作命令是否严肃认真，声音是否洪亮清晰。每一项操作是否按规定划"√"，全部操作完毕后是否进行复查。

（5）特别重要和复杂的倒闸操作是否由熟练的值班员操作；监护人是否落实责任。

（6）操作中发生疑问时，是否立即停止操作并向运行值班负责人和值长报告，是否擅自更改操作票或随意解除闭锁装置。

（7）热机（热控）设备停送电操作时，是否严格执行"设备停电联系单"、"设备送电联系单"，是否持停电（送电）联系单到现场进行核对。

（8）是否存在无票操作或先操作后补票的现象。

（9）操作结束后，是否对已操作过的设备状态进行复核、汇报。

（10）操作票执行完后，是否按规定正确盖章，并做好记录。

（11）其他违反《电力安全工作规程》有关规定和本标准。

三、操作票的统计

1. 操作票合格率的计算

$$操作票合格率 = \frac{已执行的合格操作票份数}{已执行的操作票总份数} \times 100\%$$

注："作废、未执行的操作票"不进行合格率统计，但各单位要制定细则进行控制。

2. 标准操作票使用率的计算

$$标准操作票使用率 = \frac{已执行的标准操作票份数}{已执行的合格操作票总份数} \times 100\%$$

四、应用范例

【例4-1】 某厂需要对6kV负荷开关本体（合肥高压开关厂生产的ZN—10型）进行检修工作，运行人员为检修布置安全措施，填写电气倒闸操作票，其内容如表4-3所示，请你找出操作票中的错误之处。

表4-3 电气倒闸操作票

部门：一单元运行一值 编号：D1112020

操作开始时间：2012年11月28日17时00分 操作终结时间：2012年11月28日17时30分
操作任务：6kV I A段#33开关由"热备用"转"检修"（开关本体检修）

续表

执行情况		序号	操 作 项 目	时间
模拟	实际			
		1	检查 6kV ⅠA 段♯33 开关双重编号正确	
		2	检查 6kVⅠA 段♯33 开关位置指示在"分闸"位	
		3	解除 6kVⅠA 段♯33 开关闭锁至"出车"位	
		4	摇出 6kVⅠA 段♯33 开关至"试验"位	
		5	拔下 6kVⅠA 段♯33 开关合闸保险	
		6	检查 6kVⅠA 段♯33 开关合闸保险已取下	
		7	拔下 6kVⅠA 段♯33 开关操作保险	
		8	检查 6kVⅠA 段♯33 开关操作保险已取下	
		9	拔下 6kVA 段♯33 开关二次插头	
		10	摇出 6kV ⅠA 段♯33 开关至"检修"位	
		11	合上 6kVⅠA 段♯33 开关接地开关	
		12	在 6kV6kVⅠA 段♯33 开关柜处挂上"禁止合闸"标示牌	
备注：				

操作人：　　　　　　监护人：　　　　　　值班负责人：　　　　　　值长：

答：此电气倒闸操作票的错误如下：

（1）没有填写"模拟预演"操作项目。

（2）术语错误。保险应用"取下"术语，不应用"拔下"。

（3）严禁使用"♯"字。6kVⅠA 段♯33 开关描述错误，正确描述为"6kVⅠA 段 33 开关"。

（4）操作顺序错误。首先，应先取下 6kVⅠA 段 33 开关合闸保险，然后，再解除 6kVⅠA 段 33 开关闭锁至"出车"位。

（5）扩大操作范围错误：开关本体检修，只需要将开关摇出柜外，不需要再合上接地开关，11 项操作项目应删除。

（6）标示牌的名称填写错误。没有"禁止合闸"标示牌，正确"禁止合闸、有人工作"标示牌。

（7）在开关本体处没有挂上"在此工作"标示牌。

第十节　各级人员的安全责任

操作票是运行人员对实际设备进行操作的凭证，是防止误操作的有效措施。操作票的票面质量将直接影响着操作正确性，所以，各级人员应认真审核票面内容，保证票面的正确性；在执行时应严格履行本岗位责任，严格执行操作票的有关规定和制度，保证操作的正确性，保证圆满完成操作任务。

一、操作人的安全责任

（1）填写操作票，对操作票是否合格、操作内容是否和操作任务相一致负责；

（2）在操作过程中，严格按照《电力安全工作规程》和《危险点控制措施票》执行，规范操作行为；

（3）对监护人的违章指挥及违反《电力安全工作规程》行为，及时纠正；

（4）严格按照监护人的指令进行操作，正确执行监护人的命令；

（5）在操作过程中出现疑问，必须立即停止操作，向监护人汇报；

（6）脱离监护时，必须立即停止操作，向值班负责人汇报；

（7）对发生的误操作负直接责任。

二、监护人的安全责任

（1）认真开展危险点分析工作，审核、补充危险点控制措施票；

（2）审查操作票是否合格，内容是否和操作目的相一致，检查操作人是否一次性带齐所需操作工具；

（3）在操作过程中，监督落实危险点控制措施票，提醒操作人现场有哪些不安全因素；

（4）在操作过程中，严格按照《电力生产安全规程》规范操作人的操作行为，对操作命令的正确性负责；

（5）在操作过程中，监督操作人不得进行与本次操作无关的工作；

（6）及时发现操作票内容和现场实际情况不符合的地方，并立即终止操作，汇报值班负责人，核实后，根据指令进行下一步工作。

三、运行值班负责人（运行班长、单元长）的安全责任

（1）指派操作人、监护人，对监护人、操作人是否符合要求负责；

（2）操作前组织操作人、监护人认真分析系统运行方式、操作环境特点、人员身体精神状况等，制订或补充、完善危险点分析与控制措施并交代注意事项；

（3）审查操作票的操作内容与操作任务是否相符，操作票是否符合标准的最终责任人；

（4）操作完成后，组织操作人、监护人对本次操作的危险点分析与控制措施进行分析总结，不断提高危险点分析的准确性和控制措施的针对性。

四、值长的安全责任

（1）组织或指定运行值班负责人进行复杂的电气倒闸操作和热力（水力）机械系统的危险点分析，制订控制措施并进行审查补充；

（2）不得批准没有危险点控制措施的操作票；

（3）确认相关设备、系统所处的状态满足操作条件，下达操作命令；

（4）审查操作票是否合格，审查操作人、监护人是否符合操作要求；

（5）确认监护人、操作人均没有同时安排其他工作；

（6）重大操作完毕，通过录音对操作过程进行检查。

第十一节 操 作 票 规 范

操作票规范是对操作票进行规范化、标准化管理的指导性作业文件，其包括《电气倒闸操作票规范》、《设备、系统操作票规范》，规范中对操作票的填写要求、操作原则、有关规定进行了细化，并以大量的实用范例指导如何编制标准操作票，为一线作业人员提供了编制标准操作票的理论依据和方法。

一、《电气倒闸操作票规范》

《电气倒闸操作票规范》是按不同电压等级系统、设备，以及典型接线方式分类，对倒闸操作规律进行了总结，对操作票的编制进行了规范，并以具体的范例描述了倒闸操作票的编制方法，建立了操作票模板，以及一套完整的倒闸操作的管理理念。

1. 范围

规定了电气倒闸操作标准的准备程序、标准操作票的规范以及现场操作后应完成的工作等；本标准还制定了不同电压等级的典型接线方式及设备在正常方式下的操作票模板。

规范了标准电气倒闸操作票的定义、术语和操作程序，补充和完善了电气倒闸操作的有关规定，建立了一套完整的倒闸操作规范理念和管理思想。

适用于电气倒闸操作票的编写、使用和管理。

2. 基本要求

（1）制定和编写标准电气倒闸操作票，建立、健全完整有效的电气倒闸操作票管理系统是实现电气倒闸操作标准化、规范化的基础。

（2）标准操作票的构成。

一项完整的标准电气倒闸操作票应由《操作前标准检查项目表》、《电气倒闸操作票》和《操作后应完成的工作项目表》三部分组成。

（3）操作前的准备工作及操作后应完成的工作不再填入《电气倒闸操作票》。

（4）危险点控制措施票主要填写保证人身安全措施、防止错走间隔的措施、操作环境的注意事项、安全工器具的使用等内容，设备的安全应由倒闸操作票来保证。

（5）电气倒闸操作应使用标准操作票，若因特殊情况无法制订标准操作票时，应根据现场当时的运行方式可手写操作票。

（6）使用标准操作票前，必须认真核对操作任务、系统运行方式与标准操作票是否相符，无误后方可使用。

（7）制订的所有电气倒闸操作票模板仅作示范，严禁不核对接线方式、不核对设备型号而照搬、照用。

3. 电气设备状态转换

电气设备状态转换是可逆的，正反方向的状态转换都是包括有三个子程序块，其操作票是由以下子程序块叠加组合而成的，且遵循图 4-6 所示的顺序转换规律。

如填写一张由"运行"转"冷备用"标准操作票时，应由"运行"转"热备用"、"热备用"转"冷备用"二个子程序块按顺序叠加而成。

图 4-6 电气设备状态转换

如填写一张由"检修"转"运行"标准操作票时，应由"检修"转"冷备用"、"冷备用"转"热备用"、"热备用"转"运行"三个子程序块按顺序叠加而成。

4. 电气倒闸操作检查

(1) 一个完整的电气倒闸操作检查内容应是由"操作前检查→操作→操作后检查"三个步骤组成。也就是，操作前应检查设备双重编号（或名称）的正确性，检查被操作设备位置和状态，确认无误后再进行操作；操作后应对被操作设备位置或状态转换后的情况进行检查，确保设备位置或状态转换后正确到位。

例如：检查保护压板时应写明：①检查 220kV 沙宣线 2201 开关纵差保护压板名称正确；②测量 220kV 沙宣线 2201 开关纵差保护压板间无电压；③投入 220kV 沙宣线 2201 开关纵差保护压板；④检查 220kV 沙宣线 2201 开关纵差保护压板已投入。

(2) 对于三相开关、刀闸状态或位置应分相进行检查，确保开关、刀闸三相状态或位置转换后正确到位。

例如检查开关时应写明，①检查 220kV 沙宣线 2201 开关 U 相在"分闸"位；②检查 220kV 沙宣线 2201 开关 V 相在"分闸"位；③检查 220kW 沙宣线 2201 开关 W 相在"分闸"位。

(3) 电气设备送电前，原则上应测量设备绝缘电阻值（超高压电气设备除外）。测量绝缘电阻项目及数值应写入操作票内，设备放电项目不写入操作票内。

5. 保护压板投退规定

(1) 保护压板分为保护投入压板、保护跳闸出口压板、保护切换压板。

(2) 投入保护压板前，必须测量保护压板上下口间的电压值，若有电压应将其值写入操作票内，一般来说，保护投入压板和保护切换压板上下口间均应有电压，保护跳闸出口压板上下口间应无电压。

(3) 投入保护时，应先投保护投入压板、后投保护跳闸出口压板，退出保护时与此相反；保护切换压板由电气一次系统的运行方式来确定。

6. 挂上/摘下安全标示牌规定

(1) 填写由某一状态转"检修"状态操作票时，挂上安全标示牌应写在操作内容的最后面，目的是要求操作人员到现场再核实一次设备状态转换后的正确性。

(2) 填写由"检修"转某一状态操作票时，摘下安全标示牌应写在操作内容的最前面，目的是要求操作人员在操作前到现场核实一次设备状态情况，同时，再核实标准操作票的正确性。

7. 装设、拆除接地线规定

(1) 装设接地线必须由两人进行。若为单人值班，只允许使用接地开关接地，或使用绝缘棒合接地开关。

(2) 装设接地线前，必须先验电，验明设备确已无电压后，应立即将设备接地并三相短路。

(3) 拆除接地线、送电前，必须先测量设备和回路的绝缘电阻值，并将其值填入操作票内，测量确已合格后，方可送电操作。

(4) 装设接地线必须先接接地端，后接导体端，且必须接触良好。拆接地线的顺序与此相反。

（5）装拆接地线均应使用绝缘棒和戴绝缘手套。

（6）接地线必须使用专用的线夹固定在导体上，严禁用缠绕的方法进行接地或短路。

（7）在高压回路上的工作，需要拆除全部或一部分接地线后才能进行工作者，必须征得运行值班员的许可，方可进行。工作完毕后应立即恢复。

8. 操作票范例

电气倒闸操作票规范的范例内容包括：380V电压等级系统、设备操作票；3kV电压等级系统、设备操作票；6kV电压等级系统、设备操作票；110kV电压等级系统、设备操作票；220kV电压等级系统、设备操作票；500kV电压等级系统、设备操作票；变压器倒闸操作票。

下面以合肥高压开关厂生产的ZN—10型开关为范例说明标准操作票编写模板。

【例4-2】 6kV××段××开关由"热备用"转"检修"，如表4-4所示。

表4-4 　　　　　　　　　　　　电气倒闸操作票

部门： 编号：

操作开始时间： 年 月 日 时 分		终结时间： 年 月 日 时 分		
操作任务：6kV××段×××开关由"热备用"转"检修"				
执行情况		序号	操 作 项 目	时间
模拟	实际			
		1	模拟预演正确	
		2	检查6kV××段××开关双重编号正确	
		3	检查6kV××段××开关位置指示在"分闸"位	
		4	取下6kV××段××开关合闸保险	
		5	检查6kV××段××开关合闸保险已取下	
		6	解除6kV××段××开关闭锁至"出车"位	
		7	摇出6kV××段××开关至"试验"位	
		8	取下6kV××段××开关操作保险	
		9	检查6kV××段××开关操作保险已取下	
		10	拔下6kV××段××开关二次插头	
		11	摇出6kV××段××开关至"检修"位	
		12	在6kV××段××开关柜处挂上"禁止合闸、有人工作"标示牌	
			以下空白	
备注：				

操作人： 监护人： 值班负责人： 值长：

【例4-3】 6kV××段××开关由"检修"转"热备用"，如表4-5所示。

表 4-5 电气倒闸操作票

部门： 编号：

操作开始时间： 年 月 日 时 分			终结时间： 年 月 日 时 分	
操作任务：6kV××段××开关由"检修"转"热备用"				
执行情况		序号	操 作 项 目	时间
模拟	实际			
		1	模拟预演正确	
		2	摘下 6kV××段××开关柜处"禁止合闸、有人工作"标示牌	
		3	检查 6kV××段××开关双重编号正确	
		4	检查 6kV××段××开关机械位置指示在"分闸"位	
		5	解除 6kV××段××开关闭锁至"出车"位	
		6	摇入 6kV××段××开关至"试验"位	
		7	检查 6kV××段××开关在"试验"位	
		8	投入 6kV××段××开关闭锁至"试验"位	
		9	检查 6kV××段××开关闭锁在"试验"位	
		10	插上 6kV××段××开关二次插头	
		11	检查 6kV××段××开关二次插头已插好	
		12	装上 6kV××段××开关操作保险	
		13	检查 6kV××段××开关操作保险已装好	
		14	检查 6kV××段××开关综合保护装置投入正常	
		15	解除 6kV××段××开关闭锁至"出车"位	
		16	摇入 6kV××段××开关至"工作"位	
		17	检查 6kV××段××开关在"工作"位	
		18	装上 6kV××段××开关合闸保险	
		19	检查 6kV××段××开关合闸保险已装好	
		20	检查 6kV××段××开关储能良好，储能指示灯亮	
		21	检查 6kV××段××开关"绿灯"亮	
			以下空白	
备注：				

操作人： 监护人： 值班负责人： 值长：

二、《设备、系统操作票规范》

《设备、系统操作票规范》是以机组、系统、设备、试验分类，详细地编制了热力机械操作票模板，提出了编制的基本要求和注意事项，并对设备和系统进行了规定，对热力机械操作票的编制进行了规范，以具体的范例描述了热力机械操作票编制方法和规范。

1. 范围

规定了火力发电机组、水力发电机组设备、系统投退标准操作票的规范等。

给出了机组启停、设备、系统投退以及主要试验标准操作票范例。

适用于火力、水力发电机组设备、系统投退标准操作票的编写、使用和管理。

2．基本要求和注意事项

（1）标准操作票的编制应分层次、按系统进行。

（2）编制标准操作票时，可根据操作任务和各自系统特点，将一个系统分为若干个小系统单独编制标准操作票，或者将若干个小系统和设备合并编写成一张标准操作票。

（3）编制标准操作票时，应优化操作顺序，尤其必须认真核实操作的逻辑关系。

（4）每一步操作前后，根据运行规程和有关规定要求的必要检查项目和执行条件，必须列入标准操作票中。

（5）各单位设备、系统的设计和保护配置有一定差异，不能照搬范例的操作顺序。

（6）每张标准操作票必须附危险点控制措施票。

（7）使用标准操作票前，必须认真核对操作任务、系统运行方式、使用条件与实际是否相符，无误后方可使用。

（8）使用标准操作票时应把握好执行各操作票的先后顺序，必要时可编制操作票执行流程图配合使用。

（9）运行的调整性操作，可不使用操作票。

（10）对于可能引发严重后果的操作（例如，可能造成高、低压系统串联运行的重要阀门操作或者可能造成人身伤害、机组非停、设备损坏等的操作）必须使用操作票，并由有经验的运行人员进行监护。

（11）设备和系统规定。

1）主设备启动和停运。

应根据规程规定区分启动状态和启动类型，并分别开出标准操作票。

2）主要系统投入和退出。

火电机组：工业水系统、润滑油系统、密封油系统、给水系统、风烟系统、循环水系统、凝结水系统、氢气系统、联箱加热系统、制粉系统、轴封系统、高低加系统、内冷水系统等。

水电机组：技术供水系统、压油系统、压缩空气系统等。

3）主要辅助设备投入和退出。

火电机组：给水泵、凝结泵、循环泵、内冷水泵、工业水泵、引风机、送风机、磨煤机、排粉机、一次风机、冷却风机、各类油泵、汽包水位计冲洗、冷油器切换、油滤网切换等。

水电机组：压油泵、顶盖水泵、漏油泵等。

4）主要试验操作。

火电机组：汽轮机充油试验、阀门活动试验、主汽门调门严密性试验、汽轮机超速试验等。

水电机组：调速器试验、零起升压试验等。

3．操作票范例

《设备、系统操作票规范》的范例内容包括机组启停操作票、系统投运和退出操作票、设备启动和停止操作票、试验操作票。

（1）机组启停操作票。

机组冷态启动操作票；机组热态启动操作票；机组滑参数启动操作票、机组滑参数停机操作票、机组正常停机操作票；发变组由冷备用转运行倒闸操作票；发变组由运行转冷备用倒闸操作票。

（2）系统投运和退出操作票。

闭式水系统投运（停运）操作票；定子冷却水系统启动（停运）操作票；发电机气体置换（空气→CO_2→氢）操作票；发电机气体置换（氢→CO_2→空气）操作票；高辅系统启动（退出）操作票；工业水系统启动（停运）操作票；密封油系统启动（停运）操作票；润滑油系统启动（停运）操作票；循环水系统进水（停运）操作票；轴封系统投入（退出）操作票；高压加热器投入操作票；凝结水系统启动（停运）操作票；风烟系统启动（停运）操作票；制粉系统启动（停运）操作票；发变组由检修转冷备用倒闸操作票；发变组由冷备用转检修倒闸操作票；线路由检修转冷备用倒闸操作票；线路由冷备用转检修倒闸操作票。

（3）设备启动和停止操作票。

电动给水泵启动（停止）操作票；汽动给水泵启动（停止）操作票；定冷泵启动（停止）操作票；工业水泵启动（停止）操作票；凝结水泵启动（停止）操作票；真空泵启动（停止）操作票；密封风机启动（停止）操作票；磨煤机启动（停止）操作票；送风机启动（停止）操作票；一次风机启动（停止）操作票；引风机启动（停止）操作票等。

（4）试验操作票。

超速试验操作票；调门全关及主汽门活动试验操作票；机组停运时主机低油压联动试验操作票；机组正常运行中主机低油压联动试验操作票；汽轮机真空严密性试验操作票；危急保安器充油活动试验操作票；小机低油压联锁试验操作票；主机电超速试验操作票；主机机械超速试验操作票等。

下面以某厂定子冷却水系统为范例说明标准操作票编写模板。

【例 4 - 4】 定子冷却水系统启动操作票，如表 4 - 6 所示。

表 4 - 6 　　　　　　　　　　　　热 力 机 械 操 作 票

□监护操作　　□单人操作

部门：　　　　　　　　　　　　　　　　　　　　　　　　　　　　　　　　　编号：

操作开始时间：　年　月　日　时　分　　　　终结时间：　年　月　日　时　分			
操作任务：启动××号机定子冷却水系统			
序号	操作项目	执行情况	时间
1	接值长命令，准备启动×号定子冷却水系统		
2	检查阀门位置正确		
3	检查定冷水箱水位应不小于 430mm，若定冷水箱水位低，应开启×号机定冷水箱除盐水补水门补水至正常值以上		

续表

序号	操 作 项 目	执行情况	时间
4	联系化学化验定冷水箱水质应合格，否则应换水至合格		
5	检查×号定冷水泵轴承油位应大于1/2		
6	启动×号定冷水泵		
7	检查×号定冷水泵运行正常，定冷水泵电流应小于56.9A，实际＿＿A；定冷水压力应不小于0.27MPa，实际＿＿MPa		
8	投入×号定冷水泵联锁		
9	调节×号机定冷水再循环门，维持定冷水流量在55m³/h，定子线圈进出水差压在0.15～0.2MPa		
10	开启×号机离子交换器进口门		
11	开启×号机离子交换器顶部放空气门		
12	检查×号机离子交换器排净空气		
13	开启×号机离子交换器出口门		
14	调节离子交换器流量1～5m³/h		
15	检查系统正常，汇报值长		
	以下空白		
备注：			

操作人：　　　　　　监护人：　　　　　　运行值班负责人：

【例4-5】　定子冷却水系统停运操作票，如表4-7所示。

表4-7　　　　　　　　热 力 机 械 操 作 票

□监护操作　□单人操作

部门：　　　　　　　　　　　　　　　　编号：

操作开始时间：　年 月 日 时 分　　　终结时间：　年 月 日 时 分
操作任务：停运×号机定冷水系统

序号	操 作 项 目	执行情况	时间
1	接值长命令，做好停止定冷水系统的准备		
2	关闭×号机定冷水冷却器闭式水侧进出口门		
3	切除×号定冷泵联锁		
4	停止×号定冷泵运行		
5	检查×号定冷泵停运正常（定冷泵不应倒转）		
6	根据需要对×号机定冷水系统放水		
7	操作结束，汇报值长，做好记录		
	以下空白		
备注：			

操作人：　　　　　　监护人：　　　　　　运行值班负责人：

第十二节 操作票管理制度的编制

编制操作票管理制度的基本格式：封面、目次、前言、范围、规范性引用文件、定义和术语、总则、操作票的使用和管理、附录等。本节以某公司编制的操作票使用和管理标准为例，仅供参考。

一、封面

封面内容主要包括：企业标准、编号、标准名称、发布日期、实施日期、发布单位名称。

×××× （企业名称）企业标准

Q/×× ××× ××××-××××

操作票使用和管理标准

××××年××月××日发布   ××××年××月××日实施

××××××（企业名称） 发布

二、目次

前言

1 范围

2 规范性引用文件

3 定义和术语

4 总则

5 操作票的使用和管理

6 附录

表1 热力（水力）机械操作票

表2 电气倒闸操作票票样

表3 操作前标准检查项目表

表4 操作后应完成的工作表

表5 设备停电联系单

表6 设备送电联系单

三、前言

编写前言时，必须包括以下主要内容：

（1）制定本标准的目的。

（2）本标准由×××提出。

（3）本标准由×××负责起草。

（4）本标准主要起草人。

（5）本标准主要审核人。

（6）本标准批准人。

四、范围

编写范围时，主要包括以下内容：

（1）本标准规定了×××公司操作票的适用范围、执行程序，使用和管理内容与要求。

（2）本标准适用于×××公司操作票的使用和管理。

五、规范性引用文件

下列文件中的条款通过本标准的引用而成为本标准的条款。凡是注日期的引用文件，其随后所有的修改单（不包括勘误的内容）或修订版均不适用于本标准，然而，鼓励根据本标准达成协议的各方研究是否可使用这些文件的最新版本。凡是不注日期的引用文件，其最新版本适用于本标准。

六、定义和术语（略）

七、总则（略）

八、操作票的使用和管理

1. 操作票的种类及适用范围

1.1 电气操作票

电气操作票适用于发电厂内电气设备的状态转变和位置改变的操作。

1.2 热力机械操作票

热力机械操作票适用于火力发电厂的水、汽、气、油、灰、渣等设备系统和设备的投入及退出运行的操作。

1.3 水力机械操作票

水力机械操作票适用于水力发电厂机械设备、水工建筑物和金属结构等系统及其控制电源、通信、测量、监视、控制、调节、保护等系统的操作。

2. 操作票的使用

2.1 操作票使用统一格式，各种操作票的票面格式见附图。

2.2 机组的启、停操作，为便于系统操作的连贯性，防止发生疏漏，可以按照系统操作的流程，将涉及电气一次、电气二次、热控自动、热力系统的所有操作整合成一张操作票。

2.3 运行的调整性操作和程控实现的操作，可不使用操作票，按照运行规程执行；事故处理要按照运行规程和事故预案进行。

2.4 发生以下紧急情况可以不使用操作票：

2.4.1 现场发生人员触电，需要立即停电解救；

2.4.2 现场发生火灾，需要立即进行隔离或扑救；

2.4.3　设备、系统运行异常状态明显，保护拒动或没有保护装置，不立即进行处理，可能造成损坏的。

3. 操作票的编号

3.1　操作票必须编号，操作票的编号在票面右上角标示；

3.2　由微机管理的操作票，打印操作票时，票号由微机自动生成；

3.3　各发电厂可自行设定编号原则，要确保每份操作票在本厂（公司）内的编号唯一，且便于查阅、统计、分析。

4. 操作票的填写

4.1　操作票的填写必须使用标准的名词术语、设备的双重名称。

标准的名词术语：系指国标、行标、×××公司规范的标准称谓。

设备的双重名称：系指具有中文名称和阿拉伯数字编号的设备，如断路器（以下称开关）、隔离开关（以下称刀闸）、保险等。不具有阿拉伯数字编号的设备，如线路、主变等，可以直呼其名。票面需要填写数字的，应使用阿拉伯数字（母线可以使用罗马数字）。

4.2　操作票填写要做到字迹工整、清楚，不得涂改、刮改，使用微机办票时，要采用宋体五号字。票面上填写的数字，用阿拉伯数字（1、2、3、4、5、6、7、8、9、0）表示，时间按24小时（制）计算，年度填写四位数字，月、日、时、分填写两位数字。如：2006年11月03日18时18分。

4.3　对于重要开关操作时间以时、分、秒记录，如18时20分20秒。

4.4　对于设备编号用数字加汉字表示，如：2号炉5号磨煤机，或♯2炉♯5磨煤机表示。

4.5　每份电气倒闸操作票由《操作前标准检查项目表》、《电气倒闸操作票》和《操作后应完成的工作表》三部分组成。

4.6　每份热力（水力）机械操作票必须附有一份针对该项操作的《危险点控制措施票》。

4.7　操作票中的设备名称、编号、接地线位置、日期、动词以及人员姓名不得改动；错漏字修改应遵循以下方法，并做到规范清晰：填写时写错字，更改方法为在写错的字上划两道水平线，接着写正确的字即可；审查时发现错字，将正确的字写到空白处圈起来，将写错的字也圈起来，再用线连接；漏字时，将要增补的字圈起来连线至增补位置，并画"∧"符号。每页修改不得超过2处。

4.8　操作票严禁并项，不得添项、倒项。

4.9　填写错误作废的操作票以及未执行的操作票，应在操作任务后及其余每张的操作任务栏内右侧盖"作废"或"未执行"章，印章规格为1cm×2cm。

4.10　操作票按操作顺序依次填写完毕后，在最后一项操作的下空格中间位置注明"以下空白"字样或加盖"以下空白"章，印章规格为1cm×4cm。

4.11　每份操作票必须在页脚注明"第××页、共××页"。

4.12　操作票由操作人填写，监护人和值班长（单元长）认真审核后分别（多页操作票，在最后一页）签名，须经值长审核签字的应由值长审核后签名，若操作票已由上一个班填写好时，接班人员必须认真、细致地审查，确认无误后，在原操作人、监护人、值班负责人、值长处签名后执行。

4.13 "操作开始时间"和"操作终结时间"的填写：从接到值长或值班长（单元长）下达操作命令后填写开始时间，对多页操作票，开始时间填在第一页，全部操作完毕并汇报后填写终结时间，多页操作票，终结时间填在最后一页。

4.14 "操作任务"的填写：每份操作票只能填写一个操作任务，操作任务应准确、清楚、具体并使用设备的双重名称（名称和编号）。

4.15 "操作项目"的填写必须与"操作任务"相符，严禁扩大或缩小操作范围。

5．电气操作票的执行

5.1 电气操作票的执行要求

5.1.1 电气操作必须有两人执行，其中一人对设备比较熟悉者做监护。对于两个电气系统和发电机的并列操作，应由主值班员（控制员）担任操作人，值班长（单元长）或值长担任监护人。

5.1.2 一份电气操作票应由一组人员操作，监护人手中只能持一份操作票。

5.1.3 为了同一操作目的，根据调度命令进行中间有间断的操作，应分别填写操作票。特殊情况可填写一份操作票，但每接一次操作命令，应在操作票上用红线表示出应操作范围，不得将未下达操作命令的操作内容一次模拟完毕。

5.1.4 电气操作中途不得换人，不得做与操作无关的事情。监护人自始至终认真监护，不得离开操作现场或进行其他工作。

5.1.5 严格按照操作顺序操作，不得跳项。

5.1.6 操作过程中因调度命令变更，终止操作时，应在已操作完项目的最后一项后盖"已执行"章，并在"备注"栏说明"调度命令变更，自××条起不执行"。对多张操作票，应在次页起每张操作票操作任务栏内右侧盖"未执行"章。

5.1.7 操作过程中发现操作票有问题，该操作票不能继续使用时，应在已操作完项目的最后一项后盖"已执行"章，并在"备注"栏说明"本操作票有错误，自××条起不执行"。对多张操作票，应在次页起每张操作票操作任务栏内右侧盖"作废"章，然后重新填写操作票再继续操作。

5.2 电气操作票的执行程序

5.2.1 接受操作预告

值长在接受操作预告时，应明确操作任务、范围、时间、安全措施及被操作设备的状态，并向发令人复诵一遍，在得到其同意后生效，并通知运行值班负责人。

5.2.2 查对模拟系统图板，生成操作票

运行值班负责人根据操作预告或电气工作票的要求指定操作人和监护人，并向操作人和监护人交代清楚，由操作人从标准票库调出该份标准操作票，检查核对无误后签名。如果该操作任务在标准票库中无对应的标准操作票，由操作人根据操作任务、运行日志、工作票内容，查对模拟系统图板，逐项清晰地填写操作票，核对无误后签名。

5.2.3 组织开展危险点分析，制定控制措施

操作票填写完毕，由值班负责人组织（复杂的电气倒闸操作由值长组织）该项操作的操作人、监护人根据操作任务、设备系统运行方式、操作环境、操作程序、工具、操作方

法、操作人员身体状况、不安全行为、技术水平等具体情况进行危险点分析并制定相应的控制措施。

5.2.4 核对操作票

操作人填好操作票复审无误并签名后交给监护人、运行值班负责人和值长，监护人、运行值班负责人及值长对照模拟系统图版进行审核，确认正确无误后，分别在操作票上签名。值长在审核操作票的同时要对危险点分析及控制措施进行审查，不得签发没有危险点分析和控制措施的操作票。

5.2.5 发布和接受操作任务

值长在接受调度员发布的正式操作命令时，应录音并做好记录，接受完操作命令后值长必须全文复诵操作命令，在接到调度员开始执行的命令后，再根据记录向运行值班负责人发布正式的操作命令，发布命令应正确、清楚地使用正规操作术语和设备双重名称，运行值班负责人必须全文复诵操作命令，在接到值长开始执行的命令后组织执行。

5.2.6 操作人、监护人共同学习掌握危险点及控制措施，完成《操作前标准检查项目表》，由监护人记录操作开始时间。

5.2.7 模拟操作

在进行实际操作前必须进行模拟操作（模拟图板的操作）。监护人根据操作票中所列的项目，逐项发布操作命令（检查项目和模拟图板没有的保护装置等除外）操作人听到命令并复诵后更改模拟图板。

5.2.8 实际操作

a. 监护人携带操作票和开锁钥匙，操作人携带操作工具和绝缘手套等，操作人在前，监护人在后，走向操作地点。在核对设备名称、编号和位置及实际运行状态后，做好实际操作前准备工作。

b. 操作人和监护人面向被操作设备的名称编号牌，由监护人按照操作票操作顺序高声唱票，操作人应注视设备名称编号牌，必须手指设备名称标示牌，高声复诵。监护人确认标示牌与复诵内容相符后，下达"正确，执行！"令并将钥匙交给操作人实施操作，操作完毕后，操作人回答"操作完毕！"。

c. 监护人在操作人回令后，在"执行情况栏"打"＼"，监护人检查确认后，在"＼"上加"／"，完成一个"√"。

d. 对于检查项目监护人唱票后，操作人应认真检查，确认无误后再复诵，监护人在"执行情况栏"打"＼"，同时也进行检查，确认无误并听到操作人复诵后，在"＼"上加"／"，严禁操作项目和检查项目一并打"√"。

e. 监护人在"时间"栏记录重要开关的操作时间。

5.2.9 复核

全部操作项目完成后，应全面复查被操作设备的状态、表计及信号指示等是否正常、有无漏项等，并核对操作命令或电气工作票的要求、模拟图板、设备实际状态三者应一致。

5.2.10 完成《操作后应完成工作表》，向值长（值班负责人）汇报操作任务已完成，记录操作终结时间，监护人在每页操作票的右上角编号处盖"已执行"章。

6. 热力（水力）机械操作票的执行

6.1 热力（水力）机械操作票的执行要求

6.1.1 对于热力（水力）机械操作，各电厂应根据实际情况编制需要监护的操作项目表，经总工程师批准后，严格执行，除此之外的操作可以不需监护，由操作人按操作票完成该操作任务。

6.1.2 值班负责人根据操作预告或工作票安措要求指定操作人和监护人，并根据操作任务组织操作人、监护人开展危险点分析和制定控制措施。

6.1.3 操作人接受操作预告时，应明确操作任务、范围、时间、安全措施及被操作设备的状态；操作人填好操作票（或调用标准票）复审无误并签名后由监护人、运行值班负责人进行审核，确认正确无误后，分别在操作票上签名。签字的每个人都应对操作票的正确性负责。

6.1.4 发令人发出操作命令后，监护人和操作人即可进行现场的实际操作。

6.1.5 操作前认真核对设备名称、编号和位置及实际状态，确认无误后按操作票的顺序逐项操作，每完成一项操作，检查无误后做一个"√"记号。

6.1.6 机组启、停过程中的重要操作要记录操作时间。

6.1.7 一份操作票应由一组人员操作，监护人手中只能持一份操作票。

6.1.8 操作过程中发生异常应立即停止操作，并采取相应的处理措施。

6.1.9 操作票若出现某一操作项目不能执行时，首先应向发令人汇报，若该操作项目对设备或机组的安全没有影响，经发令人批准，可以继续操作，否则应立即停止操作并在该操作项目打"×"记号，并在备注栏说明不执行原因。

6.1.10 操作过程中因操作命令变更，终止操作时，应在已操作完项目的最后一项后盖"已执行"章，并在备注栏说明"操作命令变更，自××条起不执行"。对多页操作票，应在次页起每页操作票的操作任务栏内盖"未执行"章。

6.1.11 操作过程中发现操作票有问题，不能继续使用时，应在已操作完项目的最后一项后盖"已执行"章，并在备注栏说明"本操作票有错误，自××条起不执行"。对多页操作票，应在次页起每页操作票的操作任务栏内盖"作废"章，然后重新填写操作票。

6.1.12 对于检查项目，操作人、监护人应认真检查，确认无误后，在该项目打"√"，严禁操作项目和检查项目一并打"√"。

6.1.13 对于不需监护的操作项目，整个操作过程由操作人一人完成。值班负责人要选派经验丰富有能力的人员担任操作人，并在开始操作前详细交代操作注意事项。

6.2 热力（水力）机械操作票的执行程序

6.2.1 接受操作预告

值班负责人（单元长）在接受操作预告时，应明确操作任务、范围、时间、安全措施及被操作设备的状态，并向发令人复诵一遍，在得到其同意后生效。

6.2.2 查对系统图，生成操作票

运行值班负责人根据操作预告或工作票的安措要求指定操作人和监护人，并向操作人和监护人交代清楚，由操作人从标准票库调出该份标准操作票，检查核对无误后签名。如果该操作任务在标准票库中无对应的标准操作票，由操作人根据操作任务、运行日志、工作票内容，查对模拟系统图板，逐项清晰地填写操作票，核对无误后签名。

6.2.3 组织开展危险点分析，制定控制措施

操作票填写完毕，由值班负责人组织该项操作的操作人、监护人根据操作任务、设备系统运行方式、操作环境、操作程序、工具、操作方法、操作人员身体状况、不安全行为、技术水平等具体情况进行危险点分析并制定相应的控制措施。

6.2.4 核对操作票

操作人填好操作票复审无误并签名后交给监护人、运行值班负责人，监护人、值班负责人对照模拟系统图板进行审核，确认正确无误后，分别在操作票上签名。监护人、运行值班负责人在审核操作票的同时要对危险点分析及控制措施进行审查。

6.2.5 操作人、监护人共同学习危险点控制措施内容，掌握后在《危险点控制措施票》上签名。

6.2.6 实际操作

a. 在得到值班负责人下达的开始操作指令后，监护人携带操作票，操作人携带操作工具等，操作人在前，监护人在后，走向操作地点。在核对设备名称、编号和位置及实际运行状态后，做好实际操作前准备工作。

b. 操作人和监护人面向被操作设备的名称编号牌，由监护人按照操作票操作顺序高声唱票，操作人应注视设备名称编号牌，必须手指设备名称标示牌，高声复诵。监护人确认标示牌与复诵内容相符后，下达"正确，执行！"令，操作人实施操作，操作完毕后，操作人回答"操作完毕！"。

c. 监护人在操作人回令、检查确认后，在"执行情况栏"打"√"。

d. 对于检查项目监护人唱票后，操作人应认真检查，确认无误后再复诵，监护人检查确认后在"执行情况栏"打"√"。

e. 在"时间"栏记录重要操作的操作时间。

6.2.7 复核

全部操作项目完成后，应全面复查被操作设备的状态、表计及信号指示等是否正常、有无漏项等。

6.2.8 向值班负责人汇报操作任务已完成

记录操作终结时间，监护人在每页操作票的右上角编号处盖"已执行"章。

7. 操作票的管理

7.1 操作票实施分级管理、逐级负责的管理原则

7.1.1 发电企业的运行主管部门是确保操作票正确实施的最终责任部门，安全监督部门是操作票是否合格的监督考核部门，对执行全过程进行动态监督，并对责任部门进行考核。

7.1.2 发电企业领导对操作票的正确实施负管理责任，并对相关责任部门进行考核。

7.1.3 发电企业的安全监督、运行主管部门、班组要对操作票执行的全过程经常进行动态检查，及时纠正不安全现象，规范操作人员的操作行为。

全过程是指从发布、接受操作预告、人员安排到建票、危险点分析及预控措施制定、学习掌握、模拟操作、实际操作、唱票、复诵、监护、分步打"√"、复核、汇报等全过

程中的每一执行环节。

7.1.4 发电企业的运行主管部门对已执行操作票按月统计分析和考核，并将结果报安全监督部门复查，安全监督部门对其进行综合分析，提出对主管部门的考核意见和改进措施。

7.1.5 发电企业领导要定期组织综合分析执行操作票存在的问题，提出改进措施，做到持续改进。

7.1.6 已执行的操作票由运行主管部门按编号顺序收存，保存三个月。

7.1.7 发电企业的安全监督、运行主管部门、班组要建立操作票检查记录，主要包括以下内容：检查日期、时间、检查人、发现的问题、责任人。

7.2 操作票的检查

7.2.1 操作票的静态检查内容（具有以下任一情况者为"不合格"操作票）：

a. 无编号或编号错误；

b. 未写或写错操作开始和终结时间；

c. 操作任务不明确或与操作项目不符；

d. 操作中未按规定打"√"或未按规定填写重要操作时间；

e. 操作内容、顺序违反规程规定；

f. 操作票漏项、并项、跳项；

g. 字迹不清或任意涂改；

h. 未按规定签名或代签名；

i. 未按规定格式填写；

j. 使用术语不合规范且含义不清楚；

k. 未按规定盖章；

l. 空余部分未按规定注明"以下空白"；

m. 在保存期内丢失、损坏、乱写、乱画；

n. 页脚填写错误；

o. 每页修改超过 2 处者；

p. 其他违反《电业安全工作规程》有关规定和本标准。

7.2.2 操作票的动态检查内容：

a. 需要填写操作票的操作，是否按规定填写，是否使用正规的操作术语，操作人和监护人是否核对模拟图。

b. 实际操作前是否进行模拟操作。

c. 监护人是否按所填写的操作票内容逐项发布操作命令，操作人员复诵操作命令是否严肃认真，声音是否洪亮清晰。每一项操作是否分步打"√"，全部操作完毕后是否进行复查。

d. 特别重要和复杂的倒闸操作是否由熟练的值班员操作；监护人是否落实责任。

e. 操作中发生疑问时，是否立即停止操作并向运行值班负责人和值长报告，是否擅自更改操作票或随意解除闭锁装置。

f. 非集控运行单元控制机组的停、送电操作是否填写"设备停电联系单"、"设备送电联系单",是否持停、送电联系单到现场进行核对。

g. 是否存在无票操作或先操作后补票的现象。

h. 每次操作后,是否对本次操作过程开展危险点分析与控制措施的落实进行总结;对于没有标准票的操作是否按规定审批手续转入标准票库管理。

i. 其他违反《电业安全工作规程》有关规定和本标准。

7.3 操作票合格率的计算

$$操作票合格率 = \frac{已执行的合格操作票份数}{已执行的操作票总份数} \times 100\%$$

注:作废、未执行的操作票"不进行合格率统计,但各单位要制定细则进行控制。

7.4 标准操作票使用率的计算

$$标准操作票使用率 = \frac{已执行的标准操作票份数}{已执行的合格操作票总份数} \times 100\%$$

8. 操作票中各级人员的安全责任

8.1 操作人应负的安全责任

8.1.1 填写操作票,对操作票是否合格、内容是否和操作目的相一致负责;

8.1.2 在操作过程中严格按照《电力生产安全规程》和《危险点控制措施票》执行,规范操作行为;

8.1.3 严格按照监护人的指令进行操作,正确执行监护人的命令;

8.1.4 在操作过程中出现疑问,必须立即停止操作,向监护人汇报;

8.1.5 脱离监护时,必须立即停止操作,向值班负责人汇报;

8.1.6 对发生的误操作负直接责任。

8.2 监护人应负的安全责任

8.2.1 认真开展危险点分析工作,审核、补充危险点控制措施票;

8.2.2 审查操作票是否合格,内容是否和操作目的相一致,检查操作人是否一次性带齐所需操作工具;

8.2.3 在操作过程中监督落实危险点控制措施票,提醒操作人现场有哪些不安全因素;

8.2.4 在操作过程中严格按照《电力生产安全规程》规范操作人的操作行为,对操作命令的正确性负责;

8.2.5 在操作过程中监督操作人不得进行与本次操作无关的工作;

8.2.6 及时发现操作票内容和现场实际情况不符合的地方,并立即终止操作,汇报值班负责人,核实后,根据指令进行下一步工作。

8.3 值班负责人(运行班长、单元长)应负的安全责任

8.3.1 指派操作人、监护人,对监护人、操作人是否符合要求负责;

8.3.2 操作前组织操作人、监护人认真分析系统运行方式、操作环境特点、人员身体精神状况等,制定或补充、完善危险点分析与控制措施并交代注意事项;

8.3.3 审查操作票的操作内容与操作任务是否相符,操作票是否符合标准的最终责任人;

8.3.4 操作完成后,组织操作人、监护人对本次操作的危险点分析与控制措施进行

分析总结，不断提高危险点分析的准确性和控制措施的针对性。

8.4　值长应负的安全责任

8.4.1　组织或指定运行值班负责人进行复杂的电气倒闸操作和热力（水力）机械系统的危险点分析，制定控制措施并进行审查补充；

8.4.2　不得批准没有危险点控制措施的操作票；

8.4.3　确认相关设备、系统所处的状态满足操作条件，下达操作命令；

8.4.4　审查操作票是否合格，审查操作人、监护人是否符合操作要求；

8.4.5　确认监护人、操作人均没有同时安排其他工作；

8.4.6　重大操作完毕，通过录音对操作过程进行检查。

九、附录

表 1　热力（水力）机械操作票

表 2　电气倒闸操作票票样

表 3　操作前标准检查项目表

表 4　操作后应完成的工作表

表 5　设备停电联系单

表 6　设备送电联系单

第五章

检 修 申 请 票

第一节 概　　述

电力企业的生产管理是按照调度级别、调度范围进行分级管理、逐级负责的，比如，值长负责全厂范围内的生产设备调度管理工作，单元长负责本单元范围内的生产设备调度管理工作等。由于生产调度管理权限不同，调度工作之间就存在相互联系、相互衔接、责任分工等问题，为了明确调度范围、落实调度责任，保证调度管理工作能够相互衔接有序地进行，保证需要检修的设备从系统中可靠地退出运行，保证系统的安全稳定运行，合理安排设备的检修工期，落实各级人员的安全责任，必须使用设备检修申请票。

检修申请票是指检修人员对正在运行设备或备用设备需要进行检修时，向生产调度提出退出运行、请求检修设备的书面申请。各生产管理部门应对检修工作的必要性、可行性进行论证、审核等技术把关，必要时还需要组织制订有关的组织措施和技术措施，做好各部门之间的相互协调和配合工作，提出合理性的建议和意见，保证系统和设备的安全稳定运行，保证检修设备从运行系统中可靠地退出运行，并做好隔离措施，保证作业人员的人身安全和设备安全。

第二节　检修申请票的简介

检修申请票分为主设备检修申请票、辅助设备检修申请票、主要保护投退申请票、设备异动申请票，如图 5-1 所示。

图 5-1　检修申请票种类

一、检修申请票的适用范围

1. 设备检修申请票

设备检修申请票适用于一次设备上检修的工作，其中包括主设备检修申请票、辅助设备检修申请票。

（1）主设备检修申请票适用于锅炉、汽轮机、发电机、主变压器、机组控制装置等主要设备及其附属设备上检修的工作。

（2）辅助设备检修申请票适用于主要设备以外的生产设备上检修的工作。

2. 设备异动申请票

适用于生产设备或系统上需要增加、拆除或技术改造等检修的工作，以及保护定值变更、逻辑修改、二次线变动等检修的工作。

3. 主要保护投退申请票

适用于主要设备配套的电气或热控保护及自动装置、电网保护及自动装置需要非正常退出运行等检修的工作。

二、下列工作可不办理检修申请票，直接办理工作票

（1）能够在运行当值内处理的检修或试验工作；

（2）能够在 4h 内处理的检修或试验工作；

（3）设备发生故障时；

（4）机组停运状态不影响公用系统运行检修的工作；

（5）夜间和节假日的临时消缺工作；

（6）已发生故障的设备，运行人员应立即进行隔离，做好安全措施的工作；

（7）电网调度规程中规定的其他特殊情况。

三、检修申请票提出的要求

1. 向中调提出申请的要求

向中调提出的主设备检修申请票，应于开工前一日上午（如遇休息日后第一天开始检修的工作，应于休息日前一天上午）送至值长，由值长向中调提出申请。

凡无月度计划的设备检修，需进行复杂的倒闸操作或影响电网的运行方式或继电保护定值改变者，应在检修前三日内向中调提出申请，中调一般在开工前一日（遇休息日提前一天）批复。值长应及时通知检修申请单位及有关生产领导。

在特殊情况下，临时性的检修申请，可随时向中调提出，中调值班调度员有权批准当日完工且对系统供电无影响的设备检修。

故障检修申请，可随时向中调提出。

原定检修的设备，如因某种原因，未在预定时间停下，原则上完工时间不变，如必须延迟完工时间，值长应向调度提出延期申请。机组大、小修不能按时完工时，也应向中调提出延期申请。

中调管辖的继电保护和安全自动装置，没有中调命令，现场值班人员不得停用、投入、试验或改变保护整定值。异常处理有规定时，应在操作同时向中调报告。

中调调度设备的检修或试验虽经批准，但在开工前仍需得到中调下达的施工命令后才能进行。

2. 向值长提出申请的要求

设备发生故障后，运行人员应做好安全隔离措施，不用办理申请票。但若涉及调度权限时，可先由值长请示厂生产领导同意后再口头向调度提出申请，如果检修时间可能会超过 24h，检修单位还应补办主设备检修申请票。

设备的检修申请虽经批准，开工前仍需征得值长、单元长或运行班长的同意。

不必办理申请票的情况，应按设备调度范围和调度权限，口头申请拥有此调度权限的人员，批准后才能进行检修工作。涉及中调调度权限的，一般由值长请示厂生产领导同意后，再口头向中调申请，调度批准后由值长安排措施。

停备机组的检修工作，涉及中调权限时，必须请示厂生产领导同意后，再向中调申请。

辅助设备的检修若影响对用户供水、供电、供热时，一般应提前 24h 提出检修申请。

需要全部或部分停用家属区生活水且需值长配合的工作，在检修单位提出申请票后，除履行正常手续外，还应经消防部门批准，最后经厂生产领导同意后，交给值长。

需厂区全部停用消防水的工作，应办理主设备检修申请票，需部分停用消防水的工作，应办理辅助设备检修申请票。消防水系统上的工作，也应经消防部门批准。

机组的大、小修计划虽已于年初获得批准，但仍需在开工前一日按规定办理检修申请手续，调度下达施工令后方可开工。大、小修工作票一般于开工前一日送达运行岗位，接票人审查安全措施是否合理，夜间运行值班人员做好安全措施。

四、设备检修时间的规定

1. 检修时间的计算

发电厂和变电站设备检修时间的计算是从设备退出运行或备用时开始，到设备正式投入运行或转备用时为止。

线路检修时间的计算是从线路开关、刀闸断开，两侧挂好地线，下达施工令时开始，到中调接到有关线路完工、拆除施工地线、施工人员已撤离现场，线路可以送电的报告时为止。

2. 设备检修结束后的报完工规定

机组计划检修结束，由值长请示生产厂领导同意后，方可向中调（或区调）报完工，值长应记录在案。

机组非计划检修完工后，检修单位应及时向值长报完工。值长应请示生产厂领导同意后，及时向中调报完工。影响机组最大综合出力的缺陷消除且具备带负荷条件后，值长应及时向中调报完工，以尽量缩短机组出力受阻时间。

主设备检修结束向中调报完工后，值长应在申请票和日志上记录报完工的时间。

第三节　调度范围及调度权限

生产调度管理分为网调（中调）、地区调度（区调）、值长、单元长、运行班长。一般来说，上级向下级下达命令（发令人），下级接受上级下达的命令（接令人），并负责执行。

在办理检修申请票时，属值长调度管辖范围的检修申请交给值长；属单元长调度管辖范围的检修申请交给单元长。值长、单元长调度权限之外的设备检修工作，由检修单位向运行单位提出申请，由运行班长受理申请票。

一、中调调度范围

中调调度范围包括在中调管辖的电网范围内所连接的设备，或影响电网负荷和影响电网安全稳定运行的主要设备。

（1）发电机设备、发电机的负荷调整、发电自动控制 AGC、电网无功管理及电压曲线。

（2）主变压器设备、主变压器分头位置、主变压器中性点接地开关。

（3）与本网连接所有母线、开关、刀闸、电压互感器、避雷器等电气一次设备，以及相应设备的二次设备。

（4）110kV 以上系统的全部一、二次设备；继电保护及自动装置；电网安全自动装置。

（5）变电站联络变压器设备、联络变压器分头位置。

二、区调调度范围

区调调度范围包括在区调管辖的电网范围内所连接的设备，或影响地区电网负荷和影响电网安全稳定运行的主要设备，主要有：与本网连接所有母线、开关、刀闸、电压互感器、避雷器等电气一次设备，以及相应设备的二次设备。

三、值长调度范围

值长调度范围为本厂所属的全部设备。

电网运行方式管理和中调调度设备、系统检修的工作；影响机组运行的重大隐患及影响机组最大综合出力的所有缺陷和设备检修工作；全厂机组的负荷调整；正常的机组启停命令；全厂公用系统运行方式管理和设备检修工作等。

所谓影响机组最大综合出力是指任何与机组相关的工作，使机组不能按铭牌带出力者。

四、单元长调度范围

单元长调度范围为本单元机组所属设备和系统。

对值长调度的单元设备、系统，单元长负责检查、操作、调整。涉及值长调度权限的应按值长命令执行。

本单元所属公用系统，包括化学精处理、化学炉内、静电除尘器、排浆泵、灰管线、碎渣机、捞渣机、除灰变、除尘变、磨煤机石子煤排放系统、排浆泵房内其他辅助设备。机房内生活消防水系统、机房内工业水系统等。

五、运行班长调度范围

运行班长调度范围为本单位管辖范围内除值长、单元长调度权限以外的系统设备，对由值长或单元长调度的本单位的系统设备负有检查、操作和维护责任。

第四节 设备检修申请票

设备检修申请票分为主设备检修申请票、辅助设备检修申请票。其中主设备检修申请票适用于锅炉、汽轮机、发电机、主变压器、机组控制装置等主要设备及其附属设备上检修的工作，如主变压器小修、发电机计划性检修等；辅助设备检修申请票适用于主要设备以外的生产设备上检修的工作，如输煤系统设备检修、电除尘设备检修等。

一、票面内容

1. 主设备检修申请票

主设备检修申请票内容包括：检修设备名称、申请人、检修工作内容、对系统的影响（降低出力或改变运行方式）、计划工作时间、申请单位意见、设备部门审核意见、发电部门审核意见、生产领导批示、向调度（中区调）提申请、调度审批结果及审批结果的通知情况、值长向调度报完工。

2. 辅助设备检修申请票

辅助设备检修申请票内容包括：检修设备名称、申请人、检修工作内容（非计划、计划）、对系统的影响（退出备用或对用户构成影响）、计划工作时间、申请单位意见、设备部门意见、发电部门意见、消防部门审核（限于生活消防水系统）、实际开工时间、实际完工时间、未按时开完工原因。

二、设备检修申请票的提出

1. 应提出主设备检修申请票的工作

（1）下列工作应提出主设备检修申请票，并经设备部、发电部审核后，报经生产副厂长或总工程师批准，最后由值长向中调申请。

中、区调调度范围内的设备、系统的计划性检修；机组计划性的大、小修、节日检修、低谷停机消缺；各启动变、高厂变的计划性检修。

机组临时停机检修或故障停机检修以及中调调度设备的非计划检修的申请也应经生产副厂长或总工批准，最后由值长按申请票要求或以口头方式向中调提出申请。

（2）下列工作应提出主设备检修申请票，并经设备部、发电部审核后，报经副总及以上生产领导批准，最后由值长向中调申请。

凡影响机组最大综合出力或对机组负荷有要求者；发电自动控制 AGC 的检修工作。

（3）下列工作应提出主设备检修申请票，并经设备部、发电部审核后，报经副总及以上生产领导批准，最后交值长执行。

电、汽动给水泵不影响机组最大综合出力的检修工作；机组重要辅机停运检修，工期超过 24h，可能要影响机组出力或是对机组安全运行威胁较大者；制粉系统已经有一套停运检修，又需要退出一套或多套制粉系统进行停运检修的工作；全厂公用系统由值长调度的主要设备的检修，工期超过 24h 者；一个公用系统中，需半数以上设备停用才能进行的检修工作；需家属区生活水部分或全部停用且需值长配合做措施的检修工作；需厂区消防水全部停用的检修工作；需家属区居民用电部分或全部停电且需值长配合做措施的检修工作；水源变电站、修配变电站、厂前区变电站及其低压侧母线的停电检修工作；需低压厂用汽母管供出的家属区热网站汽源停汽的检修工作。

2. 应提出辅助设备申请票的工作

主设备检修申请票规定之外的所有设备检修、试验、设备改造、异动等工作均需要提出辅助设备检修申请票。

三、主设备检修申请票的执行程序

（1）检修单位负责人与值长联系。检修单位负责人在设备检修前，应与当值的值长联系，征得值长意见后，指派检修申请人办理主设备检修申请票。

（2）填写申请票。检修申请人负责填写申请票，并负责申请票的全过程手续办理。填写内容包括检修设备名称、检修工作内容、计划工作时间。

（3）申请单位意见。申请单位负责人负责组织做好检修的准备工作。确认检修工作的必要性和所做的安全技术措施、材料准备、人员到位落实情况，检查检修方案是否可行，检修工期安排是否合理，并填写"对系统的影响"栏。

（4）设备部门审核意见。设备部门负责人审核检修工作的必要性和对系统的影响、检修工作对其他专业工作的影响，检查技术方案是否可行，检修工期安排是否合理等。

（5）发电部门审核意见。发电部门负责人审核检修工作对系统或机组运行的影响，根据机组情况和当时运行方式合理安排开工时间，安排运行方面要做的防范措施，对复杂的操作应事先制订技术措施，对停用设备后将影响的用户要负责通知对方，对影响面较大场所（如生活区、厂区的停水、停电、停汽）还要及时通知有关部门，发布公告。

（6）生产领导批准。主设备检修申请票应经总工程师批准。其审核内容为：审查检修工作的必要性，针对系统重大方式变化，针对机组和公用系统的重大缺陷，督促做好风险分析，防止事故发生。

（7）由值长向值班调度员提出检修申请。值长接收到主设备检修申请票后，应根据检修设备所辖的调度范围向中调或区调的值班调度员提出申请，并考虑停用检修设备后的运行方式变化及事故预想，确认是否具备开工条件，合理安排检修开工时间等内容。

（8）值班调度员批准主设备检修申请后，通知值长。中调、或区调的值班调度员批准主设备检修申请后通知值长，由值长将通知人和批准时间填写在主设备检修申请票内，并负责通知申请人及有关领导。

（9）检修申请人接到值长通知后，办理工作票手续。

（10）运行人员接到工作票后布置现场检修安全措施，工作许可人和工作负责人双方办理开工手续。

（11）办理好工作许可手续后，检修人员方可进行检修工作。

（12）检修完工后，工作负责人应向运行人员交代设备检修后的完成情况，办理工作票终结手续。

（13）值长确认设备检修完工后，应根据设备调度范围向中调或区调的值班调度员报完工，并将报完工时间填写在主设备检修申请票内。

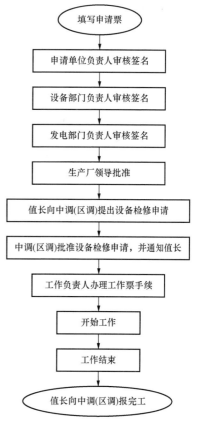

图 5-2　主设备检修申请票流程

四、辅助设备检修申请票的执行程序

（1）检修单位负责人与值长联系。检修单位负责人在设备检修前，应与当值的值长联系，征得值长意见后，指派检修申请人办理辅助设备检修申请票。

（2）填写申请票。检修申请人负责填写申请票，并负责申请票的全过程手续办理。填写内容包括检修设备名称、检修工作内容、计划工作时间。

（3）申请单位意见。申请单位负责人负责组织做好检修的准备工作。确认检修工作的必要性和所做的安全技术措施、材料准备、人员到位落实情况，检查检修方案是否可行，检修工期安排是否合理，并填写"对系统的影响"栏。

（4）设备部门审核意见。设备部门负责人审核检修工作的必要性和对系统的影响、检修工作对其他专业工作的影响，检查技术方案是否可行，检修工期安排是否合理等。

（5）发电部门审核意见。发电部门负责人审核检修工作对系统或机组运行的影响，根据机组情况和当时运行方式合理安排开工时间，安排运行方面要做的防范措施，对复杂的操作应事先制订技术措施，对停用设备后将影响的用户要负责通知对方，对影响面较大场所（如生活区、厂区的停水、停电、停汽）还要及时通知有关部门，发布公告。

（6）安监部门、消防部门意见。涉及需要全部或部分停用消防水系统检修的工作，而影响消防水系统正常运行时，应经安监部门、消防部门审批。

（7）值长、单元长或运行班长批准。辅助设备申请票应由值长、单元长或运行班长批准。其审核内容为：审查检修工作的必要性，针对系统重大方式变化，针对机组和公用系统的重大缺陷，督促做好风险分析，防止事故发生。

（8）值长、单元长或运行班长应根据系统运行方式、现场实际情况等因素决定开工时间，办理许可开工手续；工作结束后，应填写实际完工时间。对于未按时开完工时，应在申请票内注明原因。

辅助设备检修申请票流程如图5-3所示。

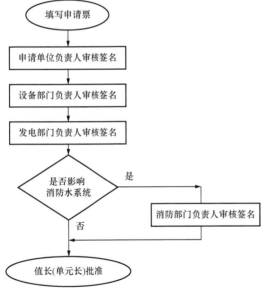

图5-3 辅助设备检修申请票流程

第五节 设备异动申请票

设备异动是指在生产系统或设备上需要增加设备、拆除设备或对设备进行技术改造，以及对保护定值变更、逻辑修改、二次线变动检修的工作。比如，变压器增加一组冷却器，2号炉水冷壁下联箱加装加氧处理采样管等。

为了加强对设备异动的管理工作，规范设备异动的工作程序，明确各级有关人员的安全职责，保证设备异动工作安全有序地进行，保证各单位或各部门之间工作的衔接和密切

配合，理顺生产管理工作，应使用设备异动申请票。

一、票面内容

设备异动申请票内容包括：申请单位、设备名称、异动部位、异动原因、对运行或备用设备的影响《简图》、单位负责人签名、申请人签名、发电部意见（负责人签名）、设备部意见（负责人签名）、副总工程师以上生产领导批准。

二、应办理设备异动申请票的情况

（1）设备或系统进行增加、改进、改型、转换、拆除（包括暖气增设）等工作，影响到运行操作方式、巡查方式改变。

（2）设备铭牌、技术参数、安全装置定值的改变等工作。

（3）改变设备的主要规范或运行方式。

（4）汽水管道及电气回路的变更。

（5）生产厂房结构改变（包括厂房地板打孔、开洞、房梁起重，楼板放超重及过大的物件）。

（6）管道上阀门在离原位置 2m 外重新安装，无论任何情况需办理设备异动票。在 2m 内只改变安装位置则不必办理异动手续。否则也需办理设备异动票。

（7）设备或零部件进行了更换，目的是提高设备的可靠性和安全性，不影响运行操作、运行参数和运行巡查方式，则不必办理异动票，但要有交底说明，有文字记录。

三、设备异动的执行程序

（1）凡需对设备进行异动的，由设备异动单位提出设备异动申请，申请人填写设备异动申请票，设备部、发电部相关专业审核，报总工程师批准。

（2）列为改进项目或机组大、小修项目中的设备异动，应在检修之前办理。

（3）设备异动涉及其他专业的，提出专业应牵头组织其他专业参加方案会审，并与其他专业同步实施。

（4）设备异动申请票审批后，方可办理工作票手续。

（5）运行人员接到设备异动申请票、工作票后，根据现场实际情况考虑准许开工时间，做好有关安全措施，办理工作票许可手续。

（6）工作负责人带领工作班成员进入现场进行工作。在设备异动的实施中，必须按所批准的设备异动内容进行。

（7）设备异动工作结束后，工作负责人应详细地将设备异动后的情况进行技术交底（包括设备详细技术参数、定值、操作方法等），并将交底内容填写在《设备异动、变更记录》本内。

（8）对于重要的设备异动技术交底内容应报设备部与发电部。

（9）运行值班负责人对工作负责人的技术交底无疑问后，安排有关人员现场确认，办理工作票终结手续，异动设备或系统移交运行使用。

（10）设备移交后，发电部门应做以下工作：

1）将异动后的设备有关情况（如系统图、设备标识牌、运行规程等）发布有关技术通知；

2）向各值运行人员进行技术交底；

3）修改或补充运行规程；

4）制订必要的临时规定或技术措施；

5）设备标示编号。

6）对运行人员进行技术培训工作。

（11）设备移交后，设备部门应做以下工作：

1）修改有关技术资料或图纸；

2）修改相关管理制度；

3）对重大设备异动项目技术资料存档；

4）检查、督促检修单位及班组及时更新有关技术资料、图纸和制度等。

（12）设备异动后，其他相关专业的班组技术员把与其相关的图纸、台账、技术记录等资料及相关制度应及时进行修改与调整，使其与设备或系统的实际情况相符。

（13）对设备的异动，各级人员均应本着有利于机组安全、经济运行的原则，全面而认真地考虑设备异动的必要性、可行性、安全性、经济性、可靠性，避免不必要的浪费与损失。

设备异动申请流程如图 5-4 所示。

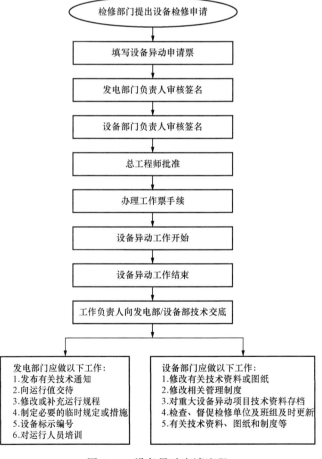

图 5-4 设备异动申请流程

四、设备异动的管理

（1）设备异动申请票不能代替检修申请票和工作票。

（2）设备异动工作竣工前应完成下列工作：

1）修改或补充运行规程并呈报总工批准；

2）制订必要的临时规定或措施，其中与现场规程有抵触或重大的临时规定呈报总工批准；

3）修订或补充的规程、临时规定或措施应存放在现场的系统图纸及技术资料中；

4）对运行人员进行培训，并了解运行人员对异动后设备掌握情况；

5）设备竣工后立即进行标示编号；

6）引起固定资产增减者，要办理变更手续。

（3）值长应根据设备异动申请，在投入运行前通知运行班做好现场检查或亲自检查，如发现设备异动与原批准的不符或做好投入运行前的准备工作，则不应将设备投入运行，可以将异动部分局部自系统上隔开。

（4）对于属于改进工程或机组大、小修项目内的设备异动，除按照大、小修项目验收外还需按设备异动有关规定执行。

（5）设备或零部件进行更换，目的是提高设备的可靠性和安全性。如果不影响运行操作和运行参数，则不必办理设备异动申请票。

（6）对重大设备异动项目，需由设备部（发电部）修正或补充图纸资料存档案室。档案室在设备投入运行后及时进行建档工作。

（7）因事故抢修需进行设备异动者，如短期内不能恢复原状，则仍应履行设备异动申请票的审批手续。

第六节　主要保护投退申请票

为使电网、机组的安全、稳定运行，防止保护及自动装置误投、漏投，防止作业人员"三误"（误碰、误整定、误接线）事故的发生，保证运行设备故障时能够快速被切除，保证电气保护、热控保护，以及自动装置正确动作率达到100%，应加强对电气保护、热控保护投入、退出的管理工作，规范保护投入、退出的工作程序，严格执行主要保护投退申请票。

一、电气、热控的主要保护

1. 电气主要保护

电气主要保护（继电保护）系指与电气主设备（如发电机、主变压器等）配套的继电保护及自动装置。其包括发电机保护、主变压器保护、高压厂用变压器保护、母线保护和线路保护等。

（1）发电机保护主要有发电机纵联差动保护、发电机定子匝间保护、发电机定子接地保护、发电机过电压保护、逆功率保护、失步保护、发电机失磁保护、发电机过激磁保护、励磁回路过负荷保护、发电机转子接地保护、发电机对称过负荷保护、发电机负序过负荷保护等。

（2）主变压器保护主要有瓦斯保护、差动保护或电流速断保护、过电流保护、零序电流保护等。

（3）高压厂用变压器保护主要有瓦斯保护、差动保护、复合电压过流保护、A分支过流保护、B分支过流保护、A分支速断保护、B分支速断保护等。

（4）母线保护主要有母线差动保护等。

（5）线路保护主要有纵联电流差动保护、纵联距离保护、零序电流保护等。

（6）自动装置主要有电网稳控装置、失步解列装置、自动重合闸装置、励磁调节器等。

2. 热控主要保护

热控主要保护是指与汽轮机、锅炉主要设备配套的保护。

（1）汽轮机主要保护有凝汽器真空低保护、润滑油压力低保护、主机超速保护、转子轴向位移保护、高压加热器水位保护、手动打闸、发电机跳汽轮机保护等。

（2）锅炉主要保护有主燃料跳闸（MFT）保护、炉膛压力保护、炉膛火焰保护、总风量低保护、汽包水位保护、饱和蒸汽压力保护、过热蒸汽压力保护、再热蒸汽压力保护、汽轮机跳闸等。

二、保护投入与退出

1. 继电保护的投入与退出

（1）主要保护非正常性地投入或退出运行时，需填写《主要保护投退申请票》，并经发电部、设备部审核，总工程师批准后，方可执行。属于中调或区调管辖的保护还需由中调或区调批准。

（2）主要保护的投入或退出操作应登记在《电气、热控保护投停记录本》内；保护工作结束后，工作负责人应向运行人员交代检修后的情况，并登记在《继电保护定值及保护交代记录本》内。

（3）任何电气设备都不能在无保护的条件下运行。

（4）配置双重主保护的电气主设备不允许两套主保护同时退出运行。

（5）继电保护定值改变、二次线变动以及校验工作结束后，保护人员应向运行人员书面交代继电保护定值、二次线变动情况以及校验传动结果、能否投入运行等内容。

（6）对已退出保护的开关、继电器、二次线应有明显的标志，并记录在《电气、热控保护投停记录本》内。

（7）对于保护退出运行后，不能按时投入时，（一般应在8h内恢复。若不能恢复应做好相应的技术措施，经总工程师批准允许延长时间，但不超过24h，并报上级主管部门备案）应办理延期手续。

（8）中调管辖的继电保护和安全自动装置，没有中调命令，现场值班人员不得停用、投入、试验或改变整定值。

2. 热控保护的投入与退出

（1）单元机组热控计算机回路和热控保护回路上的工作，需填写《主要保护投退申请票》，并经发电部、设备部审核，总工程师批准后，方可执行。

（2）热控保护定值变更、逻辑回路修改或二次线变动检修的工作，需填写《设备异动申请票》。

（3）热控保护投退操作由热控人员执行，应对操作的正确性负责，检修工作结束后，热控人员应主动向运行人员交代保护变动后的情况，以及能否正常投入运行等结论，并记录在《热控保护定值及保护交代本》内。

（4）运行中，在紧急情况下，需临时退出热控保护或更改保护定值时，由值长向有关领导提出口头申请，征得同意，热控人员也可先实施，但事后必须补办申请票的审批手续。

三、保护工作的执行程序

主要保护非正常性地投入或退出运行时，由申请人填写《主要保护投退申请票》，单位负责人审核签名后，经发电部审核，总工程师批准，方可生效。

如果保护工作属于定值变更、逻辑修改或二次线变动时，还应办理《设备异动申请票》手续。

申请票审批后，由工作负责人填写工作票，单位负责人签发工作票后，工作负责人持有主要保护投退申请票、工作票，依据调度范围送交给值长、单元长或运行班长。如果投退保护属中调或区调所辖设备，还应由值长请示中调或区调，同意后方可执行。

值长、单元长或运行班长接到申请票和工作票后，根据现场设备及系统的实际情况，安排检修工作时间，责令布置安全措施。

如果投退保护属继电保护，应由运行人员负责保护压板的操作；如果投退保护属热控保护，应由热控人员负责保护的投退操作，但要向运行人员交代清楚；主要保护投退结束后，应由运行人员将保护投退情况记录在《电气、热工保护投停记录本》内。

保护退出后，工作许可人会同工作负责人双方到现场检查，确认无误后办理工作许可手续，保护人员方可开始工作。

保护工作结束后，工作负责人会同工作许可人双方到现场检查工作完成情况，确认无误后办理工作票终结手续。

最后，工作负责人应向运行人员书面交代保护定值变更、逻辑修改、二次线变动情况，以及校验传动结果、能否投入运行等内容。继电保护应将交代记录在《继电保护定值及保护交代本》内，热控应将交代记录在《热控保护定值及保护交代本》内。

更新有关台账、图纸、技术资料等内容，做好存档工作，工作结束。

保护工作的执行程序如图5-5所示。

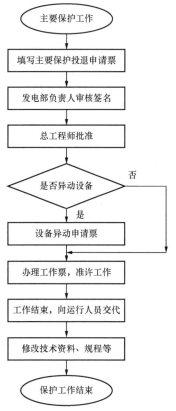

图5-5 保护工作的执行程序

第七节 设备检修工作程序

电气（热机）设备分为一次设备、二次设备。其中，一次设备按其重要性分为主设备、辅助设备；二次设备按专业分为电气保护、热控保护。

需要运行中的一次设备停用或退出备用检修的工作，应办理设备检修申请票。属主设备检修的工作，应办理主设备检修申请票；属辅助设备检修的工作，应办理辅助设备申请票。

需要运行中的二次设备（主要保护）停用或退出备用检修的工作，应办理主要保护投退申请票。

需要增加设备、拆除设备、对设备进行技术改造或对保护定值变更、逻辑修改、二次线变动等检修的工作，应办理设备异动申请票。

检修申请票由申请人填写，单位负责人审核后，由申请人依次办理（设备部门负责人→发电部门负责人→厂级生产领导）审批手续。

申请票审批后，由工作负责人填写工作票，将申请票与工作票一并送交值长、单元长或运行班长。

值长、单元长或运行班长接到申请票和工作票后，根据现场设备及系统的实际情况，安排检修工作时间，指派运行人员布置安全措施。

现场安全措施布置完成后，由工作许可人会同工作负责人双方到现场进行检查，确认无误后方可办理工作许可手续，检修人员进入现场开始检修工作。

检修工作执行程序如图 5-6 所示。

检修工作结束后，工作负责人会同工作许可人双方到现场检查工作完成情况，确认无误后办理工作票终结手续。

工作票终结后，工作负责人应主动向运行人员交代设备检修后的情况、技术数据，以及设备能否正常投入运行结论性的内容。如果检修设备是一次设备，应将交代内容记录在《设备检修记录本》内；如果检修设备是异动工作，应将交代内容记录在《设备异动、变更记录本》内；如果检修设备是电气保护，应将交代内容记录在《继电保护定值及保护交代本》内；如果检修设备是热控保护，应将交代内容记录在《热控保护定值及保护交代本》内。

最后，对检修后的设备台账、图纸、技术资料进行整理、修改和归档，使设备台账、图纸、技术资料与实际相符，并及时修订现场规程和有关管理制度等

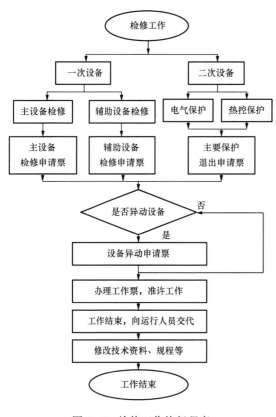

图 5-6　检修工作执行程序

内容，做好技术资料的存档工作，工作全部结束。

第八节 各级人员的安全责任

在电力生产中，经常需要将正在运行的、有缺陷的设备停运后进行消缺工作，为保证系统和设备的安全、稳定运行，合理安排检修工期，可靠地将消缺设备退出运行，保证检修设备与运行系统可靠隔离，要严格履行检修申请票手续，落实各级人员的安全责任，防止因误调度设备而造成事故的发生。

一、申请人

申请人一般由点检员、检修班组班长或技术员担任。

负责填写申请票和申请票的全过程办理。合理计划检修工期，提出异动设备的初步改造方案，并负责检查检修准备工作是否完成（包括人员、备件、工器具、技术方案）。

二、单位负责人

单位负责人一般由正副点检长、检修车间正副主任担任。

确认检修工作的必要性，检查检修方案或设备异动改造方案是否可行，检修工期安排是否合理，申请票填写内容是否正确、规范和完整，负责组织做好检修的准备工作。

三、设备部门审核人

设备部门审核人一般由正副部长担任。

对检修工作的必要性审核把关；对于风险性较大的检修工作，负责组织做好安全技术措施；检查技术方案或设备异动改造方案是否可行，检修工期安排是否合理；负责检修中各车间、各专业的工作协调；某一设备或系统检修的同时，要考虑有无其他专业的检修工作；对设备检修、改造的实施效果和质量负责。

四、发电部门审核人

发电部门审核人一般由正副部长、运行车间正副主任担任。

审查设备检修或设备异动改造方案是否必要，是否便于运行操作、运行监视，在运行方式方面是否合理、是否符合规定要求，并对设备检修后或改造后的系统安全性和经济性进行比较论证。同时，根据机组情况和当时运行方式合理安排开工时间；考虑对机组和系统运行方式影响，提出注意事项；若有复杂的操作应事先制订技术措施，对影响生活区、厂区的停水、停电、停汽要及时通知有关部门发布公告。

五、厂级生产领导

厂级生产领导一般由副总工程师及以上的厂级生产领导担任。

审查设备检修或设备异动改造工作的必要性，针对系统重大方式变化，针对机组和公用系统的重大缺陷，督促做好风险分析，防止事故发生，对设备检修或设备异动工作的批准。

六、值长、单元长或运行班长

确认是否具备开工条件，合理安排开工时间；考虑运行方式是否合理、完备；负责组织做好运行措施，并对其正确性负责；对涉及中、区调度权限的负责提出申请；申请批准后，负责通知申请人及有关领导。

第九节　检修申请票的应用范例

【例 5-1】 某厂 4 号机组协调控制系统需要做一次调频试验工作，要求机组负荷稳定在 250MW，办理主设备检修申请票，其内容如表 5-1 所示。

表 5-1　　　　　　　　　　　主设备检修申请票（A4 纸）

检修设备名称：4 号机组协调控制系统　　　　　　　　　　　　　　　　　　申请人：李×
检修工作内容：4 号机组一次调频试验
对系统的影响（降低出力或改变运行方式）： 4 号机组负荷稳定在 250MW，转速定值变动 6r/min
计划工作时间： 自　2012 年 07 月 31 日 08 时 00 分至 2012 年 07 月 31 日 18 时 00 分
申请单位意见： 　　同意 　　　　　　　　　　　　　　　单位负责人：　张×　　2012 年　07 月　31 日
设备部审核意见： 　　同意 　　　　　　　　　　　　　　　设备部部长：　白××　　2012 年　07 月　31 日
发电部审核意见： 　　同意 　　　　　　　　　　　　　　　发电部部长：　赵××　　2012 年　07 月　31 日
生产领导批示： 　　同意 　　　　　　　　　　　　　　　生产领导：　韩××　　2012 年　07 月　31 日
08 时　30 分向值班调度员　崔××　提出申请 　　　　　　　　　　　　　　　值长：　王××　　2012 年　07 月　31 日
08 时　30 分值班调度员　崔××　批准检修申请，此时已通知　李×　同志 批准时间： 自　2012 年 07 月 31 日 08 时 00 分至 2012 年 07 月 31 日 18 时 00 分共/天 10　小时 　　　　　　　　　　　　　　　值长：　王××　　2012 年　07 月　31 日
31 日　18 时　40 分向值班调度员　贺××　报完工。 　　　　　　　　　　　　　　　值长：　刘××　　2012 年　07 月　31 日

【例 5-2】 某厂 2 号高压厂用启动/备用变压器需要接入电量计费系统，并对二次回路检查、传动的检修工作，办理辅助设备检修申请票，其内容如表 5-2 所示。

表 5-2　　　　　　　　　　　辅助设备检修申请票（A4 纸）

检修设备名称：2 号高压厂用启动/备用变压器　　　　　　　　　　　　　　申请人：杨××
检修工作内容（非计划）（计划）： 　　2 号高压厂用启备变接入电量计费系统、并对二次回路检查、传动

对系统的影响（退出备用或对用户构成影响）：
2 号高压厂用启备变由运行转冷备用

计划工作时间：自__2012__年__11__月__17__日__09__时__00__分至__2012__年__11__月__17__日__16__时__00__分

申请单位意见：
同意
单位负责人：__郑××__　　__2012__年__11__月__16__日

设备部审核意见：
同意
设备部：__李××__　　__2012__年__11__月__16__日

发电部审核意见：（或对运行人员提示）
工作结束后，2 号高压厂用启备变由正常空载运行，转热备用
批准工作时间：自__2012__年__11__月__17__日__09__时__00__分至__2012__年__11__月__17__日__16__时__00__分
如果影响供电（热、水），上述批准时间应通知有关部门
发电部：__王××__　　__2012__年__11__月__16__日

影响消防水系统运行，须经安监，消防监督部门批准
安监部门批准人：　　　月　　　日　　消防部门批准人：　　　　　　　　　　　　年　　　月　　　日

生产领导批示：
生产领导：_____　____年___月____日

实际开工时间：__2012__年__11__月__17__日__10__时__06__分
实际完工时间：__2012__年__11__月__17__日__15__时__30__分
未按时开/完工原因：
值长、单元长或运行班长：__张××__　　__2012__年__11__月__17__日

【例 5 - 3】　某厂为配合 2 号炉给水加氧水处理工况试验研究，需要在 2 号炉水冷壁下联箱加装采样管，以便对炉水中氧浓度进行监测，需要办理《设备异动申请票》，其内容如表 5 - 3 所示。

表 5 - 3　　　　　　　　　　**设备异动申请票**（A4 纸）

申请单位	化学车间	申请时间	2012 年 12 月 26 日
设备名称	2 号炉水冷壁下联箱		
异动部位	2 号炉水冷壁下联箱加装加氧处理采样管		

异动原因：
为配合 2 号炉给水加氧水处理工况试验研究，需要在 2 号炉水冷壁下联箱加装采样管，以便对炉水中氧浓度进行监测，具体措施如下：
在水冷壁下联箱前后各选项择一个位置钻出 $\phi16$ 的孔洞，焊接 $\phi16 \times 3$ 的不锈钢管引至 12.6m 锅炉平台，与原炉水采样管路汇合，水样引至化学一单元炉内采样高温盘。
注：焊接管需接加强管座。

续表

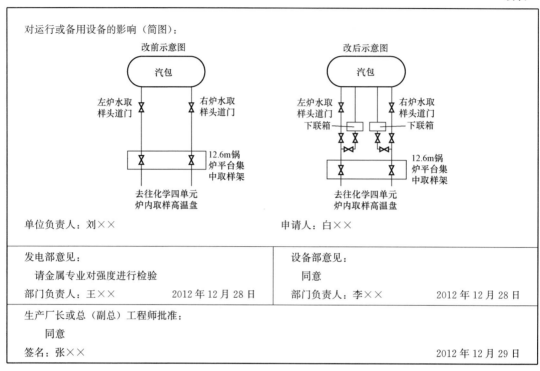

单位负责人：刘××	申请人：白××
发电部意见： 请金属专业对强度进行检验	设备部意见： 同意
部门负责人：王×× 2012年12月28日	部门负责人：李×× 2012年12月28日
生产厂长或总（副总）工程师批准： 同意 签名：张×× 2012年12月29日		

【例5-4】 某厂1号机组需要新增加一路"发电机并网信号（Ⅱ）"，以防发电机并网信号误动作而造成保护逻辑误判断故障。为了防止在安装作业过程中，因盘柜振动而引起保护动作掉闸，申请退出有关保护运行后，方可工作。其主要保护投退申请票内容如表5-4所示。

表5-4　　　　　　　　　　主要保护投退申请票（A4纸）

保护名称： 2200甲起备变压器、2200甲开关控制电源；6kV公用段2号电抗器差动及过流保护
计划退出保护时间：　　2012年06月29日08时30分
计划投入保护时间：　　2012年06月30日08时00分
申请人签字：张××　　2012年06月28日
单位负责人签字：王××　　2012年06月28日
申请退保护理由： 　1号机新增加一路"发电机并网信号（Ⅱ）"。为防止在安装保护跳闸压板时因振动而引起2200甲开关及2号电抗器掉闸，所以，申请退出2200甲开关控制电源和2号电抗器差动及过流保护
发电部意见： 　　同意 　批准工作时间 2012 年 06 月 29 日 09 时 00 分至 2012 年 06 月 30 日 07 时 30 分 　签字：李××　　　　　　　　　　　　　2012年06月28日
总工程师批示： 　　同意 　签字：刘××　　　　　　　　　　　　　2012年06月28日

第六章

工　作　票

第一节　概　　述

在电力生产中，因正在运行的设备发生故障时需要将该设备停运进行消缺工作，或因设备运行时间较长需要进行计划检修工作，称为检修工作。比如，某台电动机运行中因轴承温度过高而退出运行进行处理的工作；某高压加热器运行中，因钢管泄漏而需将高压加热器系统退出运行进行处理钢管泄漏缺陷的工作等。检修工作常见有电气类检修工作、机械类检修工作等。

电气类检修工作是指在电气系统、设备及二次回路上所进行检修的工作。其主要包括发电机的检修、变压器的检修、电动机的检修、断路器及隔离开关的检修、继电保护及自动装置的检修、电气二次回路的检修等。

机械类检修工作是指在热力系统、机械设备上所进行检修的工作。其主要包括运煤设备的检修，燃油设备的检修，锅炉设备的检修，汽（水）轮机的检修，管道、容器的检修，化学设备系统的检修，土石方工作等。

为了保证在检修工作中有可靠的安全工作条件，做好检修人员与运行人员之间的相互联系和交代工作，落实各级人员的安全责任，保证检修设备与运行系统可靠隔离，保证检修工作的人身安全和设备安全，在从事检修工作时必须严格地使用工作票。否则，就有可能会造成事故的发生。比如，某厂三名检修人员在处理1号机2号高压加热器泄漏缺陷中，由于运行人员对高压加热器水侧放空气门与放水门部分开启，高压加热器水侧水仍未放净，布置安全措施不到位，就准许检修工作，三名检修人员在拆除人孔门过程中，人孔门克铁取出，取人孔门芯时，人孔芯顶出，喷出热水，三人被烫伤。

由此可见，如果检修人员在作业前，严格履行工作票手续，开工前工作许可人会同工作负责人一起到现场进行检查、安全交底，保证现场的安全措施布置到位，并确认无误后再进行工作，此类事故是完全可以避免的。因此，工作票是在设备及系统上检修作业时，落实安全技术措施、组织措施及有关人员安全责任，进行检修作业的书面依据，它不同于口头命令或电话命令，是保证检修作业过程中人身安全和设备安全的有效手段。

第二节 工作票简介

工作票是保证检修设备与运行设备可靠隔离，保证检修人员的作业安全，准许检修人员进入生产现场工作的凭据。工作票分为主票和附票，如图 6-1 所示。

工作票			
火力发电厂		水力发电厂	
主票	电气第一种工作票	主票	电气第一种工作票
	电气第二种工作票		电气第二种工作票
	热力机械第一种工作票		水力机械第一种工作票
	热力机械第二种工作票		水力机械第二种工作票
	热控第一种工作票		水力自控工作票
	热控第二种工作票	附票	一级动火工作票
附票	一级动火工作票		二级动火工作票
	二级动火工作票		动土工作票
	动土工作票		二次工作安全措施票
	二次工作安全措施票		危险点控制措施票
	危险点控制措施票		

图 6-1　工作票种类

主票包括电气第一种工作票、电气第二种工作票、热力机械第一种工作票、热力机械第二种工作票、热控第一种工作票、热控第二种工作票、水力机械第一种工作票、水力机械第二种工作票、水力自控工作票。

附票不得代替工作票，它是与主要配合使用，是对主票所列的安全措施的补充和完善。其包括一级动火工作票、二级动火工作票、生产区域动土工作票、二次工作安全措施票、危险点控制措施票。

例如，某机组发变组保护装置进行检验和传动工作时，需要办理的票有主票，电气第一种工作票；附票，二次工作安全措施票、危险点控制措施票、检修作业指导书。

例如，某机组汽动给水泵进行检修工作时，需要办理的票有主票，热力机械第一种工作票；附票，危险点控制措施票、检修作业指导书、一级动火工作票（动火作业时）。

一、工作票内容及适用范围

1. 电气第一种工作票

（1）票面内容：工作负责人、班组、工作班成员、工作地点、工作内容、计划工作时间、安全措施、工作票签发人、点检签发人、工作票接收人、批准工作结束时间、许可工作开始时间、工作负责人变更、工作票延期、检修设备试运、设备试运后恢复、工作终结、备注。

（2）适用范围：

1）高压设备上工作需要全部停电或部分停电者；

2）在电气场所工作需要高压设备全部停电或部分停电或要做安全措施者；

3）进行继电保护或测控装置及二次系统和照明等回路工作时，需将高压设备停电或做安全措施者；

4）高压电力电缆需停电的工作；

5）高压试验及使用携带新仪器在高压设备上进行工作，需要将高压设备停电或做安全措施的；

6）在高压室遮栏内或与带电设备不能满足设备不停电时的安全距离时，需将高压设备停电的工作；

7）继电保护检验，需做整组与一次设备联动试验时，若未与有关的一次设备检修或试验相配合的工作；

8）其他工作需要将高压设备停电或需要做安全措施者。

2．电气第二种工作票

（1）票面内容：工作负责人、班组、工作班成员、工作地点、工作内容、计划工作时间、工作条件（停电或不停电）、安全措施、工作票签发人、点检签发人、工作票接收人、许可开工时间、检修设备试运、设备试运后恢复、工作终结、备注。

（2）适用范围：

1）带电作业和在带电设备外壳上的工作；

2）控制盘和低压配电盘、配电箱、电源干线上（包括在专用屏、MCC柜上届临时电源）的工作；

3）继电保护装置、测控装置、通信通道、自动化设备、自动装置及二次系统和照明等回路上工作，无需将高压设备停电者；

4）二次接线回路上的工作，无须将高压设备停电者；

5）转动中的发电机、调相机的励磁回路或高压电动机转子电阻回路上的工作；

6）非当值值班人员用绝缘棒和电压互感器定相或用钳形电流表测量高压回路的电流；

7）大于设备不停电时的安全距离的相关场所和带电设备外壳上的工作以及无可能触及带电设备导电部分的工作；

8）高压电力电缆不需停电的工作；

9）对于连于电流互感器或电压互感器二次绕组并装在通道上或配电盘上的继电器和保护装置，而不影响主保护正常运行的工作；

10）更换生产区域及生产相关区域照明灯泡的工作；

11）在变电站、变压器区域内进行动土、植（拔）草、粉刷墙壁、屋顶修缮、搭脚手架等工作，或在配电间进行粉刷墙壁、整修地面、搭脚手架等工作，不需要将高压设备停电或需要做安全措施的。

3．热力机械第一种工作票

（1）票面内容：工作负责人、班组、工作班成员、工作地点、工作内容、计划工作时间、必须采取的安全措施、措施执行情况、工作票签发人、点检签发人、工作票接收人、运行值班人员补充的安全措施、补充措施执行情况、批准工作结束时间、许可工作开始时间、工作负责人变更、工作票延期、检修设备试运、设备试运后恢复、工作终结、备注。

（2）适用范围：

1）需要将生产设备、系统停止运行或退出备用，由运行值班人员按《电力安全工作规程》的规定采取断开电源、隔断与运行设备联系的热力系统，对检修设备进行消压、吹扫等任何一项安全措施的检修工作；

2）需要运行人员在运行方式、操作调整上采取保障人身、设备安全措施的工作。

4. 热力机械第二种工作票

（1）票面内容：工作负责人、班组、工作班成员、工作地点、工作内容、计划工作时间、危险点分析及控制措施、工作许可人补充的危险点分析、工作票签发人、点检签发人、工作票接收人、许可开始工作时间、工作终结、备注。

（2）适用范围：

1）不需将生产设备、系统停止运行或退出备用；不需运行值班人员采取断开电源、隔断与运行设备联系的热力系统。

2）不需运行值班人员在运行方式、操作调整上采取措施的。

3）在设备、系统外壳上的维护工作，但不触及设备的转动或移动部分。

4）在锅炉、汽轮机、化水、脱硫、除灰、输煤等生产区域内进行粉刷墙壁、屋顶修缮、整修地面、保洁、搭脚手架、保温、防腐等工作。

5）有可能造成检修人员中毒、窒息、气体爆炸等，需要采取特殊措施的工作，不准使用该票。

5. 热控第一种工作票

（1）票面内容：工作负责人、班组、工作班成员、工作地点、工作内容、计划工作时间、需要退出热工保护或自动装置名称、必须采取的安全措施、措施执行情况、工作票签发人、工作票接收人、批准工作时间、许可开始时间、工作负责人变更、工作票延期、检修设备试运、设备试运后恢复、工作终结、备注。

（2）适用范围：热控人员在汽轮发电机组的热控电源、通信、测量、监视、调节、保护等涉及 DCS、联锁系统及设备上的工作。需要将生产设备、系统停止运行或退出备用等。

6. 热控第二种工作票

（1）票面内容：工作负责人、班组、工作班成员、工作地点、工作内容、计划工作时间、危险点分析及控制措施、工作许可人补充的危险点分析、工作票签发人、工作票接收人、许可开始时间、工作终结、备注。

（2）适用范围：在不涉及热控保护、联锁、自动系统，以及在不参与 DCS 或设备上的且不需要运行值班人员采取断开电源、隔断与运行设备联系的热力系统工作，如就地指示仪表检查校验、敷设电缆等工作。

7. 水力机械第一种工作票

（1）票面内容：工作负责人、班组、工作班成员、工作地点、工作内容、计划工作时间、需要退出保护或自动装置名称、必须采取的安全措施、措施执行情况、工作票签发人、点检签发人、工作票接收人、批准工作结束时间、许可工作开始时间、工作负责人变更、工作票延期、检修设备试运、设备试运后恢复、工作终结、备注。

（2）适用范围：

1）水轮机、蜗壳、导水叶、调速系统、风洞内、进水口闸门等机械部分及涉及油、水、风等管路阀门的工作；

2）各种送、排风机和冷冻设备的机械部分工作；

3）电梯、门机、桥机、尾水台车、启闭机等机械部分工作；

4）各种水泵的非电气部分工作；

5）各种空压机的工作；

6）水工建筑物及其他非电气工作；

7）需要在运行方式、操作调整上对水力设备、水工建筑物采取保障人身、设备安全措施的工作。

8.水力机械第二种工作票

（1）票面内容：工作负责人、班组、工作班成员、工作地点、工作内容、计划工作时间、危险点分析及控制措施、工作许可人补充的危险点分析、工作票签发人、工作票接收人、许可开始工作时间、工作终结、备注。

（2）适用范围：适用于水力发电厂的不需运行值班人员在运行方式、操作调整上采取措施的机械设备及水工建筑物定期维护、清扫及巡检等工作。

9.水力自控工作票

（1）票面内容：工作负责人、班组、工作班成员、工作地点、工作内容、计划工作时间、需要退出热工保护或自动装置名称、必须采取的安全措施、措施执行情况、工作票签发人、工作票接收人、批准工作时间、许可开始时间、工作负责人变更、工作票延期、检修设备试运、设备试运后恢复、工作终结、备注。

（2）适用范围：适用于水力发电厂水力机械设备的控制电源、通信、测量、监视、控制、调节、保护等系统的工作。

10.一级动火工作票

（1）票面内容：动火部门、班组、动火工作负责人、动火地点、设备名称、动火工作内容、申请动火时间、检修应采取的安全措施、运行应采取的安全措施、消防队应采取的安全措施、审批人签章（动火工作票签发人、消防部门负责人、安监部门负责人、厂领导、值长）、动火区域测量结果、检修应采取的安全措施已做完、运行应采取的安全措施已做完、消防队应采取的安全措施已做完、应配备的消防设施和采取的消防措施已符合要求、易燃易爆含量测定合格、允许动火时间、结束动火时间、备注。

（2）适用范围：发电厂的一级动火区域内的动火作业，有效时间为2天（48h）。

一级动火区系指火灾危险性很大，发生火灾时后果很严重的部位或场所。其包括燃油库（罐）区、燃油泵房及燃油系统、制粉系统（粉尘浓度大的场所或设备，如煤粉仓、给粉机）、输煤皮带（粉尘浓度大的场所）、变压器、6kV和380V高低压段配电间、档案室、通讯站、计算机房（DCS电子间、保护间）、气瓶库、电缆间（沟）、电缆夹层及隧道、油码头、氢气系统及制氢站、汽轮机油系统、蓄电池室、控制室、调度室、脱硫系统的吸收塔和净烟气烟道、液化气站以及易燃易爆品存放场所；距氢气系统（含氢气管道、氢气瓶、储氢罐、阀门、法兰等）、油罐10m及以内场所；油罐、卸油站、污油池、油泵房、油管道和油管道连接的蒸气管道；有油污存在的沟道及地势低洼的场所；各发电企业确认的一级防火部位和场所。

11. 二级动火工作票

（1）票面内容：动火部门、班组、动火工作负责人、动火地点、设备名称、动火工作内容、申请动火时间、检修应采取的安全措施、运行应采取的安全措施、审批人签章［动火工作票签发人、消防部门负责人、安监部门负责人、值长、单元长（班长）］、运行应采取的安全措施已做完、检修应采取的安全措施已做完、应配备的消防设施和采取的消防措施已符合要求、易燃易爆含量测定合格、允许动火时间、结束动火时间、备注。

（2）适用范围：发电厂的二级动火区域内的动火作业，有效时间为7天（168h）。

二级动火区是指一级动火区以外的所有重点防火部位或场所以及禁止明火区。汽机房、锅炉房、输煤系统等应办理一级动火的设备、场所以外的所有重点防火部位和场所；重点防火部位（如储煤场、储煤仓、礼堂、娱乐场所等）是指火灾危险性大、发生火灾损失大、伤亡大、影响大（简称"四大"）的部位和场所，各发电企业确认的二级防火部位和场所。

12. 动土工作票

（1）票面内容：项目名称、建设单位、施工单位、动土工作票签发人（建设单位、施工单位）、工作负责人、计划开工时间、计划完工时间、动土区域及工作内容（附图）、土方量、弃土地点、安全措施、动土许可人、批准开工时间、设备部审核（电气、土建、机务、通信）、安监部审核、动土许可人及其他签字人的意见及建议（现场卫生符合文明生产标准）、动土结束时间。

（2）适用范围：适用于发电厂生产区域及生产相关区域内动土作业，目的是防止动土后造成地下电缆、光缆、管道以及其他设施遭到损坏，影响安全生产。

13. 二次工作安全措施票

（1）票面内容：工作内容、被试设备及保护名称、工作负责人、工作票签发人、计划工作时间、工作条件（相关一次设备运行情况、被试保护作用的断路器、工作盘柜上的运行设备、工作盘柜与其他保护的连接线）、安全措施（已执行、已恢复）、执行人、监护人、备注。

（2）适用范围：

1）需拆开或恢复二次接线的工作；

2）需对二次回路进行短接或接线改动的工作（无论临时的还是长久的）；

3）由于配合其他工作需对二次回路做临时措施的；

4）其他重要的二次回路及直流系统现场工作；

5）按本地区省级及以上调度部门规定执行的工作。

二、工作票的使用

（1）工作票应使用统一格式（票样见附图），一式两份，即检修人员手执一份，运行人员留存一份。

（2）工作票由工作负责人填写，工作票签发人审核、签发。在一份工作票中，工作票签发人、工作负责人和工作许可人三者不得相互兼任。一个工作负责人不得在同一现场作业期间内担任两个及以上工作任务的工作负责人或工作班成员。

（3）机组大、小修或临检时，可按设备、系统、专业工作情况使用一张工作票。

（4）在危及人身和设备安全的紧急情况下，经值长许可后，可以没有工作票即进行处置，但必须由运行班长（或值长）将采取的安全措施和没有工作票而必须进行工作的原因记在运行日志内。

（5）同一车间（部门）有两个及以上班组在同一个设备系统、同一安全措施内（或班组之间安全措施范围有交叉）进行检修工作时，一般应由车间（部门）签发一张总的工作票，并指定一个总的工作负责人，统一办理工作许可和工作终结手续，协调各班组工作的正确配合，各班组的工作负责人仍应对其工作范围内的安全负责，工作完成后在运行记录本上交代。

（6）一个班组在同一个设备系统上依次进行同类型的设备检修工作，如全部安全措施不能在工作开始前一次完成，应分别办理工作票。

（7）新机新制的企业长期外委项目可由承包方填写、办理工作票，但必须是由经过本单位的"三种人"培训、考试、审批、公布的人员担任，除此之外的对外承包作业，由本厂监护人员填写、办理工作票。

（8）对于机组大、小修中对外发包作业，承包方是系统内发电厂检修队伍的可由承包方填写、办理工作票，但必须是由经过本单位的"三种人"培训、考试、审批、公布的人员担任，除此之外的对外发包作业，由本厂监护人员填写、办理工作票。

（9）《电力安全工作规程》规定必须办理工作票的对外承包工作，由本厂监护人员办理工作票手续。承包方必须制定在施工中应采取的安全措施，并经厂有关部门批准后，方可开始工作。

（10）可以不使用工作票的工作。

1）生产区域的日常巡视检查类工作，如点检巡视检查、运行巡回检查，现场例行安全检查等。

2）生产区域采样类的工作，如汽、气、煤、油等。

3）在实验室内的化验工作。

4）生产区域灰、渣清运工作和保洁工作。

5）在机加工车间、班组、检修间，对设备、零部件、工机具等进行检查、校验、维修工作。

6）材料、备品备件、工机具等搬运摆放类工作。注意：在易燃易爆、有毒场所、升压站、配电室、电缆沟道、电缆夹层、电气及热控等电子设备间，必须在履行许可手续后，在监护人的监护下，方可开始工作。

7）厂内机动车辆的检查和维修工作。

8）在厂区内办公用的计算机、打印机维修工作。

第三节 工 作 票 的 编 号

工作票应统一编号，由工作票管理系统生成的工作票必须采用自动编号。各发电厂（公司）可自行设定编号原则，但要确保每份工作票在本厂（公司）内的编号唯一，且便于查阅、统计、分析。

工作票的编号有两种，一种为工作票的自身顺序号，在票面左上角标示，标示为"No.×××"；另一种为工作票在执行时，由运行人员填写（工作票登记本或微机办票系统的工作票台账登记序号），在票面右上角标示。

工作票附页、危险点控制措施票的编号应与主票相同。

下面以范例简要说明编号原则，仅供参考。

工作票按票种类编号，共9位。其构成为"票种类＋车间＋月＋序号"。如下所示：

1/2	3/4	5/6	7/8/9
票种类	车间	月	序号

第1～2位：表示票的种类，即D1（电气第一种工作票）；D2（电气第二种工作票）；R1（热力机械第一种工作票）；R2（热力机械第二种工作票）；K1（热控第一种工作票）；K2（热控第二种工作票）；J1（水力机械第一种工作票）；J2（水力机械第二种工作票）；SK（水力自控工作票）；H1（一级动火工作票）；H2（二级动火工作票）；DT（动土工作票）；BH（继电保护安全措施票）。

第3～4位：表示车间，如01为汽机车间、02为电气车间。

第5～6位：表示月，取值1～12。

第7～9位：表示票序号，取值000～999。

则编号：D10212020的含义为：D1（电气第一种工作票）、02（电气车间）、12（12月）、020（第20张工作票）。

第四节 工 作 票 的 填 写

工作票的填写有手写票和机打票两种形式：手写票：手工填写事先印制好的纸质票面。在填写票时要用蓝、黑钢笔或圆珠笔。机打票：用计算机打印生成工作票，它分为两种形式，一种是事先编制好的标准工作票已存入库中，使用时调用即可；另一种是直接在计算机上填写打印生成。

一、工作票的填写要求

（1）工作票的填写必须使用标准的名词术语、设备的双重名称。

（2）工作票填写要做到字迹工整、清楚，不得涂改、刮改，使用机打票时要采用宋体五号字。票面上填写的数字，应使用阿拉伯数字（母线可以使用罗马数字），时间按24小时（制）计算，年度填写4位数字，月、日、时、分填写2位数字，如2012年11月03日18时18分。

（3）工作票填写的英文字母应符合国际标准规定，电压等级千伏用"kV"填写（"k"小写，"V"大写）。

（4）工作票中的每一行中只允许填写一项，如果原有栏内不够填写时，可填写附页（微机自动生成）。

（5）对于设备编号用数字加汉字表示，如2号炉5号磨煤机。

（6）工作票的修改不得超过两处。其中设备名称、编号、接地线位置、日期、时间、动词以及人员姓名不得改动；错漏字修改应遵循以下方法，并做到规范清晰：填写时写错字，更改方法为在写错的字上划两道水平线，接着写正确的字即可；审查时发现错字，将正确的字写到空白处圈起来，将写错的字也圈起来，再用线连接；漏字时，将要增补的字圈起来连线至增补位置，并画"∧"符号。禁止使用"……"、"同上"等省略词语；修改处要有运行人员签名确认。

（7）每份工作票必须附有一份针对该项作业的《危险点控制措施票》；对于热力机械第二种工作票、水力机械第二种工作票及热控第二种工作票可在"危险点分析及控制措施"栏填写具体的控制措施，不必再附《危险点控制措施票》。

二、工作票的填写说明

（1）工作负责人。

工作负责人填写。工作负责人即为工作监护人，单一工作负责人或多项工作的总负责人填入此栏。对于发包工程应填写双工作负责人（长期外委队伍队外），即发包单位工作负责人、外包队伍工作负责人。

（2）班组。

工作负责人填写。一个班组检修，班组栏填写工作班组全称；几个班组进行综合检修，则班组栏填写检修单位。

（3）工作班成员。

工作负责人填写。应将每个工作班人员的姓名填入此栏内，超过10人的，只填写10人姓名，并写明工作班成员人数（如×××等共＿＿人），其他人员姓名写入附页。"共＿＿人"的总人数包括工作负责人。有监护人的应明确监护人。工作负责人的姓名不填入工作班成员内。

（4）工作地点。

工作负责人填写。写明被检修设备所在的具体地点。

电气工作票上所列的工作地点，以一个电气连接部分为限。对于同一电压等级、位于同一楼层、同时停送电且不会触及带电导体的几个电气连接部分范围内的工作，允许使用一张工作票。开工前电气工作票内的安全措施应一次完成。

（5）工作内容。

工作负责人填写。写明被检修设备具体的工作内容。描述工作内容要求准确、清楚和完整。

（6）计划工作时间。

工作负责人填写。根据工作内容和工作量，填写预计完成该项工作所需时间。注意：填写应在调度批准的设备检修时间范围内，不包括停送电操作所需的时间。

（7）工作条件（电气第二种工作票）。

工作人员工作时，直接接触的设备处于什么状态（停电或不停电），如主变压器冷却器潜油泵轴承更换，应在工作条件栏内填写"停电工作"，并注明邻近保留带电设备的名称及电压等级。除应填写"停电"或"不停电"外，还应填写临近及保留带电设备的双重名称。

注1：相关高压设备状态需满足工作要求，一般是指高压设备不停电或不需要停电；相关直流、低压及二次回路状态。

注2：被检修设备工作时应填状态，一般是指被检修设备不停电或停电。

注3：填写停电或不停电的条件是指对检修对象要求的工作条件，即检修对象需要停电时，填写停电，不需要停电时填写不停电。需要停电时，在措施栏内写明操作应拉开的电源开关、刀闸或取下的保险等。停电的检修设备的开关和刀闸把手上均应挂"禁止合闸，有人工作"的标示牌。

（8）必须采取的安全措施。

工作负责人填写。填写检修工作应具备的安全措施，安全措施应周密、细致，不错项、不漏项，具体内容如下：

1）要求运行人员在运行方式、操作调整上采取的措施。

2）要求运行人员采取隔断的安全措施。如断开设备电源、隔断与运行设备联系的热力系统等工作。

3）热控人员为保证人身安全和设备安全必须采取的防范措施。

4）凡由检修人员执行的安全措施，应注明"检修自理"。

5）如不需要做安全措施则在相应栏内填写"无"，不得空白。

（9）工作票签发人。

填写该工作票的签发人姓名。

（10）点检签发人。

填写该工作票的点检员签发人姓名。

（11）工作票接收人。

填写接收该工作票的运行值班负责人姓名。

（12）措施执行情况。

工作许可人填写。

1）热机（热控）工作票：工作许可人完成安全措施后，应在"执行情况"栏中划"√"。

2）电气工作票：工作许可人完成安全措施后，应对照工作票中所列的安全措施内容逐一填写，不得划"√"。

3）对于检修自理的安全措施，工作负责人在安全措施项后注明"（检修自理）"；工作负责人完成安全措施后，由工作许可人确认无误后在"执行情况"栏内划"√"（热机）或填写内容（电气）。

4）如不需要做安全措施的，工作许可人在对应的"执行情况"栏中填写"无"，不得空白。

（13）运行值班人员补充的安全措施。

工作许可人填写。填写内容包括：由于运行方式或设备缺陷需要扩大隔断范围的措施；运行人员需要采取的保障检修现场人身安全和运行设备安全的措施；补充工作票签发人（或工作负责人）提出的安全措施；提示检修人员的安全注意事项；如无补充措施，应在该栏中填写"无补充"，不得空白。

（14）批准工作结束时间。

值长（单元长）填写。在计划工作时间内，由值长（单元长）根据机组运行需要填写该项工作结束时间。

（15）许可工作开始时间。

工作许可人和工作负责人在检查核对现场安全措施无误后，由工作许可人填写"许可工作开始时间"并签名，然后，工作负责人确认签名。

（16）工作负责人变更。

工作票签发人填写。工作票签发人需要变更原工作负责人时，两个工作负责人必须做好交接手续，并由工作票签发人通知工作许可人，双方认可后办理工作负责人变更手续。

（17）工作票延期。

工作负责人填写。当班值长（单元长）或运行值班负责人确认签名。

在批准工作时间内，检修工作尚未完成，仍需继续工作时，应办理工作票延期手续。延期手续应由工作负责人向运行值班负责人申请办理，值长（单元长）批准。

（18）"允许试运时间"及"允许恢复工作时间"。

当班工作许可人填写并签名，工作负责人确认签名。

1）允许试运时间：检修设备需试运时，工作负责人向运行值班负责人申请，押回所持工作票，所列的安全措施拆除后，可以试运，并记入允许试运时间。

2）允许恢复工作时间：检修设备试运后，工作票所列安全措施已全部执行，可以工作，并记入允许恢复工作时间。

（19）工作终结时间。

工作负责人填写并签名，工作许可人确认签名。

工作结束后，工作班成员已全部撤离，现场已清理完毕，由工作负责人持工作票会同工作许可人现场检查验收，双方确认无误后，填写工作终结时间并签名。

（20）使用热控第一种工作票和水力自控工作票时，"需要退出热工保护或自动装置名称"栏由工作负责人填写，同时填写主保护退、投申请票，履行审批手续，并将申请票附在工作票后。

（21）备注。

以下内容应填写在此栏内：

1）运行人员根据工作票安全措施要求所使用电气倒闸操作票和热力（或水力）机械操作票的票号，如使用电气倒闸操作票票号为××××××××；使用热力（水力）机械操作票票号为××××××××。

2）需要特殊注明和仍需说明的交待事项，如该份工作票未执行和电气第一种工作票中接地线未拆除的原因等。

3）工作中途增减、变更工作班成员的情况。

4）注明指定专责监护人×××，对于重要工作地点及危险点控制区域的某项具体工作负责监护。

5）在工作票的停电工作范围内（不变更或不增设安全措施的情况下），增加工作任务时，由工作负责人征得工作票签发人和工作许可人同意，在此注明增加的工作内容。

6）注明工作票延期原因。

7）非正常工作间断原因。

8）没有拆除（拉开）的地线（接地开关）原因。

9）其他需要特殊注明的内容。

三、安全措施的填写

1. 电气工作票"安全措施"的填写内容

（1）电气第一种工作票。

1）填写应断开断路器和隔离开关，包括填票时已断开的断路器和隔离开关。

2）填写应投切直流（空气开关、熔断器、压板）、联锁开关、"远方/就地"选择开关、低压及二次回路的名称和状态。

3）应合接地开关需注明编号，装设接地线需注明确切地点、装设组数，接地线编号留待工作许可人在"已执行"栏填写；应设的绝缘挡板，绝缘挡板注明装设处的位置。

4）应设遮栏、应挂标示牌需写明在什么地方（设备）设置遮栏、围栏和悬挂标示牌。

（2）电气第二种工作票。

根据现场工作条件，详细填写应采取的安全措施和注意事项。凡涉及设备均应写明电压等级及设备的双重名称。安全措施要具体、明确、齐全，不能填写诸如"保持与带电部分的安全距离"等含糊字句。应注明如："二次回路防止误碰"；"防止造成 PT 回路短路CT 回路开路"；"严防造成冷却器全停，冷却器应保证对称运行"的具体措施。其填写内容如下：

1）保持安全距离须写出各电压等级的具体数值。用梯子时，须填写出各电压等级的具体安全距离数值，并写明"须平抬梯子，不准超过头部"等要求。

2）继电保护定期试验时应写明"退出高频保护"、"母差保护"等。

3）对二次回路或设备上以及继电保护定检等工作，应写明防止电压（互感器）回路短路，如"将××（标号）线从×端子排上断开并绝缘包扎固定"；防止电流回路开路，如"在×端子排处或设备接线端子排处将××回路可靠短接"；作业设备与运行中的继电保护有关连接压板的投、退，有关部分是否使用封条、锁具；作业设备与运行中的继电保护装置所设遮栏（或隔离罩）的情况。

4）低压电源干线、照明回路上的工作，应填写根据需要装设接地线的数量和处所，以及电源回路断路器、隔离开关和熔断器断开的位置。必要时应装设绝缘挡板。

5）在室外架构上或室内顶部工作，应填写防止高处坠落的具体措施。

6）安全注意事项中应填写自动重合闸装置的投、退情况。

7）在蓄电池室工作时，应填写工作人员禁止吸烟和使用明火。

8）在升压站周围和站内地面上进行挖掘工作时，为防止损坏设备及设施，应依据图纸注明地下电缆的走向、深度及接地装置的设置情况。

2. 热机工作票"安全措施"的填写内容

（1）要求运行人员做好的安全措施，比如，断开电源、隔断与运行设备连接的热力系统、对检修设备消压、吹扫等；对汽、水、氢、油、烟、风、压缩空气、冲灰、输灰、输煤、公用排污、疏水系统、脱硫系统和关联的母管系统，要求必须关闭（开启）校严并上锁，确保检修设备与运行系统彻底隔离。对电动阀门和热工控制执行器应切断电源，挂牌上锁。

（2）要求运行人员在运行方式、操作调整上采取保障人身、设备安全的措施。

（3）保证人身和设备安全必须采取的防护措施，比如，进入容器内工作必须有监护人方可进行检修作业。

（4）防止转动设备检修中突然转动的安全措施，比如，切断电源、包括断开电动机的开关、刀闸或保险；取下开关操作电源的保险；切断风源、水源、气源；关闭有关闸板、阀门等，在上述开关、刀闸、阀门等操作把手上悬挂"禁止合闸、有人工作"警告牌。

（5）隔断热力设备系统、关闭有关截门后，还应使用带链条的锁将阀门锁住，并挂警告牌。

（6）需要加装堵板时，应按氢气、瓦斯及油系统等易燃易爆可能引起火灾、爆炸和人员中毒的系统检修以及蒸汽、给水等压力、温度较高的介质可能侵入检修设备造成人员烫伤的检修，必须在关严有关截门后，立即在截门后的法兰上加装堵板，并保证严密不漏所做的措施。

（7）汽、水、风、烟系统，公用排污、疏水系统检修时，必须将有关截门、闸板、挡板关严加锁，挂警告牌。

（8）对于电动截门，应将截门电动机的电源切断，热工控制设备执行元件的操作电源也应可靠切断，以防止工作中误开。

（9）防止检修人员中毒、窒息、气体爆燃等特殊安全措施或作业须采取的其他必须的安全措施。例如，加强通风，使有毒、有害气体的浓度保持在安全限度之内，检修人员还需防毒面具，防止发生人员中毒事故。

（10）防止非检修人员进入检修作业区域的安全措施，例如，在检修设备周围增设遮栏等。

3. "运行补充安全措施"的填写内容

补充安全措施是指工作许可人为了确保工作安全，应根据工作现场实际认为有必要补充的其他安全措施和要求，其内容如下：

（1）由于运行方式或设备缺陷（如截门不严等）需要扩大隔断范围的措施。

（2）运行人员需要采取的保障检修现场人身安全和运行设备安全的措施。例如，对于检修设备附近容易烫伤的热管道或容易误碰操作开关、按钮等所做的隔离措施。

（3）补充工作票签发人提出的安全措施。

（4）提示检修人员的安全注意事项。如防止检修人员受到烫伤、机械伤害、触电伤害等注意事项。

（5）对于工作地点附近确有带电设备可能导致错走间隔时，则必须注明。例如，"××设备带电""防止误碰什么设备""与带电设备应保持多少安全距离"等。

（6）如无补充措施，应填写"无补充"，不得空白或填写"同左"字样。

四、工作票的生成

机打票时，工作负责人根据工作内容及所需安全措施选择使用工作票的种类，调用标准工作票，必要时可对其进行修改，自审无误后转发给工作票签发人审核。

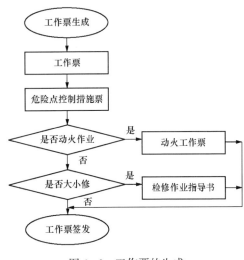

图6-2　工作票的生成

手写票时，工作负责人根据工作内容及所需安全措施选择使用工作票的种类，对照系统图（或接线图）填写工作票，一式两份，自审无误后交给工作票签发人审核。

填写工作票的同时必须填写危险点控制措施票（热机、热控和水力机械二种票除外）。

如果检修工作需要在禁火区域内进行动火作业时，还应填写动火工作票。

如果检修工作属设备大小修作业时，还应有相关的检修作业指导书，如图6-2所示。

第五节　工作票的审批

工作票的审批是指工作票的签发→工作票的传达→工作票的接收→工作票的批准。

一、工作票的签发

机打票时，工作票签发人接收到工作票后，应对工作票中的内容认真审核，若审核有问题时应将工作票退回给工作负责人，说明其原因，由工作负责人重新修改；审核无问题后在工作票上签名，传送给运行值班负责人（接票人）。

手写票时，工作负责人填写好工作票自审无误后，送交给工作票签发人审核，签发人对工作票的全部内容确认无误后签发，并仍应将工作票全部内容向工作负责人作详细交代；工作票签发后，工作票签发人将两份工作票交给工作负责人，由工作负责人送交给运行值班负责人。

签发工作票的同时，要签发《危险点控制措施票》，不得签发没有《危险点控制措施票》的工作票（热机、热控和水力机械二种票除外）。

实行点检定修的发电厂还应由点检员审核签发工作票。

工作票签发人应对工作票填写内容的正确、完备负责。

工作票签发人不得兼任该项工作的工作负责人；工作许可人不得签发工作票。

二、工作票的传达

计划工作需要办理第一种工作票的，应在工作开始前提前一日将工作票送达值长处；临时工作或消缺工作可在工作开始前直接送到值长处。

为规范运行交接班制度，无特殊情况，原则上在运行交班前 30min 与接班后 15min 内，不受理工作票。

三、工作票的接收

运行值班负责人接收到工作票后，根据现场实际情况，应对工作票的全部内容进行审查，工作票所列的安全措施是否正确完备，是否符合现场实际条件，确认无误后，填写"运行值班人员补充的安全措施"一栏。

"运行值班人员补充的安全措施"一栏是指工作许可人根据当前系统运行方式，认为有必要补充的安全措施和要求，主要补充工作票没有提出的安全措施、提示检修人员的安全注意事项和采取的保证作业人员和设备安全的补充措施，如没有补充填"无补充"，不得空白或填写"同左"字样。

补充安全措施填写后，由运行值班负责人记入接票时间，并登记在工作票登记簿内，表示该工作票已经受理；严禁不审核就填写接票时间并签名，工作票有误或有重要遗漏时，必须及时联系工作票签发人，不准等待或私自更改，不准接收不合格的工作票。

运行值班负责人在审查工作票中发现疑问时，应向工作票签发人询问清楚。如工作票存在下列情况的，值班负责人应拒收该份工作票，通知工作票签发人重新签发：

（1）工作票使用种类不对；

（2）工作内容或工作地点不清；

（3）计划工作时间已过期或超出计划停电时间；

（4）安全措施有错误或遗漏；

（5）安全措施中的动词被修改，设备名称及编号被修改，接地线位置被修改，日期、姓名被修改等；

（6）错字、漏字的修改不符合规定；

（7）"必须采取的安全措施"栏空白，或遗漏重要措施；

（8）没有附带《危险点控制措施票》（热机、热控和水力机械二种票除外）；

（9）在易燃易爆等禁火区进行动火工作没有附带"动火工作票"；

（10）工作负责人和工作票签发人不符合规定；

（11）手写工作票上的修改不符合规定。

四、工作票的批准

运行值班负责人将审查后的工作票交给值长，值长审核发现有误时，应退还给值班负责人重新填写，无误后签名，并填写批准工作结束时间，然后将工作票交给运行值班负责人。

工作票的审批流程如图 6-3 所示。

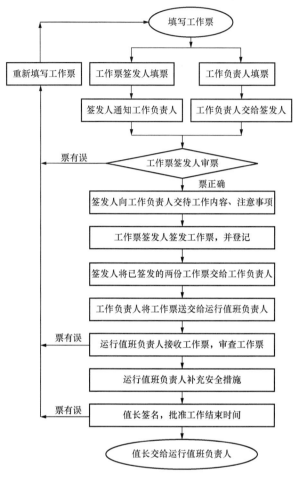

图 6-3 工作票的审批

第六节 工 作 票 的 执 行

工作票的执行是指从布置安全措施至工作票终结。其工作流程为：布置安全措施→工作许可→开始工作→工作监护→工作间断→工作延期→检修设备试运→工作终结→工作票终结。

一、布置安全措施

布置安全措施分为运行必须采取的安全措施、检修自理的安全措施。

运行必须采取的安全措施：为了确保作业中检修人员的人身安全和设备安全，对工作任务的安全措施、注意事项，以及危险点进行分析后，要求运行人员所必须采取的安全措施和防护措施。

检修自理的安全措施：为了确保作业中检修人员的人身安全和设备安全，对工作任务的安全措施、注意事项，以及危险点进行分析后，由检修人员自己所必须采取的安全措施和防护措施。

1. **布置安全措施的工作流程（见图6-4）**

（1）值长批准工作票后，运行人员开始布置安全措施。

（2）运行值班负责人依据工作票所列的工作任务和安全措施，指派操作票的监护人和操作人来布置安全措施。

（3）布置工作票所列安全措施需要填写操作票的，应执行操作票制度；不需要填写操作票的（如热机第二种工作票），应持工作票布置、执行安全措施。

（4）操作票填写、审核后，待运行值班负责人向监护人和操作人下达执行操作命令。

（5）操作人在监护人的监护下执行操作任务，布置现场安全措施。

（6）操作任务完毕后，监护人和操作人共同核对现场的安全措施布置情况是否完备和准确，如果有误应重新布置，无误后由监护人向运行值班负责人汇报。

（7）运行值班负责人通知工作负责人办理工作许可手续。

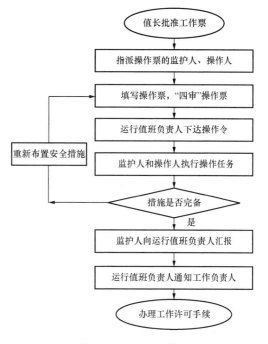

图6-4 布置安全措施

2. **电气布置安全措施**

（1）在线路侧设备上工作时需线路对侧（及有关支线）完成的安全措施，由值长报告调度员，由调度员指挥完成线路对侧的安全措施。

（2）不同工作内容的工作票使用同一组接地线或接地开关时，必须在使用同一组接地线的各工作票"备注"栏内同时注明。在办理第二张工作票时，运行人员不仅要在第二张工作票的两张工作票"备注"栏内予以注明，同时要在第一张工作票的运行持有的工作票"备注"栏内予以注明，并在《接地线登记簿》做好登记。当这些工作全部结束时，方可拆除该组接地线或接地开关。

（3）检修工作需要在现场自行安装临时接地线，必须在工作票中注明临时接地线安装位置和编号。办理工作票终结手续时，必须先将临时接地线予以拆除，并在"备注"栏中加以说明。

3. **热机布置安全措施**

（1）氢气、瓦斯、脱硫及油系统等易燃、易爆或可能引起人员中毒的系统检修，必须关严有关截门后立即在法兰上加装堵板，并保证严密不漏。

（2）汽、水、烟、风系统，公用排污、疏水系统检修必须将应关闭的截门、闸板、挡板关严，加锁、挂警告牌。如截门不严，必须采取关严前一道截门并加锁、挂警告牌或采取经相关部门批准的其他安全措施，确保检修设备与运行系统完全隔离。

（3）不同工作内容的工作票执行同一安全措施，如关闭同一截门的，必须在执行同一安全措施的各工作票备注栏内同时注明。在办理第二张工作票时，运行人员不仅要在第二张工作票的两张工作票"备注"栏内予以注明，同时要在第一张工作票的运行持有的工作票"备注"栏内予以注明。当这些工作全部结束时，方可恢复该安全措施。

（4）安全措施中如需由电气运行人员执行断开电源措施时，热机运行人员应填写设备停送电联系单（见附件5、附件6），电气运行人员应根据联系单内容来布置和执行断开电源措施。措施执行完毕，填好措施完成时间，执行人签名后，通知热机运行班长，并在联系单上记录受话的热机运行班长姓名，停电联系单保存在电气运行班长处备查，热机运行班长接到通知后，应做好记录。对于集控运行的单元机组，使用电气倒闸操作票即可，但应在操作票的"备注"栏填写操作原因和相应的工作票编号。严禁口头联系或约时停、送电。

4. 跨专业布置安全措施

（1）凡作业单位需要其他专业协助完成的安全措施，应由作业单位提出具体的安全措施，并提交值长协助解决。各专业（运行）负责人应在交接班记事（微机）中详细记录清楚下令人、受令人姓名、受令时间及措施完成情况。

（2）当班值长应根据作业单位提出的安全措施，合理安排运行或备用方式，当发生安全措施暂不能执行时，应汇报主管生产领导协调实施。

5. 设置遮拦的要求

（1）室外单一间隔工作，在工作地点四周设置遮拦。

（2）某一电压等级全停，只需用遮拦或围拦将检修设备与运行设备隔开。

（3）室内一次设备上的工作，应悬挂"在此工作"标示牌，并设置遮（围）拦，留有出入口；必须在检修设备两侧及对面间隔的遮（围）拦上及禁止通行的过道处悬挂"止步、高压危险"的标示牌。

（4）在控制室或继保室进行屏上二次设备的工作，应悬挂"在此工作"标示牌，将定校或试验的设备与其他设备隔开，并在检修屏（盘）两侧设备的前后（屏盘）悬挂红布幔。红布幔应有"运行"标志。

（5）对一侧带电而另一侧不带电的设备，应视为带电设备，并装设红幔布。

（6）任何人不得跨越遮（围）拦。巡视设备、车辆出入、接拆检修电源、搬运物品等工作可临时打开遮拦，必须设专人监护，过后立即恢复。

6. 设置标示牌的要求

在悬挂标示牌时，应悬挂高度以离地面1.5～1.8m范围为宜，即一般人站立平视时易看到的高度。其内容如下：

（1）"止步、高压危险！"标示牌悬挂要求。

1）工作地点四周的临时遮拦或网状围拦（面向工作人员）；

2）邻近带电设备的通道口（面向通道入口）；

3）工作地点邻近带电设备的支架横梁上（工作许可人监护，工作负责人悬挂）。

（2）"禁止合闸，有人工作！"标示牌悬挂要求：在一经合闸即可送电到检修设备的开关和刀闸操作把手上。

（3）"禁止合闸，线路有人工作！"标示牌悬挂要求：线路上有人工作，应在线路开关和刀闸操作把手上。

　　（4）"禁止攀登、高压危险!"标示牌悬挂要求。

　　1）刀闸工作时，在相邻的刀闸（包括本间隔的其他刀闸）处；

　　2）构架上工作，在邻近的其他可能发生误登的爬梯上。

　　（5）"在此工作!"标示牌悬挂要求。

　　1）室外和室内工作地点或作业设备上；

　　2）构架上工作时的爬梯上。

　　（6）"从此上下!"标示牌悬挂要求。

　　工作人员上下用的铁架、爬梯上。

　　二、工作许可

　　（1）运行值班负责人确认现场安全措施满足工作要求，指定工作许可人办理工作许可手续。

　　（2）工作许可前，由工作许可人手持工作票核对工作负责人、工作班成员应与工作票填写的名单相符。

　　（3）工作许可人、工作负责人各手持一份工作票共同到检修现场检查安全措施的布置情况，由工作许可人向工作负责人逐项交代现场安全措施和注意事项，工作负责人对照工作票逐项进行复查确认；属检修自理的安全措施执行后，由工作负责人向工作许可人进行详细交代，工作开始人对照工作票逐项进行复查确认。

　　（4）工作许可人、工作负责人检查现场的安全措施时，每检查一项确认无误后，由工作许可人在工作票的"执行情况"栏对应的该项栏内做好记录，表示此项安全措施已正确地执行完毕。

　　对于热机工作票、热控工作票应在"执行情况"栏内写明与每项措施对应的编号，并在编号下面划"√"；对于电气工作票应在"执行情况"栏内写明每项措施的具体内容（不得划"√"），并由工作许可人、值班负责人确认签名；检修自理的措施，工作许可人确认后，方可在每项对应的栏内做好记录。

　　（5）工作许可人、工作负责人检查工作票所列的安全措施及"补充措施"确已全部正确执行，检修设备确无电压、检修设备与运行设备完全隔断，并在"执行情况"栏内做好记录后，方可办理工作许可手续。

　　（6）工作许可人、工作负责人双方一起办理工作许可手续，由工作许可人填写许可开始工作时间，双方分别签名，并在《工作票记录本》内做好记录。工作许可人将工作票交工作负责人一份，自己保存一份。

　　（7）工作许可手续办理完毕后，工作负责人方可带领工作班成员进入施工现场。工作负责人应随身携带工作票，作为许可开工的凭证，以备检查。

　　（8）工作负责人只能持一张工作票，如因特殊情况，另有工作安排需办理其他工作票，应将原工作票交回运行值班负责人处办理临时工作间断，方可另开新票；值班负责人应在交回的一张工作票上注明交回原因；在办理临时工作间断期间，工作班成员不得从事原工作内容。

　　（9）许可开始工作时间也是发出工作票的时间，工作票编号、工作任务、工作负责人、许可开工时间应填在运行记录簿中。

（10）若许可开工的工作许可人和收到并填写工作票的工作许可人不是同一人时，在许可工作前，工作许可人必须对工作票填写的全部内容重新审查一遍，确认无问题后再履行工作许可手续。

（11）如果是当班做安全措施并在当班许可工作时，由当班工作许可人签名。如果当班仅做安全措施，由下一班办理许可工作，负责做安全措施的运行人员应对现场安全措施的完整性负责；接班运行人员在工作许可手续时，必须按工作票的要求重新核实现场安全措施。

工作许可流程如图 6-5 所示。

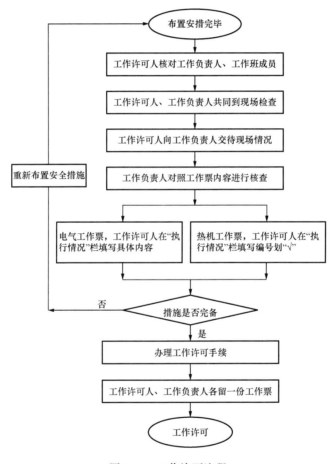

图 6-5　工作许可流程

三、工作开始

工作负责人办理完工作许可手续后，方可带领工作班成员进入施工现场。

工作开始前，工作负责人必须组织全体工作班成员列队学习、讲解工作票，布置工作任务、人员分工、交待危险点和控制措施及安全措施（包括检修自理的安全措施），将工作现场的安全措施、保留带电部分、危险点控制及注意事项，向每一个工作班成员交待清楚。

工作开始流程如图 6-6 所示。

当多班组工作时，由总工作负责人向各班组工作负责人交待，再由班组工作负责人向工作班成员交待。

工作班成员对所交待的安全措施、危险点分析、注意事项等提出疑义和补充措施。

工作负责人组织工作班成员对现场安全措施布置情况逐项进行核对，必须在安全措施全部完备后，工作负责人才可以向工作班成员下达开始工作的命令，工作班成员接到命令后，方可按照分工开始工作。在此之前，工作班成员不得擅自对设备进行检修工作。

四、工作监护

工作中，工作负责人必须始终在检修现场做好监护工作，并对工作班成员的安全负责。由工作负责人收执的工作票必须保存在工作地点，以备检查。工作监护如图6-7所示。

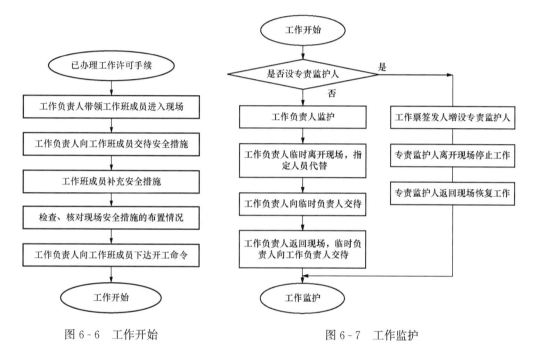

图6-6 工作开始   图6-7 工作监护

整台机组的检修工作，除各个班组应有工作负责人外，有关分场应另指定一个总工作负责人领导全部检修工作，并对工作的安全负责。

工作期间，工作负责人因故暂时离开工作地点时，应指定能胜任的人员临时代替并将工作票交其执有，交待注意事项并告知全体工作班成员，原工作负责人返回工作地点时也应履行同样交接手续；离开工作地点超过两小时者，必须办理工作负责人变更手续。

对于特殊作业现场或非专业人员进行检修工作时，工作票签发人（或工作负责人）应根据现场的安全条件、施工范围、工作需要等具体情况，可增设专责监护人和确定被监护的人员，以提高现场监护等级，专责监护人不得参加工作。专责监护人临时离开时，必须通知被监护人员停止工作或离开工作现场，待专责监护人回来后方可恢复工作。

工作负责人和工作许可人任何一方不得擅自变更安全措施，运行值班人员不得变更有关检修设备的运行接线方式。工作中如有特殊情况需要变更时，应先停止工作，并取得对方的同意。变更情况及时记录在值班日志内。

对于在布置复杂的电气设备上工作，或可能存在有交叉、间歇带停电可能的设备上工作，在一个电气连接部分进行检修、预试、检验等多专业协同工作时，工作负责人必须认真监护、不得参与工作。

工作负责人在设备全部停电时，可以参加工作班工作；在部分停电时，只有在安全措施可靠，人员集中在一个工作地点，不致误碰有电部分的情况下，方能参加工作。

工作中如遇雷、雨、暴风等恶劣天气或其他任何威胁到工作人员安全的情况时，不得进行工作。

在同一电气连接部分，未拆除一次回路接线或解开二次回路接线的情况下，在进行加压试验前必须停止其他相关工作。

运行值班人员发现检修人员违反《电力安全工作规程》、本规定以及擅自改变工作票内所列安全措施，应立即停止其工作，并收回工作票。

工作实施过程中，工作票签发人、工作许可人、值班负责人、相关专业安全人员或相关部门领导应对安全措施进行必要的检查，对工作情况进行监督。

五、工作负责人（或工作班成员）变更

工作期间，工作负责人因故离开工作现场或不能继续履行工作负责人职责时，经工作票签发人同意，由签发人将变动情况分别通知原工作负责人、现工作负责人和工作许可人，工作班成员暂停工作。

现工作负责人持原工作票办理工作负责人变更手续，经工作票签发人、工作许可人确认签名后，原工作负责人方可离开工作现场，由现工作负责人宣布继续工作，工作许可人应将工作负责人变更情况记入运行值班日志。

工作负责人只能变更一次，若再需变更时，应重新签发工作票并注明原因。

工作期间，如果需要增加或变更工作班成员，新加入人员必须进行工作地点、工作任务、安全措施交底，学习《危险点控制措施票》内容并签名后，方准加入工作。由工作负责人在两张工作票的"备注"栏分别注明增加或变更的原因、姓名和时间并签名。

工作负责人变更如图 6-8 所示。

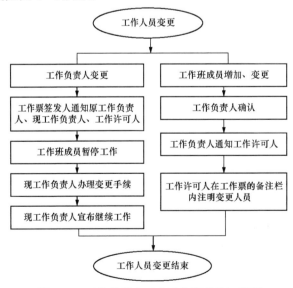

图 6-8 工作负责人（或工作班成员）变更

六、工作间断

（1）工作间断期间，工作班成员应从现场撤出，所有的安全措施保持不动，工作票仍由工作负责人执存。

（2）在工作间断期间，若遇特殊情况，运行人员可在未办理工作终结手续、工作票未收回的情况下向设备合闸送电，但必须事先确认工作班成员已经全部离开工作现场，并通知工作负责人，在得到工作负责人可以送电的答复后方可执行，并应采取下列措施：

1）拆除接地线（或断开刀闸）和临时遮拦、标示牌，恢复常设遮拦，换挂"止步，高压危险！"标示牌。

2）必须在所有通道派专人守候，以便告诉工作班成员"设备已经合闸送电，不得继续工作"，守候人员在工作票未交回以前，不得离开守候地点。

（3）工作间断后继续工作时，无须通知工作许可人，但应由工作负责人重新检查现场的安全措施，核对安全措施无误后方可继续工作。

（4）工作期间，工作负责人尚需再进行第二个工作时（如夜间值班等），应将第一个工作票交回工作许可人，由工作许可人在两张工作票的"备注"栏内分别注明工作间断的原因和时间，并签名后，方可办理第二个工作票许可手续；当第二个工作全部结束并办理工作终结手续后，方可恢复第一个工作，工作许可人应注明恢复工作时间，并签名。

工作间断如图 6-9 所示。

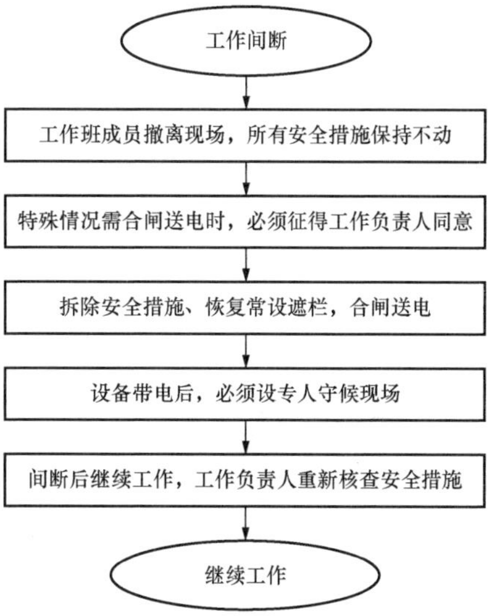

图 6-9 工作间断

七、工作延期

工作票的有效期，以值长批准的工作期限为准。

工作负责人对工作票所列的工作任务确认不能按批准期限完成时，应提前两小时向运行值班负责人申请办理工作延期手续。

运行值班负责人收回工作负责人手持的工作票，找到运行执有的工作票，将两份工作票一起交给值长（或单元长）。

值长（或单元长）根据调度范围、现场的系统或设备实际运行情况，确定是否准许办理工作延期手续；若属中调（或区调）调度范围的设备，还应由值长向值班调度员提出延期申请，批准后方可办理。

值长（或单元长）准许办理工作延期手续时，应填写工作票延期时间、并签名，交给运行值班负责人。

运行值班负责人通知工作负责人办理工作票的延期手续，双方确认后签名，并通知工作许可人。严禁工作许可人擅自许可工作票延期申请及更改计划开工时间。

工作许可人应将工作票延期情况记入运行日值内。

工作票只能延期一次。如需再延期，应重新签发工作票，并注明原因。严禁涂改延期时间。

电气第二种工作票、热力机械第二种工作票、热控第二种工作票、水力机械第二种工作不允许办理工作票延期手续。

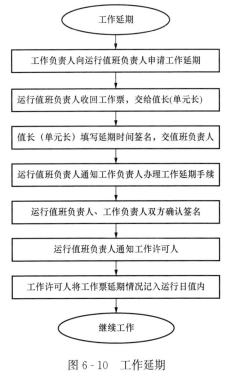

图 6-10　工作延期

工作延期如图 6-10 所示。

八、检修设备试运

（1）设备试运项目

1）对于不能直接判断的检修设备的性能及检修质量是否达到要求的，工作终结前必须进行试运。

2）所有泵、风机、电动机、开关、电动（气动）阀门（挡板）等设备大修或解体检修后均需进行试运。

3）所有保护、连锁回路检修后，必须进行相关联锁试验。

4）所有辅机的控制回路检修后，必须进行相关联锁试验。

（2）检修设备试运工作由工作负责人提出申请，经工作许可人同意并收回工作票，在不变动其他工作组安全措施时，进行试运工作。在试运前，工作负责人负责将全体工作班成员撤离工作地点，履行试运许可手续后，方可试运。

（3）如果需要变动其他工作组的安全措施，工作许可人应同时将相关工作票全部收回，经其他工作组的工作负责人同意，并且工作班成员全部撤离后，方可变动安全措施，履行试运许可手续，开始试运。

（4）工作许可人收回在该设备（系统）上所有工作组的工作票后，会同工作负责人对该设备（系统）进行全面检查，确认符合试运条件。

（5）工作许可人认为可以进行试运时，应将试运设备检修工作票有关安全措施撤除，检查工作人员确已撤出检修现场后，联系恢复送电，在确认不影响其他工作组安全的情况下，进行试运。送电操作应填写"设备送电联系单"及相关的操作票，并严格执行、做好记录。

（6）试运结束后尚需工作时，工作许可人按工作票要求重新布置安全措施，并会同工作负责人重新履行工作许可手续后，工作负责人方可通知工作班成员继续进行工作。停电操作应填写"设备停电联系单"及相关的操作票，并严格执行和做好记录。

（7）检修设备试运正常不再检修时，应及时恢复变动安全措施，即可办理工作终结手续。

（8）如果试运后工作需要改变原工作票安全措施范围时，应重新签发新的工作票。

（9）运行值班人员应将拆除安全措施的原因以及相关工作票的收回、试运情况和重新布置安全措施、许可继续工作等内容详细记录在运行日志内。

检修设备试运行开始和结束分别如图 6 - 11 和图 6 - 12 所示。

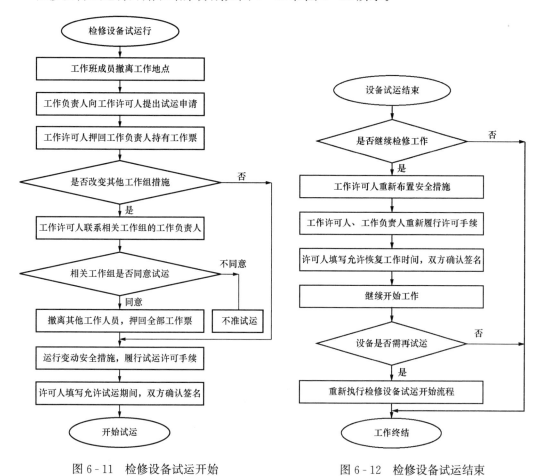

图 6 - 11　检修设备试运开始　　　　图 6 - 12　检修设备试运结束

九、工作终结

全部工作结束后，工作班成员应及时清扫、整理现场，拆除"检修自理"的安全措施，保留工作许可人所做的安全措施，并先进行自检、清点人数；对于箱、罐、容器以及烟风道、沟道内等的工作还应清点工具等，做到"工完、料净、场地清"；无问题后再由工作负责人进行复检，合格后带领工作班成员撤离工作现场；撤离工作现场后，任何工作人员未经工作负责人许可，不得进入工作现场进行任何工作。

工作负责人向运行值班负责人报完工，值班负责人指派工作许可人到作业现场进行验收。

工作许可人与工作负责人共同到现场检查设备状况，确认临时措施已拆除，已恢复到工作开始状态，场地无遗留物件，并保持清洁。

工作负责人应将检修情况、设备变动情况、发现问题、试验结果、存在问题、设备现状及能否投入运行以及运行人员应注意的事项向工作许可人进行交代，并在检修交代记录簿上登记清楚后，方可办理工作票终结手续。

工作许可人确认工作负责人填写的检修交代记录清楚、无疑问后，在一式两份工作票上填写工作终结时间，双方确认签名后，由工作许可人在工作票右上角盖"已执行"章，双方各留一份。

工作负责人应向工作票签发人汇报工作任务完成情况及存在问题，并交回所持的一份工作票。

工作终结如图 6-13 所示。

十、工作票终结

已办理工作终结的工作票，运行人员根据有关指令拆除（断开）全部接地线（或接地开关），以及遮栏、安全标示牌、围栏等，汇报值长（班长、单元长）。对未恢复的安全措施，汇报值长（班长、单元长）并做好记录，在工作票右上角加盖"已执行"章，工作票方告终结。

对于电气第一种工作票运行值班负责人应在保留的一份工作票的"工作票接地线＿组、接地开关＿＿＿组，拆除接地线＿＿＿组、拉开接地开关＿＿＿组，保留接地线＿＿＿组、接地开关＿＿＿组"栏内，填写接地线、接地开关的原装设的组数、已拆除的组数和保留的组数，并在该栏目后注明所拆除接地线（接地开关）的编号；在"备注"栏注明保留接地线、接地开关的原因。

特殊情况下未拆除的接地线和未拉开的接地开关应汇报值长（单元长），并做好记录后，也可终结。检修试验工作虽已结束，剩余未拆除的接地线应在备注栏内注明原因，并记录在运行记录簿中，按值交接。

运行值班负责人对工作票终结手续审查无误后，在工作票登记簿内做好记录。

在同一停电系统的所有工作票均已结束，拆除所有接地线、临时遮栏和标示牌，恢复常设遮栏，并得到值班调度员或值班负责人的许可命令后，方可合闸送电。

工作票终结如图 6-14 所示。

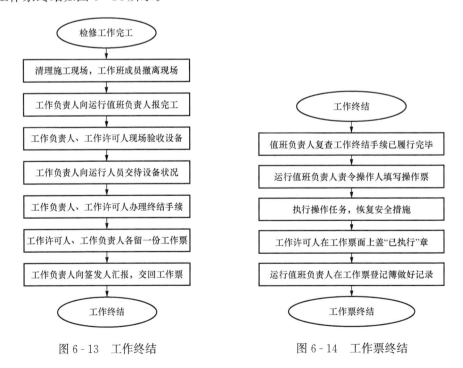

图 6-13 工作终结　　　　　　　　图 6-14 工作票终结

第七节 工作票的执行程序

工作票的执行程序是指履行工作票全过程的执行流程。其工作流程为：工作票的生成→工作票的签发→工作票的送达→工作票的接收→安全措施的布置→工作许可→开始工作→工作监护→工作间断→工作延期→设备试运→工作终结→工作票终结，如图6-15所示。

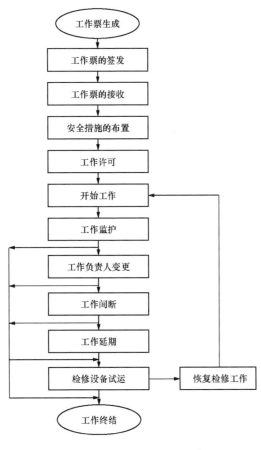

图6-15 工作票的执行程序

一、工作票的生成

工作票签发人根据工作任务的需要和计划工作期限，确定工作负责人，并对工作负责人进行安全技术措施交底，明确工作任务、工作地点和工作要求的安全措施，必要时应实地观察。

工作负责人根据工作内容及所需安全措施选择使用工作票的种类，调用标准工作票，无标准工作票时重新填写。

针对工作场地、工作环境、工具设备、技术水平、工艺流程、作业人员身体状况、思想情绪、不安全行为等可能带来的危险因素，工作负责人要组织工作班成员分析制订预防高处坠落、触电、物体打击、机械伤害、起重伤害等发生频率较高的人身伤害、设备损坏、机组强迫停运、火灾等事故的控制措施，补充和完善《危险点控制措施票》或热力机械第二种工作票（水力机械第二种工作票及热控第二种工作票）的"危险点分析及控制措施"。

二、工作票的签发

当工作负责人填写好工作票时，应交给工作票签发人审核，由工作票签发人对票面内容、危险点分析和控制措施进行审核，确认无误后签发；实行点检定修的发电厂还应由点检员审核签发。

三、工作票的送达

计划工作需要办理第一种工作票的，应在工作开始前提前一日将工作票送达值长处；临时工作或消缺工作可在工作开始前直接送达值长处。

工作票的送达由工作负责人负责全过程办理。

四、工作票的接收

运行值班人员接到工作票后，单元长（或运行值班负责人）应及时审查工作票全部内容，必要时填好补充安全措施，确认无问题后，填写收到工作票时间，并在接票人处签名。

五、安全措施的布置

根据工作票计划开工时间、安全措施内容、机组启停计划和值长（或单元长）意见，由运行班长（或单元长）安排运行人员执行工作票所列安全措施。运行人员根据工作票的要求填写操作票，依据操作票布置现场安全措施。

现场安全措施执行完毕后，登记在工作票记录本中。

六、工作许可

检修工作开始前，工作许可人会同工作负责人共同到现场对照工作票逐项检查，确认所列安全措施完善和正确执行。工作许可人向工作负责人详细交代哪些设备带电、有压力、高温、爆炸和触电危险等注意事项，工作负责人确认后，双方签字完成工作票许可手续；工作票一份由工作负责人持有，另一份收存在运行人员处。

七、开始工作

工作开始前，工作负责人应针对危险点分析落实相应的控制措施，并将工作地点和工作任务、危险点分析与控制措施以及注意事项向全体工作班成员交代清楚，确认熟知、掌握，并分别在《危险点控制措施票》"声明栏"上或在热力机械第二种工作票（水力机械第二种工作票及热控第二种工作票）的"声明栏"中签名承诺后，方可下达开工命令。

八、工作监护

开工后，工作负责人必须持有工作票、始终在检修现场认真履行安全职责，认真监护工作全过程，其主要监护以下内容：

（1）工作班成员的精神状态是否良好，情绪是否稳定；

（2）检修现场的安全措施布置是否到位，检修设备与运行设备或系统是否安全可靠地隔离，能够保证工作班成员的工作安全，严禁运行或检修人员单方面变动安全措施；

（3）工作过程中，随作业现场或设备状态改变可能会出现新的危险因素，是否针对新的危险因素能够采取防范措施或及时消除；

（4）对于特殊作业现场（如高温高压管道附近、与带电设备安全距离较小附近、交叉作业现场等），是否提高监护等级；

（5）工作班成员应严格按照工作程序进行作业，严格执行《电力安全工作规程》及本规定，是否存在有违章作业或做与工作无关的事情。

九、工作间断

工作间断时，工作班成员应从现场撤出，所有安全措施保持不动，工作票仍由工作负责人执存。间断后继续工作，无须通知工作许可人，但开工前，工作负责人应重新认真检查安全措施是否符合工作票的要求，针对危险点分析落实相应的控制措施，并将危险点分析与控制措施以及注意事项向工作班成员交代清楚，确认熟知、掌握后，方可工作。若无工作负责人带领，工作班成员不得进入工作地点。

十、工作延期

工作票的有效期，以值长批准的工作期限为准。

工作若不能按批准工期完成时，工作负责人必须提前两小时向运行值班负责人（单元长或值长）申明理由，办理申请延期手续；延期手续只能办理一次，如需再延期，应重新签发新的工作票，并注明原因。

十一、设备试运

对需要经过试运检验检修（施工）质量后方能交工的工作，或工作中间需要启动检修设备时，由工作负责人提出设备试运申请。

设备试运前，工作负责人应将工作班成员全部撤至安全地点，然后将所持工作票交回工作许可人，如果设备试运会影响其他工作组安全措施范围的变动，工作许可人还应同时联系相关工作组的工作负责人同意，并收回全部相关的工作票，工作班成员全部撤离后，方可变动安全措施，履行试运许可手续，开始试运。严禁不收回工作票，以口头方式联系试运设备。

试运结束后仍然需要工作时，工作许可人和工作负责人应按"安全措施"执行栏重新履行工作许可手续后，方可恢复工作。如需要改变原工作票安全措施，应重新签发工作票。

十二、工作终结

工作结束后，工作负责人应全面检查并组织清扫整理工作现场，确认无问题后，带领工作班成员撤离现场，在检修交代本上详细记录检修项目、发现的问题、试验结果和存在的问题以及有无设备变动等，工作许可人和工作负责人共同到现场验收，检查设备状况、有无遗留物件、是否清洁等，然后在工作票上填写工作结束时间，双方签名，工作方告终结。

实行点检定修的发电厂，还应由管辖该设备的点检员对检修质量进行确认后在"点检验收人"处签名。

十三、工作票终结

运行值班人员拆除临时围栏，取下标示牌，恢复安全措施，汇报值长（班长、单元长）。对未恢复的安全措施，汇报值长（班长、单元长）并做好记录，在工作票右上角加盖"已执行"章，工作票方告终结。

对于电气第一种工作票在履行上述检查、交代、确认、双方签字手续后，运行人员应将所做安全措施拆除情况详细填写在"接地线（接地开关）共____组，已拆除（拉开）____组，未拆除（拉开）____组，未拆除接地线的编号____"栏，运行值班负责人确认后签名，工作票方告终结。

第八节 工 作 票 的 管 理

工作票的管理是一项全过程监督、分级管理、逐级负责、全员参与的重要工作，管理工作能否到位将直接影响着工作票的执行质量和作业人员的安全，各级人员必须负起责任、履行职责、重视管理，以管理来获得效益，保证作业人员的人身安全。其主要管理工作有票面检查、动态检查、统计考核等内容。

一、工作票的管理

（1）工作票实施分级管理、逐级负责的管理原则。

1）发电企业的运行、检修主管部门是确保工作票正确实施的最终责任部门，对各执行单位进行监督考核。安全监督部门是工作票是否合格的监督考核部门，对执行全过程进行监督，并对责任部门进行考核；

2）发电企业领导对工作票的正确实施负管理责任，并对各职能部门进行考核。

（2）发电企业的安全监督、运行、检修主管部门、车间（分场）、班组要对工作票执行的全过程进行动态检查，及时纠正不安全现象，规范工作人员的作业行为。

全过程是指从工作任务提出、制订方案、人员安排到危险点分析及预控措施制定、建票、接票、许可、开工、监护、验收、终结、恢复等全过程中的每一执行环节。

（3）发电企业的检修主管部门对已经执行工作票按月统计分析和考核，并将结果报安全监督部门复查，安全监督部门对其进行综合分析，提出对主管部门的考核意见和改进措施。

（4）发电企业领导要定期组织综合分析执行工作票存在的问题，提出改进措施，做到持续改进。

（5）发电企业应定期培训、考核并于每年 3 月底前书面公布工作负责人、工作许可人、工作票签发人、点检签发人名单。

（6）已终结的工作票在右上角，用红色印泥盖"已执行"印章，印章规格为 1cm×2cm。

（7）已执行的工作票应由各单位指定部门按编号顺序收存，至少保存三个月。

（8）发电企业的安全监督、运行、检修主管部门、车间、队或班组要建立工作票检查记录，主要包括检查日期、时间、检查人、发现的问题、责任人。

二、工作票的检查

（1）工作票的静态检查内容（具有以下任一情况者为"不合格"工作票）：

1）未按规定签名或代签名；

2）工作内容（任务）和工作地点填写不清楚；

3）应采取的安全措施不齐全、不准确或所要求采取的安全措施与系统设备状况不符；

4）同一工作时间内一个工作负责人同时持有两份及以上有效工作票；

5）工作票签发人、工作负责人和工作许可人不符合规定要求；

6）使用术语不规范且含义不清楚；

7）未按规定盖章；

8）已终结的工作票，所拆除措施中接地线数目与装设接地线数目不同，而又未注明原因；

9）安全措施栏中，装设的接地线未注明编号；

10）安全措施栏中，不按规定填写，而有"同左""同上""上述"等字样；

11）用票种类不当；

12）未按规定使用附页；

13）无编号或编号错误；

14）未按规定对应填写编号或未打"√"或未写"检修自理"；

15）应填写的项目而未填写（如时间、地点、设备名称等）；

16）字迹不清或任意涂改；

17）在保存期内丢失、损坏、乱写、乱画；

18）已执行安全措施与必须采取的安全措施序号不对应；

19）"运行值班人员补充的安全措施"栏、"补充措施执行情况"栏内空白；

20）重要安全措施遗漏；

21）《危险点控制措施票》中人员签名与工作班成员不符；

22）签发方和许可方任一方修改超过两处者；

23）其他违反《电力安全工作规程》有关规定和本标准。

（2）工作票的动态检查：

1）静态检查所规定的内容；

2）开工时工作许可人、工作负责人是否持票共同到现场检查安全措施；

3）工作负责人是否随身携带工作票，是否附有《危险点控制措施票》（热机、热控和水力机械二种票除外），其中危险点分析是否准确，控制措施是否有针对性；

4）开始作业前，工作负责人是否组织全体作业人员学习危险点控制措施并进行安全技术交底，《危险点控制措施票》中是否有全部工作班成员的签名；

5）票面安全措施和《危险点控制措施票》中的控制措施是否100％落实；

6）所做的安全措施和控制措施是否符合要求，接地线编号、位置是否记录齐全完整等；

7）动火工作是否认真填写"动火工作票"，是否按规定测量可燃气体（粉尘）浓度；

8）是否存在无票工作或先工作后补票的现象；

9）是否存在未经运行人员允许，检修人员改变工作票所列安全措施的现象；

10）工作负责人是否始终在现场执行监护职责；

11）检修设备是否按规定履行押票试运手续；

12）不按规定办理和填写工作负责人变更、工作票延期和检修设备试运行；

13）工作终结时，工作许可人、工作负责人是否持票共同到现场检查确认；

14）每次作业后，是否对本次作业过程开展危险点分析与控制措施的落实进行总结；对于没有标准票的作业是否按规定审批手续转入标准库管理；

15）其他违反《电力安全工作规程》有关规定和本标准。

三、工作票的统计

（1）工作票合格率的计算

$$工作票合格率 = \frac{已终结的合格工作票份数}{已终结的工作票总份数} \times 100\%$$

注："作废、未执行的工作票"不进行合格率统计，但各单位要制定细则进行控制。

（2）标准工作票使用率的计算

$$标准工作票合格率 = \frac{已终结的标准工作票份数}{已终结的合格工作票总份数} \times 100\%$$

四、应用范例

【例6－2】　某厂1号机1号低压变压器大修，已终结的电气第一种工作票内容如表6-1所示，请你找出工作票中的错误？

表 6-1 　　　　　　　　　　　　电 气 第 一 种 工 作 票

No.　002651　　　　　　　　　　　　　　　　　工作票编号：　D10203008

1. 工作负责人（监护人）：　张××　车间　电气车间　班组　变电班　　附页：　　　　张

2. 工作班成员：　张一　张二　张三　张四　　　　　　　　　　　　　　共　4　人

3. 工作地点：　1号机，1号低压变

4. 工作内容：　1号机，1号低压变（6kV 工作ⅠA 段 18 号开关）大修

5. 计划工作时间：自　2012　年　3　月　1　日　8　时　30　分至　2012　年　3　月　5　日　18　时　00　分。

6. 安全措施：

下列由工作票签发人（或工作负责人）填写：　　　　下列由工作许可人填写：

（1）应断开断路器和隔离开关，包括填写前已断开断路器和隔离开关（注明编号）、应取熔断器：	（1）已断开断路器和隔离开关（注明编号）、已取熔断器：	
1. 断开 6kV 工作ⅠA 段 18 号（1号低压变高压侧）开关	同左	
2. 断开 380V 工作ⅠA 段 1 号（1号低压变低压侧）开关	同左	
3. 断开上述所断开开关的操作电源	同左	
（2）应装设接地线、隔板、隔罩（注明确切地点），应合上接地开关（注明双重名称）：	（2）已装设接地线、隔板、隔罩（注明地线编号和地点），已合上接地开关（注明双重名称）：	编号：
1. 合入 6kV 工作ⅠA 段 18 号（1号低压变高压侧）开关接地开关	同左	
2. 在 1 号低压变低压侧挂一组接地线	同左	共　组
（3）应设遮拦、应挂标示牌：	（3）已设遮拦、已挂标示牌：	
1. 在 6kV 工作ⅠA 段 18 号开关的操作把手上挂"禁止合闸、有人工作"标示牌	同左	
2. 380V 工作ⅠA 段 1 号开关的操作把手上挂"禁止合闸、有人工作"标示牌	同左	
3. 在 1 号低压变上挂"在此工作"标示牌	同左	
工作票签发人：　李×× 点检签发人：　白×× 收到工作票时间：　2012年3月1日9时00分 值班负责人：　刘××	（4）工作地点保留带电部分和补充安全措施：	
	工作许可人：　王××　值班负责人：　张××	

批准工作结束时间：自　2012　年　3　月　6　日　18　时　00　分　值长（或单元长）：　杨××

7. 许可工作开始时间：　2012　年　3　月　1　日　9　时　30　分

工作许可人： __王××__ 工作负责人： __张××__

8. 工作负责人变动：原工作负责人_____离去，变更_____为工作负责人，变动时间_____年_____月 日 时 分。

工作票签发人：_____ 工作许可人：_____

9. 工作票延期，有效期延长到_____年 月 日 时 分。

工作负责人：_____ 值长（或单元长）或值班负责人：_____

10. 检修设备需试运（工作票交回，所列安全措施拆除可以试运）

允许试运时间	工作许可人	工作负责人
月 日 时 分		
月 日 时 分		

11. 检修设备试运后，工作票所列安全措施已全部执行，可以重新工作：

允许试运时间	工作许可人	工作负责人
月 日 时 分		
月 日 时 分		

12. 工作终结：工作人员已全部撤离，现场已清理完毕。全部工作于 __2012__ 年 __3__ 月 __6__ 日 __18__ 时 __20__ 分结束。

工作负责人： __韩××__ 工作许可人： __王××__

接地线共_____组，已拆除_____组，未拆除接地线的编号_____。

值班负责人： __刘××__

13. 备注： __将 6kV 工作Ⅰ A 段 18 号（1 号低压变）开关小车拉至柜外__ 。

答：工作票中的错误如下：

（1）工作班成员总人数填错。"共_____人"应包括工作负责人，正确"共__5__人"。

（2）工作地点不明确。工作地点是指设备的具体安装地点，正确：1 号机 0 米 380VIA 段低压配电间。

（3）工作内容描述不规范。因为"6KV 工作Ⅰ A 段 18 号开关"是变压器的高压侧开关，不能与变压器写在一起。正确描述：1 号机 1 号低压变大修。

（4）"kV"错误，"K"要用小写字母，即"kV"。

（5）"断开 6kV 工作Ⅰ A 段 18 号（1 号低压变高压侧）开关""断开 380V 工作Ⅰ A 段 1 号（1 号低压变低压侧）开关"描述不规范。

正确描述："断开 6kV 工作 IA 段 1 号低压变高压侧 18 开关""断开 380V 工作Ⅰ A 段 1 号低压变低压侧 1 开关"。

（6）安全措施考虑不全面。未填写断开 1 号低压变低压侧 1^{-1} 刀闸；在 1^{-1} 刀闸的闸嘴间加装绝缘垫。

（7）"断开上述所断开开关的操作电源"描述错误。

在工作票中必须写明具体的名称，严禁出现"上述"等字样。正确描述：断开 6kVⅠA 段 1 号低压变高压侧 18 开关操作电源；断开 380VⅠA 段 1 号低压变低压侧 1 开关操作电源。

（8）在已做安全措施栏内填写"同左"错误。在工作票中严禁出现"同左、同上、同下"等字样。

（9）未填写已装设接地线记录，即未填写"编号""共＿＿组"。

（10）"工作地点保留带电部分和补充安全措施"栏内不能为空白，如果没有补充措施应填写"无"。

（11）值班负责人签名不一致错误。

错误：工作负责人安全措施栏内签名刘××，工作许可人安全措施栏内签名张××。

正确描述：应在工作许可人安全措施栏内签名为刘××。

（12）批准工作时间超过计划工作时间错误。批准工作时间应在计划工作时间内批准。

（13）办理工作票开工手续的工作负责人为张××，而办理工作票终结手续的工作负责人为韩××。工作负责人已变更，但未办理工作负责人变动手续。

（14）完工时间超过值长批准的工作时间。

（15）未办理工作票延期手续。

（16）工作结束未填写拆除接地线记录。

（17）备注栏内严禁填写安全措施内容。

（18）未盖已执行章。

【例6-3】 某厂1号机1号凝结水升压泵更换机械密封抢修，已终结的热力机械第一种工作票内容如表6-2所示，请你找出工作票中的错误？

表6-2 　　　　　　　　　　**热力机械第一种工作票**

No. ＿05136＿ 　　　　　　　　　　　　　工作票编号：R10106008

1. 工作负责人（监护人）：＿王××＿ 车间＿汽机车间＿ 班组＿水泵二班＿ 附页：＿＿＿＿张

2. 工作班成员：＿张×× 李××＿ 　　　　　　　　　　　　共　2　人

3. 工作地点：＿＃1机＃1凝结水升压泵＿

4. 工作内容：＿＃1机＃1凝结水升压泵更换机械密封抢修＿

5. 计划工作时间：自＿2012年03月15日08时30＿分 至 ＿2012年03月17日19时00＿分

6. 必须采取的安全措施：

（1）应断开下列开关、刀闸和保险等，并在操作把手（按钮）上设置"禁止合闸，有人工作"警告牌	（1）
1. ＃1凝结水升压泵退出运行、电机电源停电，并在电源开关上设置"禁止合闸，有人工作"警告牌	1.√
（2）应开启下列阀门、挡板（闸板），使燃烧室、管道、容器内余汽、水、油、灰、烟排放尽，并将温度降至规程规定值：	（2）
1. ＃1凝结水升压泵出口单项门前放水门	1.√
（3）应关闭下列截门、挡板（闸板），并挂"禁止操作，有人工作"警告牌：	（3）
1. 关闭＃1凝结水升压泵出口电动门	1.√
2. 关闭＃1凝结水升压泵入口门	2.√
3. 关闭＃1凝结水升压泵轴瓦冷却水门	3.√

续表

（4）应将下列截门停电、加锁，并挂"禁止操作，有人工作"警告牌：	（4）
1. ♯1 凝结水升压泵出口电动门停电、加锁	1. √
（5）其他安全措施：	（5）

工作票签发人：__高××__ 2012 年 3 月 15 日 8 时 20 分 点检签发人：__杨××__ 2012 年 3 月 15 日 8 时 30 分

工作票接收人：__刘××__ 2012 年 3 月 15 日 8 时 45 分

7. 措施执行情况：（√）

8. 运行值班人员补充的安全措施：

1. 无补充	1. √

9. 补充措施执行情况：（√）

10. 批准工作结束时间：__2012 年 3 月 17 日 19 时 00__ 分 值长（或单元长）：__柳××__

11. 上述安全措施已全部执行，核对无误，从 __2012 年 03 月 15 日 10 时 00 分__ 许可开始工作。

工作许可人：__王××__ 工作负责人：__王××__

12. 工作负责人变更：自___年 月 日 时 分原工作负责人离去，变更为_____担任工作负责人。

工作票签发人：_____ 工作许可人：_____

13. 工作票延期：有效期延长到 _____年 月 日 时 分。

值长（或单元长）：_____ 运行值班负责人：_____ 工作负责人：_____

14. 检修设备需试运（工作票交回，所列安全措施拆除可以试运）：

允许试运时间	工作许可人	工作负责人
03 月 17 日 18 时 0 分	张××	王××

15. 检修设备试运后，工作票所列安全措施已全部执行，可以重新工作：

允许恢复工作时间	工作许可人	工作负责人
月 日 时 分		

16. 工作终结：工作人员已全部撤离，现场已清理完毕。全部工作于 __2012 年 03 月 17 日 24 时 00__ 分结束。

工作负责人：__王××__ 工作许可人：__张××__

备注：_____。

答：工作票中的错误如下：

（1）工作班成员总人数填错。"共_____人"应包括工作负责人，正确"共 __3__ 人"。

（2）使用"♯"字错误。工作票填写必须使用规范术语，严禁使用"♯"字代替"号"字。

（3）工作地点不明确。工作地点是指设备的具体安装地点，正确：1 号机汽机房 0m 凝结泵坑。

（4）第 2 项安全措施考虑不全。只打开放水门，而未填写放尽压力水。

（5）第3项安全措施电动门未挂警告牌。

（6）"其他安全措施""补充措施执行情况"栏内空白错误，没有内容时，应填写"无"字，严禁空白。

（7）检修设备试运结束未恢复措施。

（8）完工时间超过批准工作时间。

（9）月、日、时、分填写不规范，应用两位数字表示。

（10）未办理工作票延期手续。

（11）未盖已执行章。

第九节 各级人员安全职责

工作票是落实各级人员安全责任、准许设备检修工作的凭证。各级人员必须严格履行本岗位安全职责，切实把好检修全过程中的安全质量关，保证作业人员的人身安全和设备安全，保证设备检修质量，保证圆满地完成检修任务。

一、工作票签发人的安全责任

（1）工作是否必要和可能；

（2）工作票上所填写的安全措施是否正确和完善；

（3）审查工作负责人、工作班成员人数和技术力量是否适当，是否满足工作需要；

（4）经常到现场检查工作是否安全地进行。

二、点检签发人的安全责任

（1）审查检修工作内容是否正确；

（2）审查工作票所写的安全措施是否正确和完善；

（3）检查工作票是否附有危险点控制措施票（热机、热控和水力机械二种票除外）；

（4）审查计划检修工期是否合理；

（5）对检修质量进行验收并签名。

三、工作负责人的安全责任

（1）对危险点分析的全面性、控制措施的正确性及有效落实负责。工作前结合工作内容，召集工作成员进行危险点分析，制定控制措施；开工前负责组织全体人员学习危险点控制措施并签名；开工后，负责落实；

（2）负责检查工作票所列安全措施是否正确完备，与工作许可人共同检查安全措施是否得以落实，是否符合现场实际安全条件；

（3）负责工作所需工器具的完备和良好；

（4）工作前认真检查核实控制措施，对工作人员进行安全技术交底；

（5）正确地和安全地组织工作，在工作过程中对工作人员给予必要的安全和技术指导；

（6）监护和检查工作班人员在工作过程中是否遵守安全工作规程、安全措施和落实危险点控制措施；

（7）正确执行"检修自理"的安全措施并在工作终结时恢复检修前的状态；

（8）工作票办理终结后，对本工作的危险点控制措施进行总结；

（9）对于发包工程应实行工作票双负责人制（长期外委队伍队外），即发包单位工作负责人、外包队伍工作负责人。

1）发包单位工作负责人：对现场作业安全措施是否执行到位，施工人员是否在指定时间、区域内工作负责。

2）外包队伍工作负责人：对施工作业的现场组织、协调和施工作业人员安全行为负责。

四、工作票接收人的安全责任

（1）对工作票签发人（点检签发人）是否正确执行工作票管理标准进行审查；

（2）审查检修工作是否可行，安全措施是否正确和全面，并对安全措施进行补充；

（3）审查工作票是否合格、审查危险点分析的正确性和控制措施的针对性；

（4）不得接收没有《危险点控制措施票》（热机、热控和水力机械二种票除外）的工作票；

（5）将工作票移交值长。

五、工作许可人的安全责任

（1）不得许可没有《危险点控制措施票》（热机、热控和水力机械二种票除外）的工作票；

（2）审查工作票所列安全措施（包括危险点分析和控制措施）应正确完备、符合现场实际安全条件；

（3）正确执行工作票所列的安全措施，并对所做的安全措施负责；

（4）确认安全措施已正确执行，检修设备与运行设备确已隔断；

（5）对工作负责人正确说明哪些设备有电压、压力、高温、爆炸危险和工作场所附近环境的不安全因素等；

（6）对检修自理的安全措施，组织运行人员做好相关的事故预想；

（7）对检修工作负责人提出设备试运申请的安全措施是否全部拆除以及重新工作时的安全措施是否全部恢复的正确性负责；

（8）对检修设备试运工作结束后试运状况评价的真实性负责。

六、运行值班负责人（运行班长、单元长）的安全责任

（1）对工作票的许可至终结程序执行负责；

（2）对工作票所列安全措施的完备、正确执行负责；

（3）对工作结束后的安全措施拆除与保留情况的准确填写和执行情况负责。

七、工作班成员的安全责任

（1）工作前认真学习《电力安全工作规程》、运行和检修工艺规程中与本作业项目有关规定、要求；

（2）参加危险点分析，提出控制措施，并严格落实；

（3）遵守安全规程和规章制度，规范作业行为，确保自身、他人和设备安全；

（4）相互监督工作班成员遵守安全规程和规章制度的执行情况。

八、值长的安全责任

（1）负责审查检修工作的必要性，审查工作票所列安全措施是否正确完备、是否符合现场实际安全条件；

（2）对批准检修工期，审批后的工作票票面、安全措施负责；

（3）不应批准没有危险点控制措施的工作票（热机、热控和水力机械二种票除外）。

第十节　工作票的应用范例

【例6-4】　某厂5号发变组保护装置选用的是南京电力自动化设备总厂生产的WFBZ-01型微机发变组保护装置。检修车间要求对该保护装置进行保护检验及二次回路清扫检查工作。办理电气第一种工作票。其内容如表6-3所示。

表6-3　　　　　　　　　　　　电气第一种工作票

No. _____　　　　　　　　　　工作票编号：　D10212065

1. 工作负责人（监护人）：　卢×× 　车间　继电保护处　班组　保护二班　　　附页：_____ 张

2. 工作班成员：　高×× 　张×× 　孙×× 　　　　　共　4　人

3. 工作地点：　5号机保护室

4. 工作内容：　5号机发变组保护检验及二次回路清扫检查

5. 计划工作时间：自　2012年02月12日08时00分　至　2012年02月24日00时00分

6. 安全措施：

下列由工作票签发人（或工作负责人）填写：　　下列由工作许可人填写：

（1）应断开断路器和隔离开关，包括填写前已断开断路器和隔离开关（注明编号）、应取熔断器：	（1）已断开断路器和隔离开关（注明编号）、已取熔断器：
1. 断开500kV变电站5043-6刀闸	1. 断开500kV变电站5043-6刀闸
2. 断开5号主变500kV侧CVT二次小开关	2. 断开5号主变500kV侧CVT二次小开关
3. 断开6kV工作VA段B1（电源进线）开关，断开开关的操作电源，并将开关小车拉至检修位置	3. 断开6kV工作VA段B1（电源进线）开关，断开开关的操作电源，并将开关小车拉至检修位置
4. 断开6kV工作VB段B28（电源进线）开关，断开开关的操作电源，并将开关小车拉至检修位置	4. 断开6kV工作VB段B28（电源进线）开关，断开开关的操作电源，并将开关小车拉至检修位置
5. 断开6kV工作VA段B601-9PT刀闸，并将刀闸小车拉至检修位置，取下二次熔断器	5. 断开6kV工作VA段B601-9PT刀闸，并将刀闸小车拉至检修位置，取下二次熔断器
6. 断开6kV工作VB段B628-9PT刀闸，并将刀闸小车拉至检修位置，取下二次熔断器	6. 断开6kV工作VB段B628-9PT刀闸，并将刀闸小车拉至检修位置，取下二次熔断器
7. 断开5-9甲、乙、丙PT刀闸，取下甲、乙、丙PT二次熔断器	7. 断开5-9甲、乙、丙PT刀闸，取下甲、乙、丙PT二次熔断器
8. 断开5DK中性点刀闸	8. 断开5DK中性点刀闸
9. 断开5号机灭磁开关及操作电源	9. 断开5号机灭磁开关及操作电源
10. 取下5号发电机转子电压测量保险	10. 取下5号发电机转子电压测量保险
11. 断开5号机灭磁开关柜起励电源开关MCB26	11. 断开5号机灭磁开关柜起励电源开关MCB26
12. 退出5号机发变组A、B柜所有保护压板	12. 退出5号机发变组A、B柜所有保护压板
13. 退出5号机发变组A、B柜启动5042、5043开关失灵保护压板	13. 退出5号机发变组A、B柜启动5042、5043开关失灵保护压板
14. 退出5号机发变组接口屏5042、5043开关跳闸压板	14. 退出5号机发变组接口屏5042、5043开关跳闸压板
15. 取下5号机发变组接口屏5042、5043开关直流控制电源保险	15. 取下5号机发变组接口屏5042、5043开关直流控制电源保险
16. 断开5号主变瓦斯保护直流控制电源开关	16. 断开5号主变瓦斯保护直流控制电源开关

续表

工作票签发人（或工作负责人）填写：　　　　　下列由工作许可人填写：

（2）应装设接地线、隔板、隔罩（注明确切地点），应合上接地开关（注明双重名称）：	（2）已装设接地线、隔板、隔罩（注明地线编号和地点），已合上接地开关（注明双重名称）：	编号
1. 合上 500kV 侧 5043-617 接地开关，合上发电机出口 5-7 接地开关	1. 合上 500kV 侧 5043-617 接地开关，合上发电机出口 5-7 接地开关	5-7 41 号 42 号 43 号
2. 在高厂变 6kV 侧 B601-9PT、B628-9PT 刀闸处挂接地线	2. 在高厂变 6kV 侧 B601-9PT、B628-9PT 刀闸处挂接地线	B601-9PT44 号 B628-9PT45 号
		共 5 组
（3）应设遮拦、应挂标示牌：	（3）已设遮拦、已挂标示牌：	
1. 在上述断开开关、刀闸操作手把上挂"禁止合闸，有人工作"标示牌	1. 在上述断开开关、刀闸操作手把上挂"禁止合闸，有人工作"标示牌	
2. 在 5 号机保护屏、中间继电器辅助屏、5 号发电机 PT、CT 端子箱、5 号主变压器端子箱处各挂"在此工作"标示牌	2. 在 5 号机保护屏、中间继电器辅助屏、5 号发电机 PT、CT 端子箱、5 号主变压器端子箱处各挂"在此工作"标示牌	
工作票签发人：　张×× 2012 年 02 月 12 日 08 时 10 分 点检签发人：　刘×× 2012 年 02 月 12 日 08 时 20 分 工作票接收人：　秦×× 2012 年 02 月 12 日 09 时 05 分	（4）工作地点保留带电部分和补充安全措施： 无补充 工作许可人：要×× 　　值班负责人：秦××	

7. 批准工作结束时间：　2012 年 02 月 24 日 00 时 00 分　　　　值长（或单元长）：　李××

8. 许可工作开始时间：　2012 年 02 月 12 日 12 时 00 分

　　工作许可人：　要××　工作负责人：　卢××

9. 工作负责人变更：

原工作负责人　卢××　离去，变更　高××　为工作负责人，变更时间　2012 年 02 月 20 日 08 时 00 分。

　　工作票签发人：　张××　　　　工作许可人：　要××

10. 工作票延期，有效期延长到　2012 年 02 月 26 日 00 时 00 分。

　　工作负责人：　高××　　值长（或单元长）或值班负责人：　常××

11. 检修设备需试运（工作票交回，所列安全措施拆除可以试运）：

允许试运时间	工作许可人	工作负责人
月　日　时　分		
月　日　时　分		

12. 检修设备试运后，工作票所列安全措施已全部执行，可以重新工作：

允许恢复工作时间	工作许可人	工作负责人
月　日　时　分		
月　日　时　分		

13. 工作终结：工作人员已全部撤离，现场已清理完毕。全部工作于　2012 年 02 月 25 日 18 时 00 分结束。

工作负责人：　　高××　　　　点检验收人：　　刘××　　　　工作许可人：　　任××

接地线共2组，已拆除2组，未拆除0组，未拆除接地线的编号无＿＿＿＿＿　　值班负责人：常××

14. 备注：＿＿＿＿＿＿＿＿＿＿＿＿＿＿＿。

【例6-5】 某厂1号机1号凝结水泵安装在汽机房1号机的0m处，检修车间要求对该泵进行检修工作，办理热力机械第一种工作票，其内容如表6-4所示。

表6-4　　　　　　　　　　　热力机械第一种工作票

No. ＿＿＿＿＿＿＿＿＿　　　　　　　　　　工作票编号：　R1010503001

1. 工作负责人（监护人）：　张××　车间　汽机车间　班组　泵班　　　附页：＿＿＿张

2. 工作班成员：　刘×× 李×× 韦×× 薛×× 蔡××　　　　共　6　人

3. 工作地点：　1号机0米

4. 工作内容：　1号机1号凝结水泵检修

5. 计划工作时间：自　2012 年 03 月 16 日 08 时 00　分 至　2012 年 03 月 17 日 16 时 00　分

6. 必须采取的安全措施：

（1）应断开下列开关、刀闸和保险等，并在操作把手（按钮）上设置"禁止合闸，有人工作"警告牌	（1）
停止1号机1号凝结水泵运行，断开电机电源，做拉合闸试验，并在操作开关处挂"禁止合闸、有人工作"警告牌	1.√
（2）应开启下列阀门、挡板（闸板），使燃烧室、管道、容器内余汽、水、油、灰、烟排放尽，并将温度降至规程规定值：	（2）
无	
（3）应关闭下列截门、挡板（闸板），并挂"禁止操作，有人工作"警告牌：	（3）
1. 关闭1号机1号凝结水泵入口门，并在门轮上挂"有人工作、禁止开启"警告牌	1.√
2. 关闭1号机1号凝结水泵出口门，并在门轮上挂"有人工作、禁止开启"警告牌	2.√
3. 关闭1号机1号凝结水泵空气门，并在门轮上挂"有人工作、禁止开启"警告牌	3.√
4. 关闭1号机1号凝结水泵机械密封冷却水门，并在门轮上挂"有人工作、禁止开启"警告牌	4.√
（4）应将下列截门停电、加锁，并挂"禁止操作，有人工作"警告牌：	（4）
断开1号机1号凝结水泵出口门电源，做拉合试验，并在操作开关处挂"禁止操作，有人工作"警告牌	1.√
（5）其他安全措施：	（5）
无	

工作票签发人：　姜××　2012 年 03 月 16 日 8 时 10 分

点检签发人：　李××　2012 年 03 月 16 日 8 时 20 分

工作票接收人：　于××　2012 年 03 月 16 日 08 时 30 分

7. 措施执行情况：（√）

8. 运行值班人员补充的安全措施：

9. 补充措施执行情况：（√）

无补充	无

10. 批准工作结束时间： 2012 年 03 月 17 日 16 时 00 分　值长（或单元长）： 雷××

11. 上述安全措施已全部执行，核对无误，从 2012 年 03 月 16 日 09 时 30 分 许可开始工作。
　　　工作许可人： 于×× 　　　工作负责人： 张××

12. 工作负责人变更：自 2012 年 03 月 17 日 08 时 00 分 原工作负责人离去，变更为 蔡×× 担任工作负责人。
　　　工作票签发人： 姜×× 　　　工作许可人： 孟××

13. 工作票延期：有效期延长到 2012 年 03 月 17 日 23 时 00 分 。
　　　值长（或单元长）： 于×× 　运行值班负责人： 闫×× 　工作负责人： 蔡××

14. 检修设备需试运（工作票交回，所列安全措施拆除可以试运）

允许试运时间	工作许可人	工作负责人
03 月 17 日 19 时 00 分	郭××	蔡××
月　日　时　分		

15. 检修设备试运后，工作票所列安全措施已全部执行，可以重新工作：

允许试运时间	工作许可人	工作负责人
03 月 17 日 20 时 00 分	郭××	蔡××
月　日　时　分		

16. 工作终结：工作人员已全部撤离，现场已清理完毕。全部工作于 2012 年 03 月 17 日 21 时 00 分结束。
　　　工作负责人： 蔡×× 　　　工作许可人： 郭××
　　　备注：＿＿＿＿＿＿＿＿＿＿＿＿＿＿＿＿＿＿＿＿＿＿。

第十一节　工作票管理制度的编制

　　编制工作票管理制度的基本格式：封面、目次、前言、范围、规范性引用文件、定义和术语、总则、工作票的使用和管理、附表等。本节以某公司编制的《工作票使用和管理标准》为例，仅供参考。

一、封面

　　封面内容主要包括：企业标准、编号、标准名称、发布日期、实施日期、发布单位名称。

××××（企业名称）企业标准

Q/×× ××× ××××-××××

工作票使用和管理标准

××××年××月××日发布　　　　××××年××月××日实施

××××××（企业名称）　发布

二、目次

前言

1　范围

2　规范性引用文件

3　定义和术语

4　总则

5　工作票的使用和管理

6　附录

表1　电气第一种工作票票样

表2　电气第二种工作票票样

表3　热力机械第一种工作票票样

表4　热力机械第二种工作票票样

表5　热控第一种工作票票样

表6　热控第二种工作票票样

表7　水力机械第一种工作票票样

表8　水力机械第二种工作票票样

表9　水力自控工作票票样

表10　电气第一种工作票安全措施附页

表11　电气第二种工作票安全措施附页

表12　热力机械第一种工作票安全措施附页

表13　水力机械第一种工作票安全措施附页

三、前言

编写前言时，必须包括以下主要内容：

（1）制定本标准的目的。

（2）本标准由×××提出。

（3）本标准由×××负责起草。

（4）本标准主要起草人。

（5）本标准主要审核人。

（6）本标准批准人。

四、范围

编写范围时，主要包括以下内容：

（1）本标准规定了×××公司工作票的适用范围、执行程序，使用和管理内容与要求。

（2）本标准适用于×××公司工作票的使用和管理。

五、规范性引用文件

下列文件中的条款通过本标准的引用而成为本标准的条款。凡是注日期的引用文件，其随后所有的修改单（不包括勘误的内容）或修订版均不适用于本标准，然而，鼓励根据本标准达成协议的各方研究是否可使用这些文件的最新版本。凡是不注日期的引用文件，其最新版本适用于本标准。

六、定义和术语（略）

七、总则（略）

八、工作票的使用和管理

1. 工作票的种类及适用范围

1.1 电气第一种工作票

电气第一种工作票适用于发电厂的以下工作：

1.1.1 高压设备上工作需要全部停电或部分停电者；

1.1.2 高压室内的二次接线和照明等回路上的工作，需要将高压设备停电或做安全措施者；

1.1.3 其他工作需要将高压设备停电或需要做安全措施者。

1.2 电气第二种工作票

电气第二种工作票适用于发电厂的以下工作：

1.2.1 带电作业和在带电设备外壳上的工作；

1.2.2 控制盘和低压配电盘、配电箱、电源干线上的工作；

1.2.3 二次接线回路上的工作，无须将高压设备停电者；

1.2.4 转动中的发电机、同期调相机的励磁回路或高压电动机转子电阻回路上的工作；

1.2.5 非当值值班人员用绝缘棒和电压互感器定相或用钳形电流表测量高压回路的电流；

1.2.6 更换生产区域及生产相关区域照明灯泡的工作；

1.2.7 在变电站、变压器区域内进行动土、植（拔）草、粉刷墙壁、屋顶修缮、搭脚手架等工作，或在配电间进行粉刷墙壁、整修地面、搭脚手架等工作，不需要将高压设备停电或需要作安全措施的。

1.3 热力机械第一种工作票

热力机械第一种工作票适用于火力发电厂的以下工作：

1.3.1 需要将生产设备、系统停止运行或退出备用，由运行值班人员按《电业安全工作规程》的规定采取断开电源、隔断与运行设备联系的热力系统，对检修设备进行消压、吹扫等任何一项安全措施的检修工作；

1.3.2 需要运行人员在运行方式、操作调整上采取保障人身、设备安全措施的工作。

1.4 热力机械第二种工作票

热力机械第二种工作票适用于火力发电厂的以下工作：

1.4.1 不需将生产设备系统停止运行或退出备用；不需运行值班人员采取断开电源、隔断与运行设备联系的热力系统。

1.4.2 不需运行值班人员在运行方式、操作调整上采取措施的。

1.4.3 在设备系统外壳上的维护工作，但不触及设备的转动或移动部分。

1.4.4 在锅炉、汽机、化水、脱硫、除灰、输煤等生产区域内进行粉刷墙壁、屋顶修缮、整修地面、保洁、搭脚手架、保温、防腐等工作。

1.4.5 有可能造成检修人员中毒、窒息、气体爆炸等，需要采取特殊措施的工作，不准使用该票。

1.5 热控第一种工作票

热控第一种工作票适用于火力发电厂的以下工作：热控人员在汽轮发电机组的热控电源、通信、测量、监视、调节、保护等涉及 DCS、联锁系统及设备上的工作；需要将生产设备、系统停止运行或退出备用等。

1.6 热控第二种工作票

热控第二种工作票适用于火力发电厂的以下工作：热控人员在不涉及热控保护、联锁、自动系统以及在不参与 DCS 或设备上的且不需要运行值班人员采取断开电源、隔断与运行设备联系的热力系统工作，如就地指示仪表检查校验、敷设电缆等工作。

1.7 水力机械第一种工作票

水力机械第一种工作票适用于水力发电厂的以下工作：

1.7.1 水轮机、蜗壳、导水叶、调速系统、风洞内、进水口闸门等机械部分及涉及油、水、风等管路阀门的工作；

1.7.2 各种送、排风机和冷冻设备的机械部分工作；

1.7.3 电梯、门机、桥机、尾水台车、启闭机等机械部分工作；

1.7.4 各种水泵的非电气部分工作；

1.7.5 各种空压机的工作；

1.7.6 水工建筑物及其他非电气工作；

1.7.7 需要在运行方式、操作调整上对水力设备、水工建筑物采取保障人身、设备安全措施的工作。

1.8 水力机械第二种工作票

水力机械第二种工作票适用于水力发电厂的不需运行值班人员在运行方式、操作调整上采取措施的机械设备及水工建筑物定期维护、清扫及巡检等工作。

1.9 水力自控工作票

水力自控工作票适用于水力发电厂水力机械设备的控制电源、通信、测量、监视、控制、调节、保护等系统的工作。

2. 工作票的使用

2.1 工作票应使用统一格式（票样见附表），一式两份，由计算机生成或打印，用钢笔或圆珠笔填写与签发，不得任意涂改，如有个别错、漏字需要修改的，按照"2.2"规定执行。工作票可以采取电子签名。

2.2 每份工作票签发方和许可方修改不得超过两处。工作票中的设备名称、编号、接地线位置、日期、时间、动词以及人员姓名不得改动；错漏字修改应遵循以下方法，并做到规范清晰：填写时写错字，更改方法为在写错的字上划两道水平线，接着写正确的字即可；审查时发现错字，将正确的字写到空白处圈起来，将写错的字也圈起来，再用线连接；漏字时，将要增补的字圈起来连线至增补位置，并画"∧"符号。禁止使用"……"、"同上"等省略词语；修改处要有运行人员签名确认。

2.3 工作票由工作票签发人或工作负责人填写。一份工作票中，工作票签发人、工作负责人和工作许可人三者不得相互兼任。一个工作负责人不得在同一时间内担任两个及以上工作任务的工作负责人。

2.4 紧急情况下的故障排除工作，如使用标准工作票，且涉及标准工作票的主要安全措施没有改变，可不经工作票签发人签发，经值长批准后即可履行工作许可手续。

2.5 机组大、小修或临检时，可按设备、系统、专业工作情况使用一张工作票。

2.6 同一车间（部门）有两个及以上班组在同一个设备系统、同一安全措施内（或班组之间安全措施范围有交叉）进行检修工作时，一般应由车间（部门）签发一张总的工作票，并指定一个总的工作负责人，统一办理工作许可和工作终结手续，协调各班组工作的正确配合，各班组的工作负责人仍应对其工作范围内的安全负责，工作完成后在运行记录本上交待。

2.7 一个班组在同一个设备系统上依次进行同类型的设备检修工作，如全部安全措施不能在工作开始前一次完成，应分别办理工作票。

2.8 新机新制的企业长期外委项目可由承包方填写、办理工作票，但必须是由经过本单位的"三种人"培训、考试、审批、公布的人员担任，除此之外的对外承包作业，由本厂监护人员填写、办理工作票。

2.9 对于机组大、小修中对外发包作业，承包方是系统内发电厂检修队伍的可由承包方填写、办理工作票，但必须是由经过本单位的"三种人"培训、考试、审批、公布的人员担任，除此之外的对外发包作业，由本厂监护人员填写、办理工作票。

2.10 《电业安全工作规程》规定必须办理工作票的对外承包工作，由本厂监护人员办理工作票手续。承包方必须制定在施工中应采取的安全措施，并经厂有关部门批准后，方可开始工作。

3. 工作票的编号

3.1 工作票必须编号。工作票的编号应有两种，一种为工作票的自身顺序号，在票面左上角标示，标示为"No：×××"；一种为工作票在执行时，由运行人员填写（工作票登记本或微机办票系统的工作票台账登记序号），在票面右上角标示。

3.2 各发电厂可自行设定工作票编号原则，但要确保每份工作票在本厂内的编号唯一，且便于查阅、统计、分析。

4. 工作票的填写

4.1 工作票的填写必须使用标准的名词术语、设备的双重名称。

标准的名词术语：系指国标、行标、×××公司规范的标准称谓。

设备的双重名称：系指具有中文名称和阿拉伯数字编号的设备，如断路器（以下称开关）、隔离开关（以下称刀闸）、保险等，在工作票的内容中，凡涉及的设备都要写上；在设备标示牌中，都要一并使用。不具有阿拉伯数字编号的设备，如线路、主变等，可以直呼其名。票面需要填写数字的，应使用阿拉伯数字（母线可以使用罗马数字）。

4.2 工作票填写要做到字迹工整、清楚，不得涂改、刮改，使用微机办票时，要采用宋体五号字。票面上填写的数字，用阿拉伯数字（1、2、3、4、5、6、7、8、9、0）表示，时间按 24 小时（制）计算，年度填写四位数字，月、日、时、分填写两位数字。如：2006 年 11 月 03 日 18 时 18 分。

4.3 对于设备编号用数字加汉字表示,如:2号炉5号磨煤机,或♯2炉♯5磨煤机表示。

4.4 每份工作票必须附有一份针对该项作业的《危险点控制措施票》;对于热力机械第二种工作票、水力机械第二种工作票及热控第二种工作票可在"危险点分析及控制措施"栏填写具体的控制措施,不必再附《危险点控制措施票》。

4.5 "工作负责人"栏:工作负责人即为工作监护人,单一工作负责人或多项工作的总负责人填入此栏。

4.6 "班组"栏:一个班组检修,班组栏填写工作班组全称;几个班组进行综合检修,则班组栏填写检修单位。

4.7 "工作班成员"栏:工作班成员在10人或10人以下的,应将每个工作人员的姓名填入"工作班成员"栏,超过10人的,只填写10人工作姓名,并写明工作班成员人数(如＊＊＊等共 人)。"共 人"的总人数包括工作负责人;配合工种人员和生产用工人员可直接填写其姓名;工作负责人的姓名不填写工作班成员内。

4.8 "工作地点"栏:写明被检修设备所在的具体地点。

4.9 "工作内容"栏:描述工作内容,要求准确、清楚和完整。

4.10 "计划工作时间"栏:根据工作内容和工作量,填写预计完成该项工作所需时间。

4.11 "必须的安全措施"栏:填写检修工作应具备的安全措施,安全措施要求周密、细致,做到不丢项、不漏项。

4.11.1 要求运行人员在运行方式、操作调整上采取的措施。

4.11.2 要求运行人员采取隔断的安全措施,如断开设备电源、隔断与运行设备联系的热力系统等工作。

4.11.3 热控人员为保证人身安全和设备安全必须采取的防范措施。

4.11.4 如不需要做安全措施则在相应栏内填写"无",不得空白。

4.12 "工作票签发人"栏:填写该工作票的签发人姓名。

4.13 "点检签发人"栏:填写该工作票的点检员签发人姓名。

4.14 "工作票接收人"栏:填写接收该工作票运行值班负责人的姓名。

4.15 工作票安全措施"执行情况"栏:根据"必须采取的安全措施"栏中的要求,需要运行值班人员执行的,由工作许可人完成安全措施后,在相应栏内做"√"记号,如不需要做安全措施的,工作许可人在对应的"执行情况"栏中填写"无";需要检修作业人员执行的安全措施,由工作票填写人在相应的措施后注明"(检修自理)",工作负责人完成该项安全措施后,在对应的"执行情况"栏内填写"检修自理"。

电气第一种工作票"安全措施"中"下列由工作许可人填写"栏由工作许可人完成安全措施后,按照工作票签发人或工作负责人所填写的安全措施逐一填写;操作监护人和当班的值班负责人在检查、核对无误后,分别在"安全措施"中"下列由工作许可人填写"栏的"工作许可人"和"值班负责人"处签名。

4.16 "运行值班人员补充的安全措施"栏的内容包括:

4.16.1 由于运行方式或设备缺陷需要扩大隔断范围的措施;

4.16.2 运行人员需要采取的保障检修现场人身安全和运行设备安全的措施；

4.16.3 补充工作票签发人（或工作负责人）提出的安全措施；

4.16.4 提示检修人员的安全注意事项（如烫伤、机械伤害、触电伤害等）；

4.16.5 如无补充措施，应在该栏中填写"无补充"，不得空白。

4.17 "批准工作结束时间"栏：由值长根据机组运行需要填写该项工作结束时间。

4.18 工作许可人和工作负责人在检查核对安全措施落实无误后，由工作许可人填写"许可工作开始时间"并签名，然后，工作负责人确认签名。

4.19 "工作票延期"栏：工作负责人填写，当班值长（单元长）或值班负责人确认签名。

4.20 "允许试运时间"及"允许恢复工作时间"栏：当班工作许可人填写并签名，工作负责人确认签名。

4.21 "工作终结时间"栏：工作负责人填写并签名，点检员和工作许可人分别签名确认。

4.22 使用热控工作票和水力自控工作票时，"需要退出热工保护或自动装置名称"栏由工作负责人填写，同时填写主保护退、投申请单，履行审批手续，并将审批单附在工作票后。

4.23 "备注"栏填写内容：

4.23.1 运行人员根据工作票安全措施要求所使用电气倒闸操作票和热力（或水力）机械操作票的票号，如：使用电气倒闸操作票票号为××××××；使用热力（水力）机械操作票票号为××××××。

4.23.2 需要特殊注明以及仍需说明的交代事项，如该份工作票未执行以及电气第一种工作票中接地线未拆除的原因等。

4.23.3 中途增加工作成员的情况。

4.23.4 其他需要说明的事项。

5. 工作票的执行程序

5.1 工作票的生成

5.1.1 工作票签发人根据工作任务的需要和计划工作期限，确定工作负责人。

5.1.2 工作负责人根据工作内容及所需安全措施选择使用工作票的种类，调用标准票。

5.1.3 针对工作场地、工作环境、工具设备、技术水平、工艺流程、作业人员身体状况、思想情绪、不安全行为等可能带来的危险因素，工作负责人要组织分析制订预防高处坠落、触电、物体打击、机械伤害、起重伤害等发生频率较高的人身伤害、设备损坏、机组强迫停运、火灾等事故的控制措施，补充和完善《危险点控制措施票》或热力机械第二种工作票（水力机械第二种工作票及热控第二种工作票）的"危险点分析及控制措施"。

5.2 工作票的签发

5.2.1 当工作负责人填写好工作票时，应交给工作票签发人审核，由工作票签发人对票面内容、危险点分析和控制措施进行审核，确认无误后签发；实行点检定修的发电厂还应由本企业的点检员审核进行签发。

5.2.2 签发工作票的同时，要签发《危险点控制措施票》，不得签发没有《危险点控制措施票》的工作票。(热机，热控和水力机械二种票除外)。

5.3 工作票的送达

计划工作需要办理第一种工作票的，应在工作开始前，提前一日将工作票送达值长处，临时工作或消缺工作可在工作开始前，直接送值长处。

5.4 工作票的接收

5.4.1 值班人员接到工作票后，单元长(或值班负责人)应及时审查工作票全部内容，必要时填好补充安全措施，确认无问题后，填写收到工作票时间，并在接票人处签名。

5.4.2 审查发现问题应向工作负责人询问清楚，工作票存在以下问题必须重新办理工作票：

a. 工作票使用种类不对；

b. 安全措施有错误或遗漏；

c. 安全措施中的动词被修改，设备名称及编号被修改，接地线位置被修改，日期、姓名被修改等；

d. 错字、漏字的修改不符合规定；

e. "必须采取的安全措施"栏空白；

f. 没有附带《危险点控制措施票》(热机，热控和水力机械二种票除外)；

g. 在易燃易爆等禁火区进行动火工作没有附带"动火工作票"；

h. 工作负责人和工作票签发人不符合规定。

5.5 安全措施的布置

5.5.1 根据工作票计划开工时间、安全措施内容、机组启停计划和值长(或单元长)意见，由运行班长(或单元长)安排运行人员执行工作票所列安全措施。运行人员根据工作票的要求填写操作票，依据操作票做好现场安全措施。

5.5.2 安全措施中如需由电气值班人员执行断开电源措施时，热机班长应填写停送电联系单，送电气运行班长据此布置和执行断开电源措施。措施执行完毕，填好措施完成时间，执行人签名后，通知热机运行班长，并在联系单上记录受话的热机班长姓名，停电联系单保存在电气运行班长处备查，热机运行班长接到通知后，应做好记录。对于集控运行的单元机组，使用电气倒闸操作票即可，但应在操作票的备注栏填写操作原因和相应的工作票左上角的编号。

5.6 工作许可

检修工作开始前，工作许可人会同工作负责人共同到现场对照工作票逐项检查，确认所列安全措施完善和正确执行。工作许可人向工作负责人详细说明哪些设备带电、有压力、高温、爆炸和触电危险等，双方共同签字完成工作票许可手续。工作票一份由工作负责人持有，一份收存在运行人员处。工作负责人和工作许可人不允许在工作许可开工后，单方面变动安全措施。

5.7 开始工作

工作开始前，工作负责人应针对危险点分析落实相应的控制措施，并将工作地点和工作任务、危险点分析与控制措施以及注意事项向全体工作班成员交代清楚，确认熟知、掌握，并分别在《危险点控制措施票》"声明栏"上或在热力机械第二种工作票（水力机械第二种工作票及热控第二种工作票）的"声明栏"中签字承诺后，方可下达开工命令。

5.8 工作监护

5.8.1 开工后，工作负责人必须始终在工作现场认真履行自己的安全职责，认真监护工作全过程。

5.8.2 工作期间，工作负责人因故暂时离开工作地点时，应指定能胜任的人员临时代替并将工作票交其执有，交待注意事项并告知全体工作班人员，原工作负责人返回工作地点时也应履行同样交接手续；离开工作地点超过两小时者，必须办理工作负责人变更手续。

5.8.3 工作期间，如果需要增加（变更）工作班成员，新加入人员必须进行工作地点和工作任务、危险点分析和控制措施学习、接受安全措施交底并在《危险点控制措施票》上签名后，方能加入工作。由工作负责人在两张工作票的"备注"栏分别注明增加（变更）原因、增加（变更）人员姓名、增加（变更）时间并签名。

5.8.4 工作负责人变动时，应经工作票签发人同意并通知工作许可人，在工作票上办理变更手续。工作负责人的变更情况应记入运行值班日志。

5.8.5 运行值班人员发现检修人员违反《电业安全工作规程》、本规定以及擅自改变工作票内所列安全措施，应立即停止其工作，并收回工作票。

5.9 工作间断

工作间断时，工作班人员应从现场撤出，所有安全措施保持不动，工作票仍由工作负责人执存。间断后继续工作，无须通过工作许可人，但开工前，工作负责人应重新认真检查安全措施是否符合工作票的要求，针对危险点分析落实相应的控制措施，并将危险点分析与控制措施以及注意事项向全体工作班成员交代清楚，确认熟知、掌握后，方可工作。若无工作负责人带领，工作人员不得进入工作地点。

5.10 工作延期

5.10.1 工作票的有效期，以值长批准的工作期限为准。

5.10.2 工作若不能按批准工期完成时，工作负责人必须提前两小时向工作许可人（班长、单元长或值长）申明理由，办理申请延期手续。

5.10.3 延期手续只能办理一次，如需再延期，应重新签发新的工作票，并注明原因。

5.11 设备试运

5.11.1 设备试运项目：

a. 对于不能直接判断的检修设备的性能及检修质量是否达到要求的，工作终结前必须进行试运；

b. 所有泵、风机、电机、开关、电动（气动）阀门（挡板）等设备大修或解体检修后均需进行试运；

c. 所有保护、连锁回路检修后，必须进行相关联锁试验；

d. 所有辅机的控制回路检修后，必须进行相关联锁试验。

5.11.2 检修设备试运工作由工作负责人提出申请，经工作许可人同意并收回工作票，在不变动其他工作组安全措施时，进行试运工作。在试运前，工作负责人负责将全体工作班成员撤离工作地点，履行试运许可手续后，方可试运。

5.11.3 如果需要变动其他工作组的安全措施，工作许可人应同时将相关工作票全部收回，经其他工作组的工作负责人同意，并且工作成员全部撤离后，方可变动安全措施，履行试运许可手续，开始试运。试运后，应及时恢复变动安全措施。

5.11.4 试运结束后尚需工作时，工作许可人和工作负责人仍应按"安全措施"执行栏重新履行工作许可手续后，方可恢复工作。如需要改变原工作票安全措施，应重新签发工作票。

5.11.5 运行值班人员应将拆除安全措施的原因以及相关工作票的收回、试运情况和重新布置安措、许可继续工作等内容详细记录在运行日志内。

5.12 工作终结

工作结束后，工作负责人应全面检查并组织清扫整理工作现场，确认无问题后，带领工作人员撤离现场，在检修交待本上详细记录检修项目、发现的问题、试验结果和存在的问题以及有无设备变动等，工作许可人和工作负责人共同到现场验收，检查设备状况，有无遗留物件，是否清洁等，然后在工作票上填写工作结束时间，双方签名，工作方告终结。

实行点检定修的发电厂，还应由管辖该设备的点检员对检修质量进行确认后在"点检验收人"处签名。

5.13 工作票终结

运行值班人员拆除临时围栏，取下标示牌，恢复安全措施，汇报值长（班长、机组长）。对未恢复的安全措施，汇报值长（班长、机组长）并做好记录，在工作票右上角加盖"已执行"章，工作票方告终结。

对于电气第一种工作票在履行上述检查、交代、确认、双方签字手续后，运行人员应将所做安措拆除情况详细填写在"接地线（接地刀闸）共____组，已拆除（拉开）____组，未拆除（拉开）____组，未拆除接地线的编号____"栏，值班负责人确认后签字，工作票方告终结。

6. 工作票管理

6.1 工作票实施分级管理、逐级负责的管理原则

6.1.1 发电企业的运行、检修主管部门是确保工作票正确实施的最终责任部门，对各执行单位进行监督考核。安全监督部门是工作票是否合格的监督考核部门，对执行全过程进行监督，并对责任部门进行考核。

6.1.2 发电企业领导对工作票的正确实施负管理责任，并对各职能部门进行考核。

6.1.3 发电企业的安全监督、运行、检修主管部门、车间（分场）、班组要对工作票执行的全过程进行动态检查，及时纠正不安全现象，规范工作人员的作业行为。

全过程是指从工作任务提出、制订方案、人员安排到危险点分析及预控措施制定、建票、接票、许可、开工、监护、验收、终结、恢复等全过程中的每一执行环节。

6.1.4 发电企业的检修主管部门对已经执行工作票按月统计分析和考核，并将结果

报安全监督部门复查，安全监督部门对其进行综合分析，提出对主管部门的考核意见和改进措施。

6.1.5 发电企业领导要定期组织综合分析执行工作票存在的问题，提出改进措施，做到持续改进。

6.1.6 发电企业应定期培训、考核并于每年3月底前书面公布工作负责人、工作许可人、工作票签发人、点检签发人名单。

6.1.7 已终结的工作票在右上角，用红色印泥盖"已执行"印章，印章规格为1cm×2cm。

6.1.8 已执行的工作票由检修主管单位按编号顺序收存，保存三个月。

6.1.9 发电企业的安全监督、运行、检修主管部门、车间、队或班组要建立工作票检查记录，主要包括以下内容：检查日期、时间、检查人、发现的问题、责任人。

6.1.10 安全监督部门每月应重点按以下原则检查本企业无票作业情况：工作票数量必须与缺陷、定期工作、技改等检修维护工作量相符；每张一种工作票必须有与之相对应的两张操作票；对无票作业的情况，应及时汇报领导并对有关部门予以考核。

6.2 工作票的检查

6.2.1 工作票的静态检查内容（具有以下任一情况者为"不合格"工作票）：

a. 未按规定签名或代签名；

b. 工作内容（任务）和工作地点填写不清楚；

c. 应采取的安全措施不齐全、不准确或所要求采取的安全措施与系统设备状况不符；

d. 同一工作时间内一个工作负责人同时持有两份及以上有效工作票；

e. 工作票签发人、工作负责人和工作许可人不符合规定要求；

f. 使用术语不规范且含义不清楚；

g. 未按规定盖章；

h. 已终结的工作票，所拆除措施中接地线数目与装设接地线数目不同，而又未注明原因；

i. 安全措施栏中，装设的接地线未注明编号；

j. 安全措施栏中，不按规定填写，而有"同左""同上""上述"等字样；

k. 用票种类不当；

l. 未按规定使用附页；

m. 无编号或编号错误；

n. 未按规定对应填写编号或未打"√"或未写"检修自理"；

o. 应填写的项目而未填写（如时间、地点、设备名称等）；

p. 字迹不清或任意涂改；

q. 在保存期内丢失、损坏、乱写、乱画；

r. 已执行安全措施与必须采取的安全措施序号不对应；

s. "运行值班人员补充的安全措施"栏、"补充措施执行情况"栏内空白；

t. 重要安全措施遗漏；

u. 《危险点控制措施票》中人员签名与工作班成员不符；

v. 签发方和许可方任一方修改超过 2 处者；

w. 其他违反《电业安全工作规程》有关规定和本标准。

6.2.2 工作票的动态检查内容：

a. 动态检查所规定的内容；

b. 开工时工作许可人、工作负责人是否持票共同到现场检查安全措施；

c. 工作负责人是否随身携带工作票，是否附有《危险点控制措施票》（热机，热控和水力机械二种票除外），其中危险点分析是否准确，控制措施是否有针对性；

d. 开始作业前，工作负责人是否组织全体作业人员学习危险点控制措施并进行安全技术交底，《危险点控制措施票》中是否有全部工作班成员的签名；

e. 票面安全措施和《危险点控制措施票》中的控制措施是否 100％落实；

f. 所做的安全措施和控制措施是否符合要求，接地线编号、位置是否记录齐全完整等；

g. 动火工作是否认真填写"动火工作票"，是否按规定测量可燃气体（粉尘）浓度；

h. 是否存在无票工作或先工作后补票的现象；

i. 是否存在未经运行人员允许，检修人员改变工作票所列安全措施的现象；

j. 工作负责人是否始终在现场执行监护职责；

k. 检修设备是否按规定履行押票试运手续；

l. 不按规定办理和填写工作负责人变更、工作票延期和检修设备试运行；

m. 工作终结时工作许可人、工作负责人是否持票共同到现场检查确认；

n. 每次作业后，是否对本次作业过程开展危险点分析与控制措施的落实进行总结；对于没有标准票的作业是否按规定审批手续转入标准库管理；

o. 其他违反《电业安全工作规程》有关规定和本标准。

6.3 工作票合格率的计算

$$工作票合格率 = \frac{已终结的合格工作票份数}{已终结的工作票总分数} \times 100\%$$

注："作废、未执行的工作票"不进行合格率统计，但各单位要制定细则进行控制。

6.4 标准工作票使用率的计算

$$标准工作票使用率 = \frac{已终结的标准工作票份数}{已终结的合格工作票总份数} \times 100\%$$

7. 工作票中相关人员的安全责任

7.1 工作票签发人的安全责任

7.1.1 工作是否必要和可能；是否按规定进行危险点分析工作；

7.1.2 工作票中安全措施和危险点防范措施是否正确和完善；

7.1.3 审查工作负责人和工作班成员人数和技术力量是否适当，是否满足工作需要；

7.1.4 经常到现场检查工作是否安全地进行；

7.1.5 对工作负责人在工作票填写、执行方面违反规定的行为进行考核；

7.1.6 在工作许可人签字前，工作票签发人是该工作票是否合格的责任人。

7.2 点检签发人的安全责任

7.2.1 审查检修工作内容是否正确；

7.2.2　审查工作票所写的安全措施是否正确和完善；

7.2.3　检查工作票是否附有危险点控制措施票（热机，热控和水力机械二种票除外）；

7.2.4　审查计划检修工期是否合理；

7.2.5　对检修质量进行验收，并签名。

7.3　工作负责人的安全责任

7.3.1　在工作票签发人签字前，工作负责人是工作票是否合格的责任人。

7.3.2　对危险点分析的全面性、控制措施的正确性及有效落实负责。工作前结合工作内容，召集工作成员进行危险点分析，制定控制措施；开工前负责组织全体人员学习危险点控制措施并签名；开工后，负责落实。

7.3.3　负责检查工作票所列安全措施是否正确完备，与工作许可人共同检查安全措施是否得以落实，是否符合现场实际安全条件。

7.3.4　负责工作所需工器具的完备和良好。

7.3.5　工作前认真检查核实控制措施，对工作人员进行安全技术交底。

7.3.6　正确地和安全地组织工作，在工作过程中对工作人员给予必要的安全和技术指导。

7.3.7　监护和检查工作班人员在工作过程中是否遵守安全工作规程、安全措施和落实危险点控制措施。

7.3.8　正确执行"检修自理"的安全措施并在工作终结时恢复检修前的状态。

7.3.9　工作票办理终结后，对本工作的危险点控制措施进行总结。

7.4　工作票接收人的安全责任

7.4.1　对工作票签发人（点检签发人）是否正确执行工作票管理标准进行审查；

7.4.2　审查检修工作是否可行，安全措施是否正确和全面，并对安全措施进行补充；

7.4.3　审查工作票是否合格、审查危险点分析的正确性和控制措施的针对性；

7.4.4　不得接收没有《危险点控制措施票》（热机，热控和水力机械二种票除外）的工作票；

7.4.5　将工作票移交值长。

7.5　工作许可人的安全责任

7.5.1　不得许可没有《危险点控制措施票》（热机，热控和水力机械二种票除外）的工作票；

7.5.2　审查工作票所列安全措施（包括危险点分析和控制措施）应正确完备、符合现场实际安全条件；

7.5.3　正确执行工作票所列的安全措施，并对所做的安全措施负责；

7.5.4　确认安全措施已正确执行，检修设备与运行设备确已隔断；

7.5.5　对工作负责人正确说明哪些设备有电压、压力、高温、爆炸危险和工作场所附近环境的不安全因素等；

7.5.6　对检修自理的安全措施，组织运行人员做好相关的事故预想；

7.5.7　对检修工作负责人提出设备试运申请的安全措施是否全部拆除以及重新工作

时的安全措施是否全部恢复的正确性负责；

7.5.8 对检修设备试运工作结束后试运状况评价的真实性负责。

7.6 值班负责人（运行班长、单元长）的安全责任

7.6.1 对工作票的许可至终结程序执行负责；

7.6.2 对工作票所列安全措施的全部、正确执行负责；

7.6.3 对工作结束后的安全措施拆除与保留情况的准确填写和执行情况负责。

7.7 工作班成员的安全责任

7.7.1 工作前认真学习《电业安全工作规程》、运行和检修工艺规程中与本作业项目有关规定、要求；

7.7.2 积极参加本作业班组危险点分析，提出控制措施；

7.7.3 熟知并严格落实《危险点控制措施票》中的控制措施，规范作业行为，确保自身和设备安全；

7.7.4 监督《电业安全工作规程》、本标准和现场安全措施、控制措施的实施。

7.8 值长的安全责任

7.8.1 负责审查检修工作的必要性，审查工作票所列安全措施是否正确完备、是否符合现场实际安全条件；

7.8.2 对批准检修工期，审批后的工作票票面、安全措施负全部责任；

7.8.3 不得批准没有危险点控制措施的工作票（热机，热控和水力机械二种票除外）和操作票。

九、附录

表 1 电气第一种工作票票样

表 2 电气第二种工作票票样

表 3 热力机械第一种工作票票样

表 4 热力机械第二种工作票票样

表 5 热控第一种工作票票样

表 6 热控第二种工作票票样

表 7 水力机械第一种工作票票样

表 8 水力机械第二种工作票票样

表 9 水力自控工作票票样

表 10 电气第一种工作票安全措施附页

表 11 电气第二种工作票安全措施附页

表 12 热力机械第一种工作票安全措施附页

表 13 水力机械第一种工作票安全措施附页

第七章

动 火 工 作 票

第一节 概 述

为了贯彻"安全第一、预防为主、防消结合"的方针，加强电力设备消防的管理工作，保证电力设备不发生重、特大火灾事故，保证动火作业的人身安全和设备安全，保证安全发供电，动火作业时应确保动火设备与易燃易爆物品和场所可靠的隔离，严格执行《电力设备典型消防规程》，严格履行动火工作票手续，规范作业人员的行为，是电力企业防止火灾事故发生的一项有效措施。否则将会造成严重的后果。

例如，某电厂1座储有约700t原油的油库，某日进行回油管的检修工作，在用乙炔焰切割油罐的回油管道时，由于没采取可靠的隔绝措施（将靠油罐一侧的管路法兰拆开通大气，并用绝缘物分隔，冲净管内的积油再进行动火工作），而是只放尽管内余气便草率地进行动火作业，割管中点燃了回油管中的油气，引起油罐着火和爆炸并烧至厂房，在灭火过程中烧死5位同志。

由此可见，如果在动火前我们采取了可靠的隔绝措施，此类事故是完全可以避免的，所以，做好现场的防火安全措施非常重要，特别是防火重点部位的监控和管理工作，应按照现场实际情况以及防火的危险程度，确定防火重点部位，并对其进行重点防范和重点检查，才能遏止火灾事故的发生。

防火重点部位是指火灾危险性大、发生火灾损失大、伤亡大、影响大（简称"四大"）的部位和场所。一般指燃料油罐区、控制室、调度室、通信机房、计算机室、档案室、锅炉燃油及制粉系统、汽轮机油系统、氢气系统及制氢站、充油变压器、电缆间及隧道、蓄电池室、易燃易爆物品存放场所以及各单位主管认定的其他部位和场所。

为了加强安全防火工作，防止火灾事故发生。现将下列易燃易爆区域、设备和系统划定为"明火禁区"。

（1）燃油罐及其周围50m以内，输油管道及其两侧5m以内。

（2）制氢站及其周围10m以内，输氢管道及其两侧5m以内。

（3）在运行中或氢状态下的汽轮发电机及其周围10m，垂直上方高至行车轨道，低至机0m及负米。

（4）制氢站、制氧站、乙炔站、煤气站、各类油库、加油站、油处理室、易燃易爆仓库及其周围 10m 以内。

（5）汽轮机油系统、发电机密封油系统及充油容器油泵、油管道及附件、充油电气设备，运行（备用）中的制粉系统，输煤皮带及原煤仓间，其他润滑油系统及电缆沟、电缆夹层、煤气管道系统。

第二节　动火区域与动火作业

动火地点、动火作业对象不同，存在的火灾危险程度也不一样，因此采取的安全措施及审批手续都应有所区别。为此在保证工作动火前提下，适当简化执行动火工作票的程序，有利于提高工作效率，及时消除设备缺陷。根据火灾"四大"原则以及"明火禁区"动火的危害程度，划分为一级动火区、二级动火区。

一、动火区域的划分

1. 一级动火区

一级动火区是指火灾危险性很大，发生火灾时后果很严重的部位或场所。对于火灾危险性特别大的动火部位及场所还必须采取特殊的重点防火措施。

（1）火灾危险性特别大的动火部位及场所有：

1）油罐、油泵房及油管道沟内动火。

2）储氢罐、制氢室内及氢管道动火。

3）充氢状态下的汽轮发电机及氢、油系统设备上动火。

4）乙炔站、制氢站、煤气站厂房内及其储罐和管道上的动火。

5）控制室下电缆夹层及充油电气设备上动火。

6）煤粉仓及其难以切断的系统煤粉管上动火。

（2）一级动火区的动火部位及场所有：

1）加油站、油库围墙以内，燃油管道 5m 以内。

2）氢冷发电机本体及其周围 5m 以内，高至行车轨道及屋顶，机 0m、负米的氢管道附近 5m 以内；若氢冷发电机本体或氢管道排尽氢 30min 后，可解除"明火禁区"。

3）制氢站围墙内、氢管道及其两侧 5m 以内。

4）乙炔站院内及乙炔发生罐周围 5m 以内和煤气系统（包括煤气站）。

5）制氧站内及制氧（包括储氧罐）10m 以内。

6）控制室、保护室、蓄电池室内、易燃易爆仓库、各单位小型油库及油处理室内。

7）制粉系统、煤粉仓、原煤斗，电气充油设备和全厂电缆沟、电缆夹层。

8）生产现场的燃油系统、汽轮机油系统。

9）生产现场的氢气系统、氢气管道 5m 以内。

10）脱硫系统的吸收塔和净烟气烟道。

11）露天油库，物资供应、易燃、易爆仓库及其他单位易燃易爆库房及场所。

2. 二级动火区

二级动火区是指一级动火区以外的所有防火重点部位或场所及禁止明火区。

（1）燃油禁区内，除一级动火范围以外的明火作业。

（2）氢禁区，除一级动火范围以外 50m 以内的明火作业。

（3）氢冷发电机及氢管道 5m 以外 10m 以内的明火作业。

（4）汽轮发电机主油系统、密封油系统，水泵、磨煤机润滑油系统的明火作业。

（5）制氧站、露天油库、易燃易爆仓库院内明火作业。

（6）蓄电池、油处理室周围 5m 以外 10m 以内的明火作业。

（7）输煤系统（不包括原煤斗、煤粉仓）。

（8）物资供应处院内及其他较危险场所。

（9）职工俱乐部、舞厅等公共娱乐场所。

二、动火作业

动火作业是指在明火禁区进行焊接与切割作业及在易燃易爆场所使用喷灯、电钻、砂轮等进行可能产生火焰、火花和赤热表面的临时性作业。

凡是在"明火禁区"范围内需要动火作业时，必须办理动火工作票手续；在一级动火区域内办理一级动火工作票，在二级动火区域内办理二级动火工作票。

动火工作票属于检修工作票的附票，是对工作票的补充和完善，不得代替检修工作票。

动火工作票的编号有两种，一种为动火工作票的自身顺序号，在票面左上角标示，标示为"No.×××"；另一种为工作票编号（与对应的工作票编号相同），在票面右上角标示。

三、严禁动火作业情况

（1）油船、油车停靠的区域；

（2）压力容器或管道未泄压前；

（3）存放易燃易爆物品的容器未清理干净前；

（4）风力达 5 级以上的露天作业；

（5）遇有火险异常情况未查明原因和消除前。

第三节　动火工作票的填写

动火工作票的填写方式有手写票和机打票。

手写票是指在已印刷好的动火工作票的票样上用钢笔或圆珠笔来写票。

机打票是指制作电子文档的动火工作票存入计算机内，使用时调用标准动火工作票即可，必要时也可进行修改。

一、动火工作票的填写说明

（1）动火工作负责人。

动火工作负责人即为工作监护人；一个工作组动火，应将该工作组的工作负责人姓名填入此栏；几个班组进行综合检修，应将总工作负责人姓名填入此栏。

（2）班组。

一个班组检修，班组栏填写工作班组全称；几个班组进行综合检修，则班组栏填写检修单位。

（3）动火地点。

应写明具体的动火工作地点（设备所在地）。

（4）设备名称。

应写明具体的动火设备名称。设备名称有双重名称必须填写双重名称。

（5）动火工作内容。

应写明具体的设备动火工作内容。内容应详细、清楚、具体，明确工作范围，必要时画出示意图，可加附页。

（6）申请动火时间。

应写明计划完成该项动火工作所需要的时间（即运行及检修采取安全措施时间及动火工作时间）。

一级动火工作票的有效时间不得超过 2d（48h）；二级动火工作票的有效时间不得超过 7d（168h）。

（7）检修应采取的安全措施。

检修应采取的安全措施是指在动火工作中检修对动火区工作范围所采取的安全措施或要求运行采取的安全措施及注意事项，如加装临时围栏及明显标志等。根据动火设备具体情况，检修工作班应采取的安全措施，以及现场工作需要采取防火隔离措施和安全注意事项均由动火单位实施完成的措施。此栏由检修人员填写，其具体内容如下：

1）动火工作需要的工器具使用、放置措施，如氧气、乙炔瓶分开放置，相距不小于 8m。

2）动火设备与易燃易爆物品的隔离措施。

3）根据现场可燃物配备正确的灭火器材的措施。

4）现场防火监护措施。

5）工作完毕后，清理现场遗留火种的措施等。

（8）运行应采取的安全措施。

运行应采取的安全措施是指在动火区工作中所波及或对运行设备有影响，应采取的措施及注意事项。由动火部门根据动火设备具体情况需运行单位（或许可单位）将动火设备与运行设备隔离并采取相应的安全措施。此栏由运行人员填写，其具体内容如下：

1）凡动火工作需运行人员做隔离、冲洗等防火安全措施的，则将措施填写在此栏内，否则填写"无"；严禁此栏为空。

2）动火设备与运行设备确已隔断所采取的安全措施。

（9）消防队应采取的安全措施。

由消防监护人填写，其内容如下：

1）核实检修提出的防火和灭火措施是否正确和完善。

2）指导检修人员防火和灭火工作措施。

3）现场防火监护措施。

4）考虑动火设备周边易燃易爆物品的隔离措施。

（10）动火区域测量结果。

由测量人填写，写明动火区域内测量空气中所含可燃气体或粉尘浓度的实际测量值、测量时间、测量人、使用仪器。

（11）检修应采取的安全措施已做完。

由工作负责人填写，填写"检修应采取的安全措施"栏内提出安全措施在现场的落实情况，以及现场检修防火和灭火的安全措施情况。

（12）运行应采取的安全措施已做完。

由工作许可人填写，应填写"运行应采取的安全措施"栏内提出安全措施在现场的落实情况，以及现场动火设备与运行设备隔离后的安全措施情况。

（13）消防队应采取的安全措施已做完。

由消防队监护人填写，应填写"消防队应采取的安全措施"栏内提出安全措施在现场的落实情况，以及现场防火和灭火的安全措施情况。

（14）应配备的消防设施和采取的消防措施已符合要求。易燃易爆含量测定合格。

由消防监护人填写，应填写现场配备消防设施齐全、合格、满足要求，采取的消防措施是否完备，可燃气体或粉尘浓度的测量是否合格。

（15）允许动火时间。

动火工作各种安全措施均已落实完成，由值长（单元长或班长）填写。填写时，应根据动火现场的实际情况、动火设备的隔离情况，以及防火和灭火的准备情况，决定是否准许动火。

（16）结束动火时间。

动火工作结束后，检修人员及运行应及时拆除安全措施认真检查和消除残留火种，动火执行人、动火工作负责人、消防监护人分别签名后，由值长（单元长或班长）填写结束动火时间并签名，动火工作票办理结束。

（17）备注。

由审核、审批该动火工作票的各级负责人，根据动火工作需要提出的补充措施或要求可以填入，但谁填写由谁签名方可生效。

二、动火作业的安全措施

1. 动火现场的安全措施

（1）动火作业前，应检查电、气焊工具，保证安全可靠，不准带病使用。

（2）使用气焊焊割动火作业时，氧气瓶与乙炔气瓶间距应不小于 8m，二者与动火作业地点均应不小于 10m，并不准在烈日下曝晒。

（3）对电缆、电线、热工信号线缆、热工表管等进行有效遮挡，防止火焰、熔渣、热辐射危及这些部件的安全。

（4）凡盛有或盛过化学危险物品的容器、设备、管道等生产、储存装置，必须在动火作业前进行清洗置换，并经分析合格后方可动火作业。

（5）对盛装油品的容器要使用碱液浸泡、冲洗，并用蒸汽吹扫；对盛装可燃气体的容器要使用惰性气体置换。之后，使用油气浓度探测仪测定容器内的油气浓度，所测浓度必须低于该可燃物气体爆炸下限的 10%。动火作业时间不能滞后于油气取样检测 30min，否则应重新检测。重要的检测取样应保留至动火作业结束后。

（6）在生产、使用、储存氧气的设备上进行动火作业，其氧含量不得超过 20%。

（7）拆除管线的动火作业，必须先查明其内部介质及其走向，并制订相应的安全防火措施；在地面进行动火作业，周围有可燃物，应采取防火措施。动火点附近如有阴井、地沟等应进行检查、分析，并根据现场的具体情况采取相应的安全防火措施。

（8）动火作业应有专人监火。动火作业前应清除动火现场及周围的易燃物品，或采取其他有效的安全防火措施，配备足够适用的消防器材。

2. 氢气系统动火的安全措施

（1）在氢冷发电机或氢气系统上进行动火检修，检修系统与运行系统彻底隔绝。

（2）动火前应对检修设备和氢管道用氮气进行置换，然后经过专业人员对含氢量进行测定合格，并确定无爆炸危险后才能动火。动火过程中，每隔 2～4h 进行含氢量测定。

（3）动火检修时，电焊电源、刀闸和焊机应远离作业地点。严禁将电焊地线接在氢气设备上。

（4）动火现场应配备一定数量的二氧化碳灭火器及其他消防器材，由专职消防队人员进行现场监护。

（5）作业结束时，必须及时彻底清理现场，消除遗留下的火种。

3. 汽轮机油系统动火的安全措施

（1）拆卸设备部件及油管前，将存油放净。油箱放油后，用 100℃ 左右的热水将沉积在箱底的赃物冲净。

（2）需动火作业的油箱、油管道等设备，用蒸汽或热水冲洗后，彻底清扫，保证不残留任何可燃气体、蒸汽。由专业人员测量可燃气体符合测量要求。

（3）在燃油管道上进行动火作业时，必须采取可靠的隔离措施。排除管内存油，被修管段两段接头均应拆离，保持敞口。

（4）动火现场应配备一定数量的泡沫灭火器及其他消防器材，由专职消防队人员进行现场监护。

（5）作业结束时，必须及时彻底清理现场，消除遗留下的火种。

4. 燃油罐区、锅炉油系统动火的安全措施

（1）电源应设置在油区外边，全部动力电源线有可靠的绝缘性和防爆性。

（2）清油罐时使用的工具应具备防爆性能，不得产生火花。罐内使用的移动式照明灯电压应不高于 12V。

（3）严禁将临时电线引入未经可靠冲洗、隔离和通风的容器内部。

（4）在燃油管道上进行动火作业时，必须采取可靠的隔离措施。排除管内存油，被修管段两段接头均应拆离，保持敞口，油罐管口用沙袋、泥土堵严，防止杂散油污窜入油罐。

（5）动火现场应配备一定数量的泡沫灭火器及其他消防器材，由专职消防队人员进行现场监护。

（6）作业结束时，必须及时彻底清理现场，消除遗留下的火种。

三、动火工作票的填写要求

（1）动火工作票的填写必须使用标准的名词术语、设备的双重名称。

（2）手写票时，应用钢笔或圆珠笔填写，做到字迹工整、清楚，不得涂改、刮改；微

机网络开票时，应采用宋体五号字。

（3）票面上填写的数字，应用阿拉伯数字（母线可以使用罗马数字）表示，时间按24h计算，年度填写4位数字，月、日、时、分填写两位数字，例如：2012年11月03日18时18分。

（4）对于设备编号用数字加汉字表示，例如：2号炉5号磨煤机。

（5）动火工作票应一事、一地办理一份，不得兼办。

（6）动火工作票不能代替热机、热控或电气工作票，在明火禁区动火时除执行工作票外，还必须办理动火工作票。

（7）动火工作票中的设备名称、编号、日期、动词以及人员姓名不得改动；错漏字修改应遵循以下方法，并做到规范清晰：填写时写错字，更改方法为在写错的字上划水平线，接着写正确的字即可；审查时发现错字，将正确的字写到空白处圈起来，将写错的字也圈起来，再用线连接；漏字时，将要增补的字圈起来连线至增补位置，并画"∧"符号。涂改后上面应由签发人（或工作许可人）签名或盖章，否则此动火工作票应无效。

第四节　动火工作票的审批

动火工作票的审批是指签发动火工作票→消防人员审核→安监人员审核→厂级生产领导批准→运行负责人接收动火票。

一、动火工作票的审批

1. 签发动火工作票

动火工作票签发人应审核动火工作的必要性、安全性，以及工期的合理性；审核工作班成员人数和技术力量是否适当、满足工作需要；审核票面内容是否规范和标准，必要时出示意图标出具体的动火部位；审核票面所列的安全措施是否正确完备；确认无误后签名。

2. 消防人员审核

消防人员应审核动火现场的可行性和安全性；审核动火现场是否配备正确的、足够的消防器材和设施；审核动火区域的可燃气体或粉尘浓度是否合格；审核动火设备与现场易燃易爆物品是否可靠安全隔离，是否有补充的安全措施，并填写在"消防队应采取的安全措施"栏内。审核无误后签名。

3. 安监人员审核

安监人员应审核动火现场安全措施是否符合要求，是否违反《电力安全工作规程》《电力设备典型消防规程》，以及其他规章制度等，审核无误后签名。

4. 厂级生产领导批准

厂级生产领导审查动火工作的必要性、安全性，以及工期的合理性；审核无误后签名。

5. 运行负责人接收动火票

运行人员接收到动火工作票时，应审核在动火地点、动火设备上进行动火作业的可行性和安全性；审核"检修应采取的安全措施"、"消防队应采取的安全措施"栏的内容是否正确完备；审核动火区域是否需要测量可燃气体或粉尘浓度，其测量结果是否合格；制订动火设备与运行系统可靠隔离的安全措施，并将其填写在"运行应采取的安全措施"栏内，审核无误后签名，并负责实施。

动火工作票的签发和审核如图 7-1 所示。

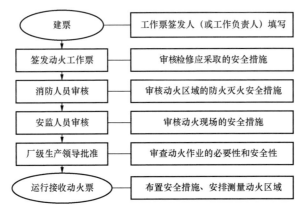

图 7-1　动火工作票的签发和审核

二、签发、审批注意事项

（1）动火工作票签发人不得兼任该项工作的工作负责人。

（2）动火工作票的审批人、消防监护人不得签发动火工作票。

（3）动火工作票不得代替检修工作票。

（4）动火工作必须按照下列原则从严掌握：

1）有条件拆下的构件，如油管、法兰等应拆下来移至安全场所。

2）可以采用不动火的方法代替而同样能够达到效果时，尽量采用代替的方法处理。

3）尽可能地把动火的时间和范围压缩到最低限度。

第五节　动火区域的测量

运行负责人接收到动火工作票时，应根据动火地点、动火设备有无易燃易爆介质等判断是否需要对动火区域进行测量。若需要测量，应通知测量人。测量人接到通知后，对现场指定地点或设备进行测量，并将测量结果填入"动火区域测量结果"栏内。

一、测量参考值

在动火区域内测量可燃气体或粉尘浓度，其值应低于表 7-1 所示的规定值时，方能准许动火作业。

表 7-1　　　　　　　　　　测 量 参 考 值

测量项目	爆炸下限	合格值
空气中含氢量（%）	4	＜0.4
原（柴油）油气含量（%）	0.5～1.1	＜0.2
煤粉尘（g/m³）	30～120	＜20

二、测量要求

（1）动火分析的取样点，应由动火所在单位负责人或运行人员提出。

（2）凡是在易燃易爆装置、管道、储罐、阴井等部位，以及其他认为应进行分析的部位动火时，动火作业前必须进行动火分析。

（3）使用测氢仪、测爆仪或其他类似手段进行分析时，检测设备必须经被测对象的标准气体样品标定合格。

（4）动火分析的取样点要有代表性，特殊动火的分析样品应保留到动火结束。

（5）取样与动火间隔不得超过 30min，如超过间隔或动火作业中断时间超过 30min 时，必须重新取样分析。

（6）在易燃易爆场所进行动火工作时，有关检验人员（制氢站）在接到运行人员测量气体通知后，必须立即前往动火地点进行检验，并将检验结果填入动火工作票或提出专题测试化验报告；每隔 2～4h 或工作地点转移时必须重新测量，隔日动火也必须重新测量，并将测量结果填入动火工作票内。

第六节　动火工作票的执行

动火工作票的执行是指布置安全措施→动火许可→开始动火→动火监护→动火间断→动火终结，如图 7-2 所示。

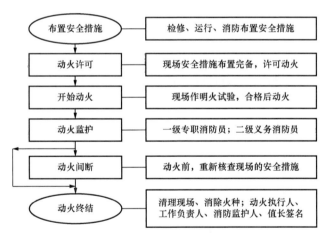

图 7-2　动火工作票的执行

一、动火工作票的执行

1. 布置安全措施

工作负责人、工作许可人、消防监护人依据动火工作票所列的安全措施现场布置实施，保证动火设备与运行系统和易燃易爆物品可靠隔离，配备的消防器材和设施正确充足，确认无误后方可办理动火许可手续。

2. 动火许可

值长（单元长或班长）确认动火现场安全措施满足动火作业要求，指定工作许可人办理动火许可手续。

动火许可前，工作许可人应手持动火工作票核对工作负责人、动火执行人，以及工作班成员是否与动火工作票填写的名单相符。

工作许可人、工作负责人、消防监护人共同到动火现场检查安全措施的布置情况，对照动火工作票所列的安全措施逐项进行复查确认，无误后分别签名。

动火执行人手持动火工作票到值长（单元长或班长）处办理动火工作许可手续。

值长（单元长或班长）接到动火工作票，应审核办票手续确已履行完毕，动火现场安全措施确已布置完备后，填写允许动火时间，并签名，然后，动火执行人确认签名，方可允许开始动火。

3. 开始动火

工作负责人办理完动火许可手续后，方可带领工作班成员进入施工现场。

开始动火前，工作负责人应向工作班成员，特别是动火执行人交代动火范围、安全措施及注意事项，工作班成员应提出疑义和补充措施，并在现场作明火试验，合格后由工作负责人下达开始动火命令。

动火执行人接到工作负责人的开始动火命令后，方可点火作业。

4. 动火监护

动火工作负责人必须自始至终在现场履行自己的安全责任，认真监护，保证工作班成员的安全。

动火执行人应具备有关部门颁发的合格证；并持有动火工作票，以备检查。

运行值班人员发现检修人员违反《电力安全工作规程》、本规定以及擅自改变动火工作票所列的安全措施，应立即停止其工作，并收回动火工作票。

在一级动火区域作业时，应每隔 2～4h 测定一次现场可燃气体或粉尘浓度，不合格时应立即停止动火，在未查明原因或排除险情前不得重新动火。

5. 动火间断

动火工作间断前，工作负责人和动火执行人应清理现场，消除残留火种，确认无误后方可撤离动火现场。

动火工作间断后、次日动火前，必须重新检查防火安全措施并测定可燃气体或粉尘浓度，合格后方可重新动火工作。

动火工作票不办理"动火工作负责人变更"和延期手续，如确因工作需要变更动火工作负责人、动火执行人或动火工作延期时，应将原动火工作票办理终结手续后，重新办理新的动火工作票。

6. 动火终结

动火工作结束后，工作负责人应组织清理动火现场，消除火种，确认无误后，带领工作班成员撤离现场后，工作负责人持动火工作票向值长（单元长或班长）汇报动火工作结束情况。

值长（单元长或班长）指派工作许可人会同工作负责人、动火执行人、消防监护人（车间义务消防员）共同到动火现场进行验收，确认无误后，方可办理动火工作票终结手续。

工作许可人向值长（单元长或班长）汇报动火现场的验收情况，验收合格后由值长

（单元长或班长）填写结束动火时间，动火执行人、消防监护人（车间义务消防员）、动火工作负责人确认签名，值长（单元长、班长）签名，动火工作结束。

二、动火作业的要求

1. 对工机具要求

（1）采用电焊进行动火施工的储罐、容器及管道等应在焊点附近安装接地线，其接地电阻应小于 10Ω。施工现场电气线路布局应符合要求。

（2）电焊机等电器设备应有良好的接地装置，并安装漏电保护装置。

（3）各种施工机械、工具、材料及消防器材应摆放在指定安全区域内。

2. 动火作业隔离要求

（1）动火前应首先切断物料来源并加好盲板，经彻底吹扫、清洗、置换后，打开人孔，通风换气，经检测气体分析合格后方可动火。

（2）需动火施工的设备、设施和与动火直接有关阀门的控制由生产单位安排专人操作，作业未完工前不得擅离岗位。

（3）应清除距动火区域周围 5m 之内的可燃物质或用阻燃物品隔离。

（4）动火施工区域应设置警戒，严禁与动火作业无关人员或车辆进入动火区域。

（5）动火作业人员在动火点的上风作业，应位于避开油气流可能喷射和封堵物射出的方位。但在特殊情况下，可采取围隔作业并控制火花飞溅。

3. 动火作业进入有限空间要求

（1）进入设备、设施及油罐内部动火应进行气体检测和复查，测试合格后方可入内。

（2）所有可能影响该有限空间的物料来源都应被切断。

（3）制订应急预案，并有专人监护。

4. 高处动火作业要求

（1）高处动火作业应具有围栏和扶手的固定作业平台，并经专业人员确认；设立防落物设施；佩戴全身安全带，使用自动锁定连接、人造纤维绳索。

（2）高处进行动火作业，其下部地面如有可燃物、空洞、阴井、地沟等，应检查分析，并采取措施，以防火花溅落引起火灾爆炸事故。

（3）在架空管线及脚手架上施工的人员，应系安全带。

（4）遇有五级以上（含五级）大风不应进行高处动火作业，遇有六级以上（含六级）大风不应进行地面动火作业。因生产需要确需动火作业时，动火作业应升级管理。

5. 动火作业带压不置换动火要求

带压不置换动火作业中，由管道内泄漏出的可燃气体遇明火后形成的火焰，如无特殊危险，不宜将其扑灭。

三、动火作业的注意事项

（1）动火工作负责人、动火执行人必须了解动火设备的构造，可燃物质的特性及消防方法，对不熟悉情况的工作人员应先进行安全教育，设备交底和消防教育后，方可允许参加动火工作。

（2）动火工作现场应配置的消防器材由申请动火部门负责，工作后消防器材应收回，使用过的消防器材应及时到消防部门以旧换新。

（3）燃油设备检修动火工作前，除了必须将动火设备与运行系统可靠隔离，并放尽余油外，还应尽可能进行蒸汽吹扫或清洗，同时必须在动火附近测定燃油的可燃蒸汽含量在0.2%以下，才允许动火。

（4）动火工作开工时，运行值班人员应将装有火灾自动报警装置解除，工作结束时应及时恢复火灾自动报警装置。

（5）各级人员在发现防火安全措施不完善或不正确时，或在动火工作过程中发现有危险或违反有关规定时，均有权停止动火工作，并报告上级。

（6）非生产区域重点防火部位进行动火工作，应联系消防部门组织实施。

（7）消防部门应设"动火工作票记录簿"，记录应包括动火工作票编号、动火时间、地点、工作内容、动火负责人姓名、消防监护人姓名。若有发生火情应记录火情及扑救简况。

四、动火中"八不"

（1）防火、灭火措施不落实不动火。

（2）周围的易燃杂物未清除不动火。

（3）附近难以移动的易燃结构未采取安全措施不动火。

（4）凡盛装过油类等易燃液体的容器、管道，未经洗涮干净、排除残存的油质不动火。

（5）凡盛装过气体受热膨胀有爆炸危险的容器和管道不动火。

（6）凡储存有易燃、易爆物品的房间、仓库和场所，未经排除易燃、易爆危险的不动火。

（7）在高空进行焊接或开始焊割作业时，下面的可燃物品未经清理或未采取保护措施的不动火。

（8）未配备相应灭火器材的不动火。

第七节　动火工作票的执行程序

动火工作票的执行程序是指生成动火工作票→签发动火工作票→消防人员审核→安监人员审核→生产领导批准→运行负责人接收动火票→布置安全措施→动火许可→开始动火→动火监护→动火间断→动火终结。

1. 生成动火工作票

动火工作负责人应根据动火地点及设备，对照动火级别的划分选择动火工作票种类，并填写工作负责人、班组、动火地点及设备名称、动火工作内容、申请动火时间、检修应采取的安全措施。

2. 签发动火工作票

动火工作票签发人填写好票后，应通知工作负责人，并将动火工作票全部内容向工作负责人交代清楚，确认无误后签名。

工作负责人填写好票后，应将动火工作票交给工作票签发人，签发人仍应将动火工作票全部内容向工作负责人交代清楚，确认无误后签名。

3. 消防人员审核

消防监护人接到动火工作票，若是一级动火工作票消防监护人应填写"消防队应采取的安全措施"，填完后由消防部门负责人审核签名；若是二级动火工作票消防监护人直接审核签名。

4. 安监人员审核

安监人员接到动火工作票，若是一级动火工作票由安监部门负责人审核签名；若是二级动火工作票由安监人员审核签名。

5. 厂级生产领导批准

厂级生产领导接到动火工作票，若是一级动火工作票由副总工程师以上的生产领导批准签名；若是二级动火工作票由值长批准签名。

6. 运行负责人接收动火票

运行负责人接收到动火工作票时，首先应根据动火地点、动火设备是否有易燃易爆介质等实际情况，考虑是否需要对动火区域的可燃气体或粉尘浓度进行测量。若需要测量应通知测量人，测量人接到通知后对指定的动火区域进行测量，并将测量结果填入"动火区域测量结果"栏内，然后，运行许可人填写"运行应采取的安全措施"，并负责实施。

一级动火工作票由值长审核签名；二级动火工作票由单元长或班长审核签名。

7. 布置安全措施

动火工作负责人、运行许可人、消防监护人依据动火工作票所列的安全措施逐项实施，检修人员布置"检修应采取的安全措施"，运行人员布置"运行应采取的安全措施"，消防人员布置"消防队应采取的安全措施"，保证动火现场的安全措施布置正确和完备。

8. 动火许可

动火开始前，工作许可人会同动火工作负责人、消防监护人共同到现场对照动火工作票所列的安全措施逐项进行检查，确认无误后分别签名，办理动火许可手续。动火工作票一份由工作负责人收执，另一份由运行许可人收执。

9. 开始动火

开始动火前，动火工作负责人应将"工作内容、动火范围、危险点，以及注意事项"向动火执行人交底，确认熟知、掌握，方可下达开始动火命令。

10. 动火监护

一级动火时，动火部门负责人或技术负责人、消防队人员应始终在现场监护。

二级动火时，动火部门负责人应指定专人和本单位义务消防队员始终在现场监护。

外单位进入生产区内动火作业时，应由本厂人员进行现场监护。

11. 动火间断

动火工作间断前，工作负责人、动火执行人应及时清理现场、消除残留火种后，方能撤离动火工作现场；间断后继续动火工作，无须通过工作许可人，但开工前，工作负责人应重新复查现场安全措施，必要时测定可燃气体或粉尘浓度，合格后方可重新动火。

12. 动火结束

动火工作结束后，动火工作负责人应组织工作班成员清理现场，消除火种，带领工作班成员撤离现场，并到运行处办理终结手续，工作许可人会同工作负责人、动火执行人、消防监护人共同到现场验收，确认无误后分别签名；由值长（单元长或班长）填写结束动火时间并签名，动火工作票结束。

动火工作票一份由工作负责人收存，另一份由运行许可人收存。

动火工作票的执行程序如图7-3所示。

图 7-3 动火工作票的执行程序

第八节 动火工作票的管理

凡违反《电力设备典型消防规程》关于动火工作保证安全的组织措施、技术措施有关条文以及下列情况之一者，均统计为不合格票。

（1）票面编号与工作票编号不一致，或无编号。

（2）动火地点及设备名称不具体明确。

（3）动火工作内容不清楚。

（4）采取的安全措施不正确、不完善。

（5）允许动火时间未填或不在申请动火时间内。

(6) 审核签名人员不符合要求，漏签或代签。

(7) 未按规定对动火区域内进行测量，或测量结果不合格仍进行动火作业。

(8) 错漏字修改不符合要求。

(9) 动火工作时间超过了规定的有效期限。

(10) 动火工作已结束的票未盖"工作票终结"章。

动火工作票的统计、考核和管理等工作应由消防管理部门负责，每月应对已执行的动火工作票进行评价，评价分为"合格"与"不合格"两种，不合格动火工作票应注明原因，并向有关责任人指出，同时在评价情况栏内记录。其合格率的计算式为

$$月（年）合格率 = \frac{该月（年）已执行合格票数}{该月（年）应执行的总票数} \times 100\%$$

式中：该月（年）应执行的总票数＝该月（年）已执行合格票数＋该月（年）已执行的不合格票数＋该月（年）已作废票数。

第九节　各级人员的安全责任

一、动火工作负责人的安全责任

(1) 负责动火工作票的全过程手续办理。

(2) 正确安全地组织动火工作。

(3) 检查应采取的安全措施并使其正确完备。

(4) 向工作班成员布置动火工作内容和范围，交代防火和灭火等安全措施。

(5) 始终监督现场动火工作，并给予必要的指导。

(6) 动火工作间断、终结时检查现场无残留火种。

二、工作许可人的安全责任

(1) 审查工作票所列安全措施是否正确完备，符合现场条件。

(2) 审查动火设备与运行设备是否确已隔绝。

(3) 审查现场安全措施确已完善和正确地执行。

(4) 向工作负责人交代现场所做安全措施情况，以及注意事项。

三、消防监护人的安全责任

(1) 检查动火现场是否配备必要的、足够的消防设施。

(2) 检查现场消防安全措施是否正确完备。

(3) 指定专人测定动火部位或现场可燃性气体或粉尘浓度是否符合要求。

(4) 始终监护现场动火作业的全过程，发现失火及时扑救。

(5) 动火工作间断、终结时保证现场无残留火种。

四、动火执行人的安全责任

(1) 动火前必须收到经审核批准且允许动火的动火工作票。

(2) 按本工种规定的防火安全要求做好安全措施。

(3) 全面了解动火工作任务和要求，并在规定的范围内执行动火。

(4) 动火工作间断、终结时清理并检查现场无残留火种。

五、各级审批人员及动火工作票签发人的安全责任

（1）审查工作必要性。

（2）审查工作是否安全。

（3）审查工作票上所列的安全措施是否正确完备。

（4）检查动火作业现场是否安全。

六、其他

各级人员在发现防火安全措施不完善、不正确时，或在动火工作过程中发现有危险或违反有关规定时，均有权立即停止动火工作，并报告上级防火责任人。

第十节　动火工作票的应用范例

【例 7-1】　某厂 1 号机抗燃油滤油机、抗燃油箱均安装在 1 号机 0m 处。工作任务是更换抗燃油滤油机与油箱之间的连接管道为不锈钢管，需要动火作业进行切割、焊接管道工作。办理一级动火工作票，其内容如表 7-2 所示。

表 7-2　　　　　　　　　　　　　一 级 动 火 工 作 票

No. 03052　　　　　　　　　　　　　　　　　　　工作票编号：R10205056

动火部门	汽机车间	班组	综合班	动火工作负责人	王××	联系电话	2467
动火地点	1 号机 0m 抗燃油箱						
设备名称	1 号机抗燃油滤油机与油箱连接管道						

动火工作内容：

1 号机 0m 抗燃油滤油机与油箱连接更换不锈钢管道

申请动火时间	自 2012 年 12 月 05 日 15 时 24 分开始至　2012 年 12 月 07 日 15 时 24 分结束

检修应采取的安全措施	运行应采取的安全措施	消防队应采取的安全措施
1. 设专人负责动火	1. 关严抗燃油滤油机与油箱间阀门	1. 检查动火现场安全措施
2. 设专人负责监护	2. 放尽滤油机与油箱连接管残油	2. 动火现场配备干粉灭火器
3. 关严抗燃油滤油机与油箱间阀门		3. 动火现场可燃气体符合测量要求
4. 放尽滤油机与油箱连接管残油		4. 专人现场作好监护工作
5. 吹干净管内油气		5. 完工后检查现场无残留火种
6. 配备干粉灭火器		
7. 及时清理现场油污，不留火种		
⋮		

审批人签章	动火工作票签发人	消防部门负责人	安监部门负责人	厂领导	值长
	冀××	高××	张××	韩××	陈××

续表

动火区域（或其他易燃易爆品区）测量结果：		
测量地点：1 号机 0m 抗燃油油箱　使用仪器：　氢漏检测仪　可燃气体（粉尘浓度）：氢气		
测量值：　0%　测量时间：2012 年 12 月 05 日 16 时 40 分　测量人：　李××		
测量值：　　测量时间：　年　月　日　时　分　测量人：		
测量值：　　测量时间：　年　月　日　时　分　测量人：		
测量值：　　测量时间：　年　月　日　时　分　测量人：		
测量值：　　测量时间：　年　月　日　时　分　测量人：		

检修应采取的安全措施已做完	消防队应采取的安全措施已做完	运行应采取的安全措施已做完
工作负责人：王××	消防监护人：屈××	运行许可人：白××

应配备的消防设施和采取的消防措施已符合要求。易燃易爆含量测定合格。

消防监护人：屈××

允许动火时间：自 2012 年 12 月 06 日 11 时 03 分开始

值长：陈××　动火执行人：杨××

结束动火时间：自 2012 年 12 月 07 日 15 时 00 分结束

动火执行人：杨××　消防监护人：屈××　动火工作负责人：王××　值长：陈××

备注：
　热力机械第一种工作票，票号：R10205026

【例 7 - 2】　某厂 4 号炉 A 磨煤机 1 号一次风管在 19m 处漏粉，需要动火作业进行处理。办理二级动火工作票，其内容如表 7 - 3 所示。

表 7 - 3　　　　　　　　　　二 级 动 火 工 作 票

No. 03052　　　　　　　　　　　　　　　　　　　　　　　工作票编号：R10205056

动火部门	锅炉	班组	本体班	动火工作负责人	王××	电话	2467
动火地点	4 号炉 1 号角 19m 处						
设备名称	4 号炉 A 磨煤机 1 号一次风管						
动火工作内容： 　处理 4 号炉 A 磨煤机 1 号一次风管漏粉							
申请动火时间	自 2012 年 12 月 05 日 15 时 30 分开始至 2012 年 12 月 07 日 15 时 30 分结束						

续表

检修应采取的安全措施	运行应采取的安全措施
1. 氧气、乙炔瓶分开放置，相距不小于 8m	1. 关闭 4 号炉 A 磨煤机 1 号一次风管出口门，并挂"禁止操作，有人工作"警告牌
2. 动火工作区域配备两具干粉灭火器	2. 将 4 号炉 A 磨煤机 1 号一次风管出口门电磁阀停电
3. 动火工作前清理工作区域可燃物	
4. 义务消防员监护	
5. 工作完毕后，清理现场遗留火种	

审批人签章	动火工作票签发人	消防部门人员	安监部门人员	值长	单元长（班长）
	冀××	高××	张××	韩××	陈××

检修应采取的安全措施已做完 工作负责人：王××	运行应采取的安全措施已做完 运行许可人：白××

应配备的消防设施和采取的消防措施已符合要求。易燃易爆含量测定合格。

　　　　　　　　　　　　　　　　消防监护人（部门义务消防员）：屈××

允许动火时间：自 2012 年 12 月 05 日 16 时 20 分开始

　　　　　　　　　　　单元长（班长）：陈××　　　动火执行人：杨××

结束动火时间：自 2012 年 12 月 07 日 15 时 00 分结束

　　　　　动火执行人：杨××　　消防监护人（部门义务消防员）：屈××
　　　　　　　　　　　动火工作负责人：王××　　单元长（班长）：陈××

备注：
　　热力机械第一种工作票，票号：R10205026

第十一节　动火工作票管理制度的编制

　　编制动火工作票管理制度的基本格式：封面、目次、前言、范围、规范性引用文件、定义和术语、总则、动火工作票的使用和管理、附图等。本节以某厂编制的《动火工作票使用和管理标准》为例，仅供参考。

一、封面

封面内容主要包括：企业标准、编号、标准名称、发布日期、实施日期、发布单位名称。

$$\times\times\times\times\ （企业名称）企业标准$$

Q/×× ××× ××××—××××

动火工作票使用和管理标准

××××年××月××日发布　　　　　　　××××年××月××日实施

××××××（企业名称）发布

二、目次

前言

1　范围

2　规范性引用文件

3　定义和术语

4　总则

5　动火工作票的使用和管理

6　附录

表1　一级动火工作票票样

表2　二级动火工作票票样

三、前言

编写前言时，必须包括以下主要内容：

（1）制定本标准的目的。

（2）本标准由×××提出。

（3）本标准由×××负责起草。

（4）本标准主要起草人。

（5）本标准主要审核人。

（6）本标准批准人。

四、范围

编写范围时，主要包括以下内容：

（1）本标准规定了×××公司动火工作票的适用范围、执行程序，使用和管理内容与要求。

（2）本标准适用于×××公司动火工作票的使用和管理。

五、规范性引用文件

下列文件中的条款通过本标准的引用而成为本标准的条款。凡是注日期的引用文件，其随后所有的修改单（不包括勘误的内容）或修订版均不适用于本标准，然而，鼓励根据本标准达成协议的各方研究是否可使用这些文件的最新版本。凡是不注日期的引用文件，其最新版本适用于本标准。

六、定义和术语（略）

七、总则（略）

八、动火工作票的使用和管理

1. 动火工作票的种类及适用范围

1.1　一级动火工作票

1.1.1　一级动火工作票适用于发电厂的一级动火区域内的动火作业，有效时间为 48h。

1.1.2　一级动火区系指火灾危险性很大，发生火灾时后果很严重的部位或场所。其包括：燃油库（罐）区、燃油泵房及燃油系统、制粉系统（粉尘浓度大的场所或设备如：煤粉仓、给粉机）、输煤皮带（粉尘浓度大的场所）、变压器、6kV 和 380V 高低压段配电间、档案室、通讯站、计算机房（DCS 电子间、保护间）、气瓶库、电缆间（沟）、电缆夹层及隧道、油码头、氢气系统及制氢站、汽轮机油系统、蓄电池室、控制室、调度室、脱硫系统的吸收塔和净烟气烟道、液化气站以及易燃易爆品存放场所；距氢气系统（含氢气管道、氢气瓶、贮氢罐、阀门、法兰等）、油罐 10m 及以内场所；油罐、卸油站、污油池、油泵房、油管道和油管道连接的蒸气管道；有油污存在的沟道及地势低洼的场所；各发电企业确认的一级防火部位和场所。

1.2　二级动火工作票

1.2.1　二级动火工作票适用于发电厂的二级动火区域内的动火作业，有效时间为 7 天。

1.2.2　二级动火区系指一级动火区以外的所有重点防火部位或场所以及禁止明火区。汽机房、锅炉房、输煤系统等应办理一级动火的设备、场所以外的所有重点防火部位和场所；重点防火部位（如储煤场、储煤仓、礼堂、娱乐场所等）系指火灾危险性大、发生火灾损失大、伤亡大、影响大（简称"四大"）的部位和场所，各发电企业确认的二级防火部位和场所。

1.3 遇到下列情况之一时，严禁动火：

1.3.1 油船、油车停靠的区域；

1.3.2 压力容器或管道未泄压前；

1.3.3 存放易燃易爆物品的容器未清理干净前；

1.3.4 风力达5级以上的露天作业；

1.3.5 遇有火险异常情况未查明原因和消除前。

2. 动火工作票的填写

动火工作票应一事、一地办理，不得兼办。要用钢笔或圆珠笔填写，应字迹清楚、内容正确，不得涂改；微机办票时，要采用宋体五号字。其具体内容如下：

2.1 "动火负责人"栏的填写：工作监护人即为动火工作负责人；一个工作组动火，应将该工作组的工作负责人姓名填入此栏；几个班组进行综合检修，应将总工作负责人姓名填入此栏。

2.2 "班组"栏：一个班组检修，班组栏填写工作班组全称；几个班组进行综合检修，则班组栏填写检修单位。

2.3 "动火地点"栏：应写明具体的动火工作地点（设备所在地）。

2.4 "设备名称"栏：应写明具体的动火设备名称。设备名称要求写明设备的双重名称。

2.5 "动火工作内容"栏：应写明具体的设备动火工作内容。

2.6 "申请动火时间"栏：应写明计划完成该项动火工作所需要的时间。一级动火工作票的有效时间不得超过48h；二级动火工作票的有效时间不得超过7天（168h）。

2.7 "动火区域测量结果"栏：由测量人填写，写明动火区域内测量空气中所含可燃气体、或粉尘浓度的实际测量值、测量时间、测量人、使用仪器。

2.8 "检修应采取的安全措施"栏的内容如下：

2.8.1 动火工作需要的工器具使用、放置措施，如氧气、乙炔瓶分开放置，相距不小于8m；

2.8.2 动火设备与易燃易爆物品的隔离措施；

2.8.3 根据现场可燃物配备正确的灭火器材的措施；

2.8.4 现场防火监护措施；

2.8.5 工作完毕后，清理现场遗留火种的措施。

2.9 "运行应采取的安全措施"栏由运行人员填写，其内容如下：

2.9.1 凡动火工作需运行人员做隔离、冲洗等防火安全措施的，则将措施填写在此栏内；否则填写"无"；严禁此栏为空。

2.9.2 动火设备与运行设备确已隔断所采取的安全措施。

2.10 "消防队应采取的安全措施"栏由消防监护人填写，其内容如下：

2.10.1 核实检修提出的防火和灭火措施是否正确和完善；

2.10.2 指导检修人员防火和灭火工作措施；

2.10.3 现场防火监护措施；

2.10.4 考虑动火设备周边易燃易爆物品的隔离措施。

2.11 "检修应采取的安全措施已做完"栏：由工作负责人填写，填写"检修应采取的安全措施"栏内提出安全措施在现场的落实情况，以及现场检修防火和灭火的安全措施情况。

2.12 "运行应采取的安全措施已做完"栏：由工作许可人填写，应填写"运行应采取的安全措施"栏内提出安全措施在现场的落实情况，以及现场动火设备与运行设备隔离后的安全措施情况。

2.13 "消防队应采取的安全措施已做完"栏：由消防队监护人填写，应填写"消防队应采取的安全措施"栏内提出安全措施在现场的落实情况，以及现场防火和灭火的安全措施情况。

2.14 "应配备的消防设施和采取的消防措施已符合要求。易燃易爆含量测定合格"栏：由消防队监护人填写，应填写现场配备消防设施齐全、合格、满足要求，采取的消防措施是否完备，可燃气体或粉尘浓度的测量是否合格。

2.15 "允许动火时间"栏：由值长（单元长或班长）填写。填写时，应根据动火现场的实际情况、动火设备的隔离情况，以及防火和灭火的准备情况，决定是否准许动火。

2.16 "结束动火时间"栏：由值长（单元长或班长）填写。动火工作结束后，应检查动火现场的工作确已结束，现场确已清理干净，工作班成员确已撤离现场，无遗留火种，方能办理动火工作票终结手续。

3. 动火区域的测量

3.1 运行人员接到动火工作票时，应根据动火地点、动火设备有无易燃易爆介质决定是否需要对动火区域进行测量。若需要测量，应通知测量人。测量人接到通知后，对现场指定地点或设备进行测量，并将测量结果填入"动火区域测量结果"栏内，其值应低于下表规定值时，方能准许动火作业。

测量项目	爆炸下限	合格值
空气中含氢量（%）	4	＜0.4
原（柴油）油气含量（%）	0.5～1.1	＜0.2
煤粉尘（g/m³）	30～120	＜20

3.2 一级动火区作业过程中，应每隔 2～4h（动火间隔超过 4h 的，每次动火前）测定一次现场可燃气体和粉尘浓度是否合格，发现异常情况应立即停止动火，未查明原因或排除险情前，不得重新动火。

3.3 首次测量结果填写在票面上，以后的测量结果应回填入票面表格内。

3.4 在次日动火工作前，必须重新检查现场的安全措施，并测定可燃气体或粉尘浓度合格后方可重新动火。

4. 动火工作票的签发和审批

4.1 一级动火工作票签发和审批流程：

由动火工作票签发人（或工作负责人）填写检修应采取的安全措施，动火工作票签发人审核签发；由工作许可人填写运行应采取的安全措施，值长审核；由消防队监护人填消防队应采取的安全措施,消防部门负责人审核;安监部门负责人审核安全措施;副总工程师及以上的厂级领导批准。

4.2 二级动火工作票签发和审批流程:

由动火工作票签发人(或工作负责人)填写检修应采取的安全措施,动火工作票签发人审核签发;由工作许可人填写运行应采取的安全措施,单元长或班长审核;消防部门人员、安监部门人员审核动火工作是否安全、防火和灭火等安全措施;值长批准。

4.3 签发、审批注意事项:

4.3.1 动火工作票签发人不得兼任该项工作的工作负责人;

4.3.2 动火工作票的审批人、消防监护人不得签发动火工作票;

4.3.3 动火工作票不得代替工作票。

5. 动火工作票的执行

5.1 动火工作票的生成:

动火工作票签发人(或工作负责人)应根据动火地点及设备,对照动火级别的划分来选择使用动火工作票种类,并负责填写动火工作票。填写内容包括工作负责人、班组、动火地点及设备名称、动火工作内容、申请动火时间、检修应采取的安全措施。

5.2 动火工作票的签发:

如果动火工作负责人填票,动火工作票签发人应对票面内容认真审核,要考虑动火工作的必要性、动火工作的安全性、工期的合理性,发现有误返回给工作负责人,重新进行填写,确认无误后签发动火工作票。如果动火工作票签发人填票时,动火工作票签发人还应将动火工作票全部内容向工作负责人交代清楚。

5.3 动火工作票的审核:

5.3.1 运行人员审核:

运行人员接到动火工作票时,首先应根据动火地点、动火设备是否有易燃易爆介质等实际情况,考虑是否需要对动火区域的可燃气体或粉尘浓度含量进行测量。若需要测量应通知测量人,测量人接到通知后对动火区域进行测量,并将测量结果填入"动火区域测量结果"栏内,然后,运行人员再填写运行应采取的安全措施;若不需要测量,直接填写运行应采取的安全措施。

值长(单元长或班长)应审核动火区域的可燃气体或粉尘浓度的测量结果是否合格,动火设备与运行设备是否安全隔离,动火现场是否能许可动火,准许后签名。

一级动火工作票由值长审核;二级动火工作票由单元长或班长审核。

5.3.2 消防人员审核:

消防监护人应审核动火现场是否配备必要的、足够的消防设施,现场可燃气体、可燃液体的可燃蒸气含量或粉尘浓度的测量结果是否合格,并填写消防队应采取的安全措施,填完后由消防部门负责人审核签名。

5.3.3 安监人员审核:

安监部门负责人应配合消防部门审核动火现场安全措施是否符合要求,是否违反《电力设备典型消防规程》以及其他规章制度等,审核无误后签名。一级动火工作票由安监部门负责人审核;二级动火工作票由安监部门人员审核。

5.4 领导批准：一级动火工作票由副总工程师及以上的厂级领导批准，二级动火工作票由值长批准。

5.5 动火许可：

工作负责人、工作许可人、消防监护人检查现场的安全措施是否正确和完善，动火设备、区域是否与运行设备和易燃易爆物品可靠隔离，测定可燃气体或粉尘浓度是否合格，配备的消防设施和采取的消防措施是否符合要求等，并在监护下作明火试验，确认无问题后方能许可动火作业。

5.6 动火开工：

经检查动火现场的安全措施正确和完善，消防设施配备充足，明火试验完毕合格后，方能办理允许动火手续。

5.7 动火现场的监护：

5.7.1 在一级动火区域内作业时，动火部门负责人或技术负责人、消防队人员应始终在现场监护；

5.7.2 在二级动火区域内作业时，动火部门负责人应指定人员、并和消防队员或指定的义务消防员始终在现场监护；

5.7.3 外单位进入生产区内动火作业时，应由本厂人员进行现场监护；

5.7.4 动火执行人应具备有关部门颁发的合格证。

5.8 动火间断、延期、终结：

5.8.1 动火工作间断后、次日动火前，必须重新检查防火和灭火等安全措施，并测定可燃气体或粉尘浓度，合格后方可重新动火。

5.8.2 动火工作需延期时，必须重新履行动火工作票手续。

5.8.3 动火工作结束后，工作负责人应组织清理工作现场，不得遗留火种，检查确认无误后，带领工作班成员撤离现场，由动火执行人、消防监护人（车间义务消防员）、工作负责人共同到现场验收，合格后办理动火工作票终结手续。

5.9 动火工作结束：

动火工作终结时，应清理现场，仔细检查现场的残留火种，确认彻底消除后，方能办理终结手续。

6. 动火作业中相关人员的安全责任

6.1 工作负责人的安全责任：

6.1.1 办理动火工作票开工和终结；

6.1.2 正确地和安全地组织动火工作；

6.1.3 保证检修应采取的安全措施正确和完备；

6.1.4 向工作班成员布置动火工作内容和范围，交代防火和灭火等安全措施；

6.1.5 始终监督现场动火工作，并给予必要的指导；

6.1.6 动火工作间断、终结时保证现场无残留火种。

6.2 各级审批人员及工作票签发人的安全责任：

6.2.1 审查工作是否必要和可能；

6.2.2 审查工作是否安全；

6.2.3　审查工作票所列的安全措施是否正确和完备；

6.2.4　在动火期间，检查现场工作是否安全地进行。

6.3　工作许可人的安全责任：

6.3.1　审查工作票所列安全措施是否正确和完备；

6.3.2　审查动火设备与运行设备是否确已隔绝；

6.3.3　审查现场安全措施确已完善和正确地执行；

6.3.4　向工作负责人交代现场所做安全措施情况，以及注意事项。

6.4　消防监护人的安全责任：

6.4.1　审查动火现场是否配备必要的、足够的消防设施；

6.4.2　检查现场消防安全措施是否正确和完备；

6.4.3　指定专人测定动火部位或现场可燃性气体或粉尘浓度是否符合要求；

6.4.4　始终监护现场动火作业的全过程，发现失火及时扑救；

6.4.5　动火工作间断、终结时保证现场无残留火种。

6.5　动火执行人的安全责任：

6.5.1　动火前必须收到经审核批准且允许动火的动火工作票；

6.5.2　按本工种规定的防火安全要求做好安全措施；

6.5.3　全面了解动火工作任务和要求，并在规定的范围内执行动火；

6.5.4　动火工作间断、终结时清理并检查现场无残留火种。

6.6　各级人员在发现防火安全措施不完善不正确时，或在动火工作过程中发现有危险或违反有关规定时，均有权立即停止动火工作，并报告上级防火责任人。

九、附录

表 1　一级动火工作票票样

表 2　二级动火工作票票样

第八章

动 土 工 作 票

第一节 概　　述

　　电力企业的地下隐蔽工程设施非常密集，有电缆、各类管道（如水、汽、油等），稍有不慎就可能会造成重大事故。例如，某厂进行设备改造工程项目，需要从地下敷设电缆，采用挖掘机开挖电缆沟道，由于施工单位对地下隐蔽设施不清，挖掘机司机在操作过程中，不慎将地下的燃油管道挖断，燃油突然喷出，正好喷在施工现场附近的工作人员身上，当时该工作人员正在吸烟，燃油着火，将该工作人员严重烧伤。可见，如果建设单位的专业技术人员告知地下设施情况，提出危险因素及控制措施，就完全可以避免此次事故的发生。为了保证地下设施（如电缆、管道等）的安全运行，防止因动土作业而造成事故的发生，在生产区域内动土作业时必须履行动土工作票手续。

　　动土作业是指挖土、打桩、地锚入土深度 0.5m 以上的作业。

　　注：在地面上的土石方作业不属于此类作业范围。

第二节　动土工作票简介

一、动土工作票

　　动土工作票属于检修工作票的附票，是对工作票的补充和完善，不得代替检修工作票。票面内容：项目名称、建设单位、施工单位、动土工作票签发人（建设单位、施工单位）、工作负责人、计划开工时间、计划完工时间、动土区域及工作内容（附图）、土方量、弃土地点、安全措施、动土许可人、批准开工时间、设备部门审核（电气、土建、机务、通讯）、安监部门审核、动土许可人及其他签字人的意见及建议（现场卫生符合文明生产标准）、动土结束时间，如表 8-1 所示。

表 8 - 1　　　　　　　　　**生产区域动土工作票（票样 A4 纸）**

No. _____　　　　　　　　　　　　　　　　　　　　工作票编号：_____

项目名称			动土许可人	设备部部长签		
建设单位		（填写单位名称）	批准开工时间	年　月　日　时　分		
施工单位		（填写单位名称）	设备部门	电气	（供电负责人签）	
动土票 签发人	建设单位	（设备部副部长签）		土建	（土建主管签）	
				机务	（锅炉、汽机主管签）	
	施工单位	（负责人签）		通信	（通信负责人签）	
工作负责人		（工程项目负责人签）	安监部门	（安监部部长签）		
计划开工时间：_____ 年___ 月___ 日___ 时___ 分 计划完工时间：_____ 年___ 月___ 日___ 时___ 分			动土许可人及其他签字人的意见及建议（现场卫生符合文明生产标准）：			
动土区域及工作内容（附图）：						
土方量		弃土地点				
安全措施：			动土结束时间：_____ 年___ 月___ 日___ 时___ 分 动土施工工作负责人：_____ 动土工作许可人：_____			

注　本表一式两份，工作负责人持一份，动土许可人持一份。

动土工作票的编号有两种：一种为动土工作票的自身顺序号，在票面左上角标示，标示为"No. ×××"；另一种为工作票编号（与对应的工作票编号相同），在票面右上角标示。

二、动土工作票的适用范围

适用于发电厂生产区域及生产相关区域内动土作业，目的防止动土后造成地下电缆、光缆、管道以及其他设施遭到损坏，影响安全生产。

第三节　动土工作票的填写

动土工作票由动土工作负责人填写，一式两份，即工作负责人手持一份，动土许可人手持一份。填写内容如下：

（1）"项目名称"栏：是指申请动土工程项目的全称。

（2）"建设单位"栏：是指负责工程项目的单位，也是申请动土工作的部门。

（3）"施工单位"栏：是指动土作业的具体施工单位。

（4）"动土工作负责人"栏：由申请动土工作的部门负责人指定，通常由建设单位的工程项目现场负责人担任。

（5）"设备管理部门各专业负责人"栏：审核动土区域内有无地下隐蔽工程的技术负责人。通常是按专业进行审核的。

（6）"安全措施"栏：由动土工作负责人填写。填写内容如下：

1）停运地下设施运行的安全措施；

2）动土区域内的安全隔离措施；

3）与其他设施连接的安全隔离措施；

4）测量有毒有害气体的安全措施；

5）测量易燃易爆气体的安全措施，以及防火的安全措施；

6）防止土石方坍塌的安全措施。

（7）"动土工作票签发人"栏：采用工作票双签发人，即建设单位签发人、施工单位签发人。建设单位签发人负责审核工程项目的必要性和可行性，施工单位签发人负责审核动土作业的施工安全措施。

（8）"动土许可人"栏：由建设单位负责人担任，通常是设备管理部门副部长。具体协调各方的工作关系，确保施工安全和质量。

（9）"动土许可人及其他签字人的意见及建议（现场卫生符合文明生产标准）"栏。涉及动土工作票的所有人员均可在此栏内签署意见及建议，并签名。

（10）动土工作结束后，动土工作负责人持动土工作票到设备部动土许可人处办理结票手续。

第四节　动土工作票的执行

动土工作票的执行流程：填写动土工作票→签发动土工作票→专业工程师审核→安监部门审核→许可动土作业→动土作业→动土作业结束→终结动土工作票，如图8-1所示。

图8-1　动土工作票的执行流程

1. 填写动土工作票

动土工作票由动土工作负责人填写,一式两份(工作负责人一份、动土许可人一份)。填写内容:项目名称、建设单位、施工单位、计划开工时间、计划完工时间、动土区域及工作内容(必要时附图)、土方量、弃土地点、安全措施,并在工作负责人栏内签名。

2. 签发动土工作票

动土工作票实行双签发人,即建设单位签发人、施工单位签发人。首先由建设单位签发人签发,然后由施工单位签发人签发。签发后,将动土工作票交给设备管理部门的有关专业人员审核。

3. 专业工程师审核

根据工作内容、动土区域,以及专业来选择相关专业工程师审核。审核时要查阅有关图纸、技术资料,必要时到现场进行勘察,确定地下有无隐蔽设施,如有,应绘图告知动土工作负责人,必要时编制动土施工方案。

4. 安监部门审核

安监部门负责人对有关专业工程师审核情况进行复核,提出建议,并需掌握动土作业的工作内容、动土地点和范围、动土时间等情况,审核施工单位是否履行动土工作票手续,有无违反《电力安全工作规程》的有关规定,审核无误后签名。

5. 许可动土作业

许可动土作业是由设备管理部门负责。审核票面内容及有关人员的签名情况,特别是审核安全措施的正确完备情况,如有补充,应填写在""栏内;无补充,在此栏内填写"同意"并签名,同时,填写批准开工时间,办理动土作业许可手续,并将一份动土工作票给工作负责人持有,另一份自已存有。

6. 动土作业

(1)工作负责人办理完许可动土作业手续后,手持动土工作票带领工作班成员进入现场,重新复核安全措施无误后,开始进行动土工作。

(2)严禁涂改、转借《动土工作票》,不得擅自变更动土作业内容、扩大作业范围或转移作业地点。

(3)动土作业现场应根据需要设置护栏和警示标志,夜间应悬挂红灯示警,并做好土石方支护的安全措施。

(4)动土作业前,工作负责人与施工单位负责人均应对工作班成员进行现场安全交底,做好安全措施及危险点分析工作,并督促落实。

(5)动土作业要严格按照《动土施工方案》进行工作,落实安全措施,做好现场的监护工作。

(6)动土中如暴露出电缆、管线以及不能辨认的物品时,应立即停止作业,妥善加以保护,报告动土审批单位处理,采取措施后方可继续动土作业。

(7)动土临近地下隐蔽设施时,应轻轻挖掘,禁止使用铁棒、铁镐或抓斗等机械工具。

(8)施工结束后,要及时回填土方,恢复地面平整,拆除安全设施。

7. 结束动土作业

(1) 动土作业结束后，施工人员要清理现场，工作人员全部撤离现场，工作负责人办理工程项目验收手续。

(2) 设备管理部门负责人应组织专业工程师、施工单位工作负责人共同到现场验收，合格后由设备部副部长填写动土结束时间并签名，施工单位工作负责人确认后签名，动土工作结束。

8. 终结动土工作票

设备管理部门负责人在已执行的动土工作票上盖"已执行"章，将一份动土票交给工作负责人，另一份动土票由设备部门自己存档。

第五节　动土工作票的管理

一、动土工作票的管理

(1) 动土工作票只能用于生产区域的动土工作。

(2) 设备管理部门是动土工作票的责任单位，也是许可动土作业的责任单位。每月应对已执行动土工作票进行统计、分析和考核。

(3) 安全监察部门具有动土作业的知情、建议、同意权。

(4) 动土工作票的管理同其他工作票，安全监督部门履行同工作票相同的监督职能。

二、动土工作票的检查

有下列情况之一，应统计为不合格动土工作票：

(1) 项目名称与工作票（主票）的工作内容不一致；

(2) 建设单位负责人不是设备管理部门的领导（副部门或部长）；

(3) 施工单位负责人不是本单位法人或经受权的人员；

(4) 动土工作负责人不是建设单位的工作负责人；

(5) 动土工作票签发人不是设备管理部门的领导（副部门或部长）；

(6) 动土工作票未经相关专业工程师审核；

(7) 安全措施内容不正确或不完备；

(8) 动土许可人不是设备管理部门的领导（副部门或部长）；

(9) 安全监察部门负责人未审核签名或代签名；

(10) 对较复杂的地下隐蔽工程项目无示意图；

(11) 工作结束后未办理动土工作票终结手续；

(12) 已终结的动土工作票右上角未盖"已终结"章。

三、各级人员的安全责任

1. 动土工作负责人

(1) 正确地和安全地组织动土作业；

(2) 对工作人员给予必要指导；

(3) 负责向工作人员交代现场的安全措施及注意事项；

(4) 随时检查工作人员是否遵守安全工作规程和安全措施。

（5）监督检查工作人员的现场活动范围，严禁扩大范围作业。

2．施工单位负责人

（1）审核动土作业的必要性和可行性；

（2）审核动土工作票的安全措施是否正确完备；

（3）审核所派工作人员是否适当和充足；

（4）监督检查动土作业的现场安全情况。

3．设备管理部门负责人

（1）审核动土作业的必要性和可行性；

（2）审核动土工作票的内容是否正确完备；

（3）审查计划动土工作时间是否合理；

（4）审核动土施工方案是否正确完整；

（5）动土作业现场的安全措施是否正确完备；

（6）负责接收动土工作票，并许可开工；

（7）负责对动土作业工程项目的验收工作。

4．专业工程师

（1）负责提供地下隐蔽工程的有关图纸、技术资料；

（2）负责编审动土施工方案；

（3）负责解决动土作业的安全技术问题；

（4）负责勘探动土区域内的地下隐蔽设施，确定设施位置；

（5）负责监督和指导动土作业的现场工作。

5．安全监察部门负责人

（1）掌握现场动土作业的工作内容、地点和时间；

（2）对动土作业提出合理化建议及注意事项；

（3）负责审核动土工作票安全措施的正确性和完备性；

（4）负责监督检查动土作业的现场安全工作；

（5）参与审核重大工程项目的动土施工方案。

第九章

二次工作安全措施票

第一节　概　　述

在电气检修工作中，凡是在现场接触到运行的继电保护、安全自动装置及其二次回路上的工作，均称为二次检修工作。

二次检修工作是一项专业性强、精心作业、要求严谨的工作，稍有不慎可能会造成重大事故的发生。例如，某厂继电保护人员在对 5022 开关失灵保护校验时，由于给 5022 开关 CT 回路 A461－A462 通电后，失灵保护未动作，还需短接失灵启动回路。工作负责人张××经查图纸后，把短接 5022 开关 I－01 与 213，错看成短接 5021 开关 I－01 与 113。然后，就指挥执行人冷××用一根短接线一端先接到 113，另一端接到 I－01，造成 5021 开关失灵保护动作掉闸，500kV 输电线路停电事故。可见，二次检修工作必须做到严谨、专业和规范，才能保证工作的安全性。为防止继电保护人员"三误"事故的发生，应按照《电力安全工作规程》、《继电保护及安全自动装置检定规程》，以及电网的要求，对二次检修工作必须严格执行《二次工作安全措施票》。

继电保护人员的"三误"是指误碰、误接线、误整定。

第二节　二次工作安全措施票简介

一、二次工作安全措施票

二次工作安全措施票（简称，安全措施票）是防止在二次系统上的工作中发生"误碰、误接线、误整定"事故而采取的有效措施。它属于检修工作票的附票，是对工作票（主票）的补充和完善，不得代替工作票。票面内容：单位、编号、被试设备名称、工作负责人、签发人、工作时间、工作内容、安全措施内容（执行、恢复）、执行人、监护人、恢复人，如表 9-1 所示。

表 9-1　　　　　　　　　二次工作安全措施票（票样 A4 纸）

单位		编号	
被试设备名称			

续表

单　位			编　号		
工作负责人			签发人		
工作时间	自　　年　　月　　日　　时　　分至　　年　　月　　日　　时　　分				
工作内容：					
安全措施：包括应打开及恢复连接片、直流线、交流线、信号线、联锁线和联锁开关等，按工作顺序填用安全措施。					
序　号	执　行	安全措施内容			恢　复

执行人：　　　　　监护人：　　　　　恢复人：　　　　　监护人：

二、二次工作安全措施票的适用范围

检修中遇有下列情况应填用二次工作安全措施票：

（1）在运行设备的二次回路上进行拆、接线工作；

（2）在对检修设备执行隔离措施时，需拆断、短接和恢复同运行设备有联系的二次回路工作。

第三节　二次工作安全措施票的填写

二次工作安全措施票应由工作负责人填写，一个工作负责人只能填写一份安全措施票。工作负责人（监护人）应根据工作任务、保护原理，以及现场实际情况填写，其填写内容如下：

1. 单位

填写工作负责人所在的单位全称。

2. 编号

与工作票（主票）编号相一致。

3. 被试设备名称

填写设备的确切地点、设备双重名称。例如，220kV 城前岭变城宜线 512 断路器。

4. 工作负责人（监护人）

单一班组检修，填写该项工作的工作负责人姓名；几个班组进行综合检修，工作负责人栏填总工作负责人姓名。

注：安全措施票与工作票（主票）的工作负责人为同一人。

5. 签发人

由专业技术人员或班长审核签发。签发人补充并审核无误后，签名确认。

6. 工作时间

与工作票（主票）的计划工作时间相一致。

7. 工作内容

填写具体设备名称和工作内容。例如，110kV 玉回线 72 保护定检、110kV72 保护更换接口插件。

8. 安全措施内容

按工作顺序逐项填写。每项安全措施只允许拆或接一颗线，隔离一组连续的端子排，已执行和恢复的均有相应的标记，其填写内容如下：

（1）应打开及恢复的连接片；

（2）应拆除的直流线、交流线、信号线、联锁线和联锁开关；

（3）电流互感器二次短路接地线的接入与拆除；

（4）电压互感器二次端子接线的接入与拆除；

（5）应隔离运行设备的端子排等；

（6）应注明端子号、回路编号；

（7）列出所要短接的电气量接点编号、端子号、装置名称。

注：填写时应写明①将（标号）线从×端子排上断开并绝缘包扎固定；②在×端子排处或设备接线端子××处将××与××可靠短接；③将××压板投入（退出）；④将××开关切换至××位置；⑤将××开关、刀闸（熔断器）断开（投入）；⑥在××部位使用封条、锁具；⑦在××设备与××装置之间装设遮栏（或隔离罩、绝缘板），将××通道断开（跳接至××位置）；⑧在××系统中将××回路电气闭锁（解锁）等。

9. 执行人

由工作班成员担任，是指在二次系统上所做安全措施工作的人员。

10. 恢复人

由工作班成员担任，是指在二次系统上恢复安全措施工作的人员。

11. 监护人

由技术水平较高及有经验的人担任，是指对二次系统上工作人员进行现场监护的人员。

第四节 二次工作安全措施票的审批

二次工作安全措施票的审批应依据二次设备的重要性及现场实际情况，各电力企业应制定二次工作安全措施票的审批权限，编制时可参照以下规定：

（1）二次工作安全措施票的签发人应与检修工作票的签发人为同一个人。

（2）对于 110kV 及以上的线路保护装置及自动重合闸装置、母线保护装置及断路器失灵保护、电网安全自动装置等的二次工作安全措施票。由班组专责工程师或班长初审，车间（部门）专业负责人审核，总工程师批准。

（3）发电机－变压器组保护，高压起动变保护，发电机同期及励磁装置的回路，厂用备用电源自投回路的二次工作安全措施票。由班组专责工程师或班长初审，车间（部门）专业负责人审核，副总工程师批准。

（4）与保护、自动装置共用 TA、TV 的仪表、变送器的交流回路；35kV 及以上断路器、6kV 厂用工作及备用电源开关，发电机励磁系统所有开关的控制回路的二次工作安全措施票。由班组专责工程师初审，班长审核，车间（部门）专业负责人批准。

第五节　二次工作安全措施票的执行

二次工作安全措施票的执行工作有工作前的准备、复核安全措施、工作条件、检修工作、传动试验、工作结束。

一、工作前的准备

（1）了解工作地点、工作范围、一次设备及二次设备运行情况；

（2）了解安全措施、试验方案、上次试验记录；

（3）了解图纸、整定值通知单、软件修改申请单是否齐备并符合实际；

（4）核对控制保护设备、测控设备主机或板卡型号、版本号及跳线设置等是否齐备并符合实际；

（5）检查仪器、仪表等试验设备是否完好；

（6）核对微机保护及安全自动装置的软件版本号等是否符合实际。

二、复核安全措施

（1）工作负责人应查对运行人员所做的安全措施是否符合要求，在工作屏的正、背面由运行人员设置"在此工作"的标志。

（2）如进行工作的屏仍有运行设备，则必须有明确标志，并与检修设备分开。相邻的运行屏前后应有"运行中"的明显标志（如红布幔、遮栏等）。

（3）在一次设备运行而停用部分保护进行工作时，应特别注意断开不经连接片的跳闸、合闸线圈及与运行设备安全有关的连线。

（4）在检验继电保护及二次回路时，凡与其他运行设备二次回路相连的连接片和接线应有明显标记，并按安全措施票仔细地将有关回路断开或短路，做好记录。

三、工作条件

（1）相关一次设备运行情况。被试设备及保护装置所对应的一次设备已退出运行。

（2）被试保护作用的断路器。被试设备及保护装置作用的断路器连接线或跳闸压板等已全部断开。

（3）工作盘柜上的运行设备。被试设备及保护装置所在的盘柜内的运行设备已全部退出运行。

（4）工作盘柜与其他保护的连接线。被试设备及保护装置与其他保护之间的所有连接线已全部拆除。

四、检修工作

（1）从事带电工作时，工作人员必须站在绝缘垫上，戴线手套，使用带绝缘把手的工具（其外露导电部分不得过长，否则应包扎绝缘带），以保护人身安全。同时将邻近的带电部分和导体用绝缘器材隔离，防止造成短路或接地。

（2）工作人员在现场工作过程中，凡遇到异常情况（如直流系统接地等）或断路器跳闸、阀闭锁时，不论与本身工作是否有关，应立即停止工作，保持现状。待查明原因，确定与本工作无关时方可继续工作；若异常情况或断路器跳闸、阀闭锁是本身工作所引起，应保留现场并立即通知运行人员，以便及时处理。

（3）在继电保护装置、安全自动装置及自动化监控系统屏（柜）上或附近进行打眼等振动较大的工作时，应采取防止运行中设备误动作的措施，必要时申请停用有关保护。

（4）在继电保护、安全自动装置及自动化监控系统屏间的通道上搬运或安放试验设备时，不能阻塞通道，要与运行设备保持一定距离，防止事故处理时通道不畅，防止误碰运行设备，造成相关运行设备继电保护误动作。

（5）清扫运行设备和二次回路时，要防止振动，防止误碰，要使用绝缘工具（毛刷、吹风机等）。

（6）在带电的电流互感器二次回路上工作时，应采取下列安全措施：

1）严禁将电流互感器二次侧开路（光电流互感器除外）。

2）短路电流互感器二次绕组，应使用短路片或短路线，严禁用导线缠绕。

3）在电流互感器与短路端子之间导线上进行任何工作，应有严格的安全措施，并填用"二次工作安全措施票"。必要时申请停用有关保护装置、安全自动装置或自动化监控系统。

4）工作中严禁将回路的永久接地点断开。

5）工作时，应有专人监护，使用绝缘工具，并站在绝缘垫上。

（7）在带电的电压互感器二次回路上工作时，应采取下列安全措施：

1）严格防止短路或接地。应使用绝缘工具，戴手套。必要时，工作前申请停用有关保护装置、安全自动装置或自动化监控系统。

2）接临时负载，应装有专用的隔离开关（刀闸）和熔断器。

3）工作时应有专人监护，禁止将回路的安全接地点断开。

（8）在光纤回路工作时，应采取相应防护措施，防止对人眼造成伤害。

（9）继电保护装置、安全自动装置和自动化监控系统的二次回路变动时，应按经审批后的图纸进行，无用的接线应隔离清楚，防止误拆或产生寄生回路。

（10）对交流二次电压回路通电时，必须可靠断开至电压互感器二次侧的回路，防止反充电。

（11）运行中的电流互感器短路后，仍应有可靠的接地点，对短路后失去接地点的接线应有临时接地线，但在一个回路中禁止有两个接地点。

（12）在导引电缆及与其直接相连的设备上进行工作时，应按在带电设备上工作的要求做好安全措施后，方能进行工作。

（13）在运行中的高频通道上进行工作时，应确认耦合电容器低压侧接地绝对可靠后，才能进行工作。

（14）对电子仪表的接地方式应特别注意，以免烧坏仪表和保护装置中的插件。

（15）在新型的集成电路保护装置上进行工作时，要有防止静电感应的措施，以免损坏设备。

（16）保护装置二次线变动或改进时，严防寄生回路存在，没用的线应拆除。

（17）所有电流互感器和电压互感器的二次绕组应有一点且仅有一点永久性的、可靠的保护接地。

五、传动试验

（1）在进行试验接线前，应了解试验电源的容量和接线方式，配备适当的试验电源。

（2）试验用刀闸应有熔丝并带罩，被检修设备及试验仪器禁止从运行设备上直接取试验电源，熔丝配合要适当，要防止越级熔断总电源熔丝。试验接线要经第二人复查后，方可通电。

（3）继电保护、安全自动装置及自动化监控系统做传动试验或一次通电或进行直流输电系统功能试验时，应通知运行人员和有关人员，并由工作负责人或由他指派专人到现场监视，方可进行。

（4）二次回路通电或耐压试验前，应通知运行人员和有关人员，并派人到现场看守，检查二次回路及一次设备上确无人工作后，方可加压。

（5）电压互感器的二次回路通电试验时，为防止由二次侧向一次侧反充电，除应将二次回路断开外，还应取下电压互感器高压熔断器或断开电压互感器一次隔离开关。

（6）直流输电系统单极运行时，禁止对停运极中性区域互感器进行注流或加压试验。

（7）运行极的一组直流滤波器停运检修时，禁止对该组直流滤波器内与直流极保护相关的电流互感器进行注流试验。

（8）检验继电保护、安全自动装置、自动化监控系统和仪表的工作人员，不准对运行中的设备、信号系统、保护连接片进行操作，但在取得运行人员许可并在检修工作盘两侧开关把手上采取防误操作措施后，可拉合检修断路器。

（9）在变动直流二次回路后，应进行相应的传动试验。必要时还应模拟各种故障进行整组试验。

（10）保护装置进行整组试验时，不宜用将继电器触点短接的办法进行。传动或整组试验后不得再在二次回路上进行任何工作，否则应作相应的试验。

（11）带方向性的保护和差动保护新投入运行时，或变动一次设备、改动交流二次回路后，均应用负荷电流和工作电压来检验其电流、电压回路接线的正确性，并用拉合直流电源来检查接线中有无异常。

（12）所有交流继电器的最后定值试验必须在保护屏的端子排上通电进行。开始试验时，先做原定值试验，如发现与上次试验结果相差较大或与预期结果不符等任何细小疑问时，慎重对待，查找原因，在未得出正确结论前，不得草率处理。

（13）试验工作结束后，按"二次工作安全措施票"逐项恢复同运行设备有关的接线，拆除临时接线，检查装置内异物，屏面信号及各种装置状态正常，各相关连接片及切开关位置恢复至工作许可时的状态。

六、工作结束

（1）工作结束后，工作负责人应与工作班成员一起检查试验记录有无漏试项目，整定值是否与定值通知单相符，试验结论、数据是否完整正确，经核查无误后，才能拆除试验接线。

另外，还需检查继电器内部临时所垫的纸片是否取出，临时接线是否全部拆除，拆下的线头是否全部接好，图纸是否与实际接线相符，标志是否正确完备等。确认无误后，在所有检查过的继电器均应加铅封。

（2）在恢复保护压板前，应用高内阻的电压表测量压板的对地电压，都不带断路器跳闸的电源等。

（3）工作结束，全部设备及回路应恢复到工作开始前状态，并清理现场。

（4）清理现场完毕后，工作负责人应向运行人员交代设备检修后的情况，并将其内容记入在《继电保护定值及保护交代》本内。主要内容：整定值变更情况，二次接线更改情况，已解决及未解决的问题及缺陷，运行注意事项和设备能否投入运行等。经运行人员检查无误后，双方应在登记本上签字。

第六节　二次工作安全措施票的执行程序

二次安全措施票的执行程序：明确工作任务→填写安全措施票→签发安全措施票→工作许可→复核安全措施→检修工作→工作结束，如图9-1所示。

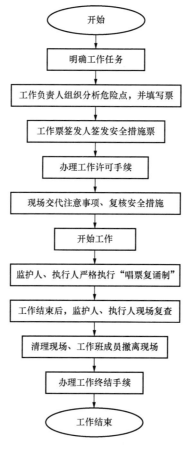

图9-1　二次工作安全措施票的执行程序

1. 明确工作任务

（1）继电保护装置的正常检验或传动工作须在开工前一日、设备消缺工作须在开工前，由工作负责人将安全措施票的内容及注意事项向工作人员详细交代清楚，明确工作任务。

（2）工作人员应了解一、二次设备运行情况，本工作与运行设备有无直接联系（如自投、联切等），与其他班组有无需要相互配合的工作。

（3）拟订工作重点项目及准备解决的缺陷和薄弱环节。

（4）明确工作人员分工，熟悉图纸与检验规程等有关资料。

（5）应有具备与实际状况一致的图纸、上次检验的记录、最新整定通知单、检验规程、合格的仪器仪表、备品备件、工具和连接导线等。

2. 填写安全措施票

（1）工作负责人应根据工作任务、工作内容组织工作班成员开展危险点分析工作，制订防控措施，填写工作票（主票）的同时填写安全措施票。

（2）工作班成员学习安全措施票的内容，对其补充完善，无补充并掌握其内容，应签名，由工作负责人交工作票签发人签发。

（3）对一些重要设备，特别是复杂保护装置或有联跳回路的保护装置，如母线保护、断路器失灵保护等的现场校验工作，应编制检修作业指导书。

3. 签发安全措施票

工作票签发人接到工作票（主票）和安全措施票后，必须严格进行审核，保证工作票和安全措施票的内容正确完备，同时还应审核工作班成员的安全技术能力是否符合工作要求。审核无误后签名，交给工作负责人。

4. 工作许可

工作负责人将已签发的工作票、安全措施票交给工作许可人，工作许可人接收、审核无误后，填写操作票，布置安全措施。

安全措施布置完成后，工作许可人通知工作负责人办理工作许可手续。

5. 复核安全措施

（1）工作负责人手持工作票、安全措施票，带领工作班成员进入工作现场。工作前，由工作负责人向工作班成员交代现场安全措施的布置情况，以及注意事项。

（2）工作班成员复核现场安全措施，应检查已做的安全措施是否符合要求，运行设备和检修设备之间的隔离措施是否正确完备，核对检修设备名称，防止走错位置。

（3）在全部或部分带电的运行屏（柜）上工作时，还需复核检修设备与运行设备前后是否有明显的标志隔开。

（4）工作前，首先应复核工作图纸与实际接线相符，如发现图纸与实际接线不符时，应查线核对，如有问题，应查明原因，并按正确接线修改更正，然后记录修改理由和日期。严禁不按图纸、凭记忆作为工作的依据。

6. 检修工作

（1）现场工作至少应由两人执行。工作负责人一般不直接进行作业。工作负责人原则上不应变更，如必须变更时，需按工作票有关规定履行工作负责人变更手续，并做好交接工作。

（2）开工后，工作人员应根据安全措施票中的内容逐项进行，由监护人向执行人发出操作指令，执行人应复诵并经监护人复核确认，在得到监护人"正确执行"的命令后方可操作。执行完毕后，由监护人在"执行"栏内打"√"。

（3）安全措施票必须按顺序逐项执行，不得跳项、漏项。

（4）工作完毕后需恢复安全措施时，仍按上述"发令、复诵、下令、执行"的程序执行，每恢复一项由监护人在"恢复"栏内打"√"；不需恢复的，在恢复栏打"O"。

（5）工作发生疑问时，应立即停止作业，汇报继电保护专业负责人，待查明原因后再决定是否继续工作。

（6）在工作中，若遇到异常（如直流系统接地等）或断路器跳闸时，不论与本身工作是否有关，应立即停止工作，保持现状。待查明原因或确定与本工作无关后，方可继续工作。若为本人工作失误造成的，应立即通知运行人员，以便有效处理。

7．工作结束

（1）全部执行或恢复工作结束后，由执行人、监护人（工作负责人）对已执行的安全措施进行复查，确认无误后签名，并清理现场后，将工作班成员全部撤离现场。

（2）工作负责人会同工作许可人到现场复核，办理工作票终结手续。

（3）如果继电保护定值或二次线有变动时，应将新保护定值及变动情况写入《继电保护定值及保护交代》本内，并向运行人员交代清楚。

第七节　二次工作安全措施票的管理

一、二次工作安全措施票的管理

（1）使用安全措施票的目的是保证在继电保护装置和二次回路上工作的安全，防止发生电气二次系统误动（误碰）、误整定、误接（拆）线事故。

（2）安全措施票不得代替工作票，工作负责人在填写工作票的同时，必须根据以上工作内容、范围要求填写安全措施票。

（3）安全措施票的管理等同于工作票（主票），应由设备管理部门（或继电保护部门）负责管理，每月对已执行的安全措施票进行统计和分析。安全监督部门履行监督职能。

（4）二次工作安全措施票必须编号，其编号与对应的工作票一致。

（5）二次系统上的工作至少由两人执行。工作负责人必须由经领导批准的专业人员担任。工作负责人对工作前的准备，现场工作的安全、质量、进度和工作结束后的交接负全部责任。外单位参加工作的人员，不得担任工作负责人。

（6）修改二次回路接线时，事先必须经过审核，拆动接线前先要与原图核对，接线修改后要与新图核对，并及时修改底图，修改运行人员及有关各级继电保护人员用的图纸。修改后的图纸应及时报送所直接管辖调度的继电保护机构。

（7）保护装置调试的定值，必须根据最新整定值通知单规定，先核对通知单与实际设备是否相符（包括互感器的接线、变化）及有无审核人签字。

（8）二次工作安全措施票应随工作票归档保存1年。

二、二次工作安全措施票的检查

遇有下列情况之一者，应视为不合格票：

（1）与工作票（主票）编号不一致；

（2）被试设备名称的描述不准确、不规范，或与安全措施内容不符；

（3）工作负责人（监护人）与签发人与工作票（主票）不一致，或代签名；

（4）年月日、时间填写不规范，与工作票（主票）不一致；

（5）安全措施内容不具体、与现场实际接线不符，安全措施缺项、倒项；

（6）已执行的安全措施项未在"执行"栏内打"√"，已恢复的安全措施项未在"恢复"栏内打"O"；

（7）已执行的安全措施票，执行人、恢复人、监护人未签名，或未盖"已执行"章；

（8）已作废的安全措施票未盖"作废"章。

三、各级人员的安全责任

1. 执行人、恢复人的安全责任

（1）填写安全措施票，对安全措施票的合格负责；

（2）对使用的工器具完好性和安全性负责；

（3）对使用图纸、技术资料的准备齐全和正确负责；

（4）严格执行监护人的操作指令，对操作的正确性负责；

（5）对发生误操作事故负直接责任。

2. 监护人的安全责任

（1）审核安全措施票，对安全措施票的合格负责；

（2）对使用的工器具完好性和安全性负责；

（3）对使用图纸、技术资料的正确性负责；

（4）对现场安全措施布置的正确完备负责；

（5）对下达操作命令的正确性负责；

（6）对执行人或恢复人操作的正确性和安全性负责；

（7）对发生误操作事故负主要责任。

第八节　二次工作安全措施票的应用范例

以某厂500kV京源一线MCD-1纵联差动保护校验工作为例，介绍二次工作安全措施票的应用，见表9-2。

表9-2　　　　　　　　　　　　二次工作安全措施票

单位	电网保护班		编号	DQ10212065
被试设备名称	MCD-1纵联差动保护			
工作负责人	×××		工作票签发人	×××
工作时间	自2012年02月12日08时00分至　2012年02月24日00时00分			
工作内容	500kV京源一线MCD-1纵联差动保护校验			
安全措施：包括应打开及恢复压板、直流线、交流线、信号线、联锁线和联锁开关等，按工作顺序填用安全措施。				

单位		电网保护班		编号	DQ10212065
序号	执行	安全措施内容			恢复
1		打开京源一线 PT：A652　　右侧 1D1　1D2　1D3			
2		打开京源一线 PT：B652　　右侧 1D4　1D5　1D6			
3		打开京源一线 PT：C652　　右侧 1D7　1D8　1D9			
4		打开京源一线 PT：N600　　右侧 1D10　1D11　1D12			
5		打开京源一线 CT：A4122　右侧 1D13　1D14			
6		打开京源一线 CT：B4122　右侧 1D15　1D16			
7		打开京源一线 CT：C4122　右侧 1D17　1D18			
8		打开京源一线 CT：N4122　右侧 1D19　1D20			
9		打开京源一线 CT：A4222　右侧 1D22　1D23			
10		打开京源一线 CT：B4222　右侧 1D24　1D25			
11		打开京源一线 CT：C4222　右侧 1D26　1D27			
12		打开京源一线 CT：N4222　右侧 1D28　1D29			
13		打开并封住 CT：A4025　右侧 3D5			
14		打开并封住 CT：B4025　右侧 3D6			
15		打开并封住 CT：C4025　右侧 3D7			
16		打开并封住 CT：N4025　右侧 3D8			
17		打开事故记录信号：右侧 R801　1D65			
18		打开启动直跳：F1（R05）　右侧 1D106　1D107			
19		用粘胶带粘住 PT：A652　右侧 1D1　1D2　1D3 外侧			
20		用粘胶带粘住 PT：B652　右侧 1D4　1D5　1D6 外侧			
21		用粘胶带粘住 PT：C652　右侧 1D7　1D8　1D9 外侧			
22		用粘胶带粘住 PT：N600　右侧 1D10　1D11　1D12 外侧			
23		拆开启动远方直跳：F1（R05）　右侧 1D106　1D107			

执行人：　　　　　　监护人：　　　　　　恢复人：　　　　　　监护人：

第十章

危险点控制措施票

第一节 概　　述

据国内外资料统计表明，90％以上的事故都是由于当事人违章作业造成的，还有一些是由于当事人对有可能造成伤害的危险因素缺乏事先预想，或者虽然预想到但又缺乏有效地防范而造成的。可见，事故的事先预想是防止事故发生的前提，制订控制事故发生的防范措施是保障，只要我们认识事故，掌握事故的发展规律，抓住演变事故的危险因素，并对这些危险因素做好防范工作，就能使有可能诱发事故的危险因素得到控制，防止事故的发生。实践证明，认真开展危险点分析与控制工作，严格办理危险点控制措施票，是遏止事故发生的有效措施，有很重要的意义。

（1）可以增强人们对危险性的认识，克服麻痹思想，防止冒险行为。

一些事故的发生，与作业人员对作业中可能存在的危险点及其危害性认识不足，有险不知险有直接关系。

例如，某锅炉检修人员将氧气瓶的气管接至磨煤机热风隔绝门气动执行器的来气母管上，强行关闭隔绝门时，气缸发生爆炸，执行器两侧气缸兰盘崩裂，两侧气缸飞出，飞出的兰盘碎片将一名临时工面部划伤。在分析事故教训时，当事人说："如果事先知道氧气遇到油脂会发生反应，会导致气缸爆炸的话，决不会那么违章冒险去干的"。

因此，做好危险点分析与控制工作，让每个参加作业人员都明确现场作业存在哪些危险点，有可能造成什么样的后果，可以增强人们对危险性的认识，谁也不会拿自己的生命开玩笑的。

（2）能够防止由于仓促上阵而导致的危险。

准备不充分、安排不周、忙乱无序，或图方便简化和颠倒作业步骤，这些行为本身就埋藏着事故隐患。

例如：某厂一台低压电动机故障抢修时，为了赶时间，未按规定办理工作票，只口头与运行人员联系做有关安全措施。在抢修还没有结束时，电气车间主任便急忙通知运行人员检修工作完毕。运行人员在急于恢复措施的情况下，未对设备进行认真检查，当运行人员恢复措施合上电源开关时，一名工作人员正在接电机电源线，左手中指被电击伤。

如果开展危险点分析与控制工作,在作业前分析可能出现的险情,并采取防范措施,做到有备无患,有条不紊地展开作业,这类事故完全可以避免。

(3)能够防止由于技术业务不熟而诱发的事故。

技术不精,在遇到不安全情况时,往往会出现故障判断不准、事故的应变和处理不当等现象,也往往会导致事故的发生。

在作业前,开展危险点分析与控制工作,实际上就是对检修全过程存在的危险因数及其控制措施的再认识,使作业人员不仅明白了检修中存在的危险点,而且也明白了对危险点的控制措施,提高了故障判断能力,提高了事故的应变和处理能力,避免由于技术业务不熟而诱发的事故。

由于作业对象、时间、现场实际情况及危险点的复杂多变性,以往的危险点控制措施,有时不可能完全满足需要。开展危险点分析预控活动,就能帮助作业人员研究新情况,解决新问题,使安全得以保证。

(4)能够使检修全过程的安全措施更具针对性和实效性,确保检修全过程的安全。

工作票中的安全措施,将检修设备从正常运行系统中安全地隔离出来,避免运行系统中的设备、水、汽、电、风和粉等危机检修人员的安全。而以往检修中发生的事故教训是作业人员对检修过程中存在的危险点心中无数,没有针对性的防范措施,往往导致了事故的发生。开展危险点分析与控制活动,针对检修作业过程的危险点,制定针对性的防范措施,就可以确保检修全过程的安全。

(5)有效预防由于指挥不力而造成的事故。

指挥人员由于不熟悉作业中存在的险情或凭主观臆断进行指挥,极有可能造成事故,甚至会造成群死群伤。开展危险点分析与控制,指挥人员与作业人员一起分析情况,查找危险点,制定防范措施,能够使指挥人员掌握最佳、最安全的指挥方法,从而堵住因指挥不力而诱发事故的漏洞。

事故教训一再表明,任何生产工作都存在着不同程度的危险因素。事故的发生是工作人员对工作中的危险因素认识不足,不能预先采取控制措施,存在图省事、麻痹、侥幸心理而冒险作业造成的。

开展危险点分析与控制工作,就是要引导作业人员在日常工作中,根据作业内容、作业方法、作业环境、人员状况等去分析可能危极人身或设备安全的危险因素,并采取有针对性的防范措施,预防事故的发生。通过开展这项工作,不断提高作业人员的安全意识和自我保护意识,不断提高作业人员对作业风险的认识,认真分析可能危极人身、设备安全的因素,采取有针对性的措施,以保证作业人员在作业过程中的人身安全和设备安全。

第二节 定义和术语

一、常用术语

常用术语如表 10-1 所示。

表 10-1　　　　　　　　　　　常用术语一览表

序号	常用术语	术语解释
1	高处坠落	在高处作业中发生坠落造成的伤亡事故，不包括触电坠落事故
2	机械伤害	机械设备运动（静止）部件、工具、加工件直接与人体接触引起的夹击、碰撞、剪切、卷入、绞、碾、割、刺等伤害，不包括车辆、起重机械引起的机械伤害
3	起重伤害	各种起重作业（包括起重机安装、检修、试验）中发生的挤压、坠落、（吊具、吊重）物体打击和触电
4	落物伤人	高处物件落下伤害人体
5	滑倒伤人	人体滑倒后受伤
6	摔倒伤人	人体摔倒后受伤
7	物体打击	物体在重力或其他外力的作用下产生运动，打击人体造成人身伤亡事故，不包括因机械设备、车辆、起重机械、坍塌等引发的物体打击
8	触电	包括雷击伤亡事故
9	烫伤	人体被高温物体烫伤
10	烧伤	火焰烧伤，或火灾引起的烧伤
11	灼伤	化学灼伤（酸、碱、盐、有机物引起的体内外灼伤）、物理灼伤（光、放射性物质引起的体内外灼伤），不包括电灼伤和火灾引起的烧伤
12	电灼伤	电弧打击人体的受伤
13	碰伤	人体与物件碰撞受伤
14	挤伤	人体与物件挤压受伤
15	砸伤	物件落在人体上受伤
16	中毒和窒息	包括中毒、缺氧窒息、中毒性窒息
17	车辆伤害	企业机动车辆在行驶中引起的人体坠落和物体倒塌、飞落、挤压伤亡事故，不包括起重设备提升、牵引车辆和车辆停驶时发生的事故
18	火药爆炸	火药、炸药及其制品的生产、加工、运输、储存中发生的爆炸事故
19	化学性爆炸	可燃性气体、粉尘等与空气混合形成爆炸性混合物，接触引爆能源时，发生的爆炸事故（包括气体分解、喷雾爆炸）
20	物理性爆炸	锅炉爆炸、容器超压爆炸、轮胎爆炸等
21	火灾	火失去控制蔓延而形成的一种灾害性燃烧现象
22	其他伤害	除上述以外的危险因素，如摔、扭、挫、擦、刺、割伤和非机动车碰撞、轧伤等

二、定义

1. 事故

事故是一系列事件和行为所导致的不希望出现的后果，如伤亡、财产损失、工作延误、干扰等。

2. 风险与危险因素

安全的对立面是风险而不是事故，有风险即意味着不安全。风险导致事故的概率或可能性，风险之所以存在是因为有危险因数的存在。

危险因素大致可分为危险人、危险条件和危险点 3 个部分。

3. 危险人

危险人是指由自身条件决定的、有可能引发事故的人。危险人又可分为固有型、突发型和积极型 3 大类。

（1）固有型危险人。

固有型危险人主要是其自身素质所决定，大致上可分为 4 类：①业务素质较差、专业知识似懂非懂、没有单独完成或胜任工作能力者；②生性鲁莽、干工作冒冒失失、丢三落四、不适于在严谨的施工作业中承担重任者；③先天不足，有妨碍施工作业的弊病者；④生性迟钝，死搬教条，缺乏灵活性和主动性，无能力应付或处理突发性事件者。

对不同属性危险人应采取不同的对策。对业务素质较差者，可在培训教育方面多下工夫，设法调动其主动学习、自学钻研的积极性；对性情鲁莽、工作冒失者，应采取勤开导、多谈心的办法，可以安排一些没有危险性的精细活使其逐步修身养性，自觉克服急躁情绪和冒失的个性；对有妨碍工作弊病者，应在操作程序、作业环节及施工项目和责任分工等环节上加以控制。

（2）突发型危险人。

所谓突发型危险人即是随着身心健康、思想状况，家庭情况及其他周边环境的突发性事件而暂时形成的属于特殊时期特殊对待的人。突发型危险人的症状是工作期间情绪不稳定，大脑思维紊乱，心不在焉，说话颠三倒四、做事没有头绪，大脑无法发挥指挥和控制能力，使其行为放任自流。显然在作业项目比较复杂，工作程序比较繁琐的工作场所不宜安排突发型危险人。突发型危险人不易发现、不易控制。作为班组长，不但要有过硬的作战能力和指挥能力，还得有细致的观察能力。随时掌握每一个工作班成员的身体、情绪等变化，慎重分配工作任务。

（3）积极型危险人。

所谓积极型危险人是指在紧要关头由于过分积极，只考虑工作成效和经济效益而忽略了安全措施和自我防护意识，结果导致事故发生的人。这种危险人，在工作上兢兢业业，具有一定技术水平和实践经验，或担任一定的技术职务。对积极型危险人应引起足够注意，加以重点控制。

4. 危险条件

危险条件大致可分为与时间、环境、气候和用具相关的 4 类条件。

（1）与时间相关的危险条件。

人的精神状况与时间密切相关。在夏季，中午烈日暴晒，作业人员就会感到精力疲软、浑身无力；在冬季的一早一晚气候寒冷，作业人员不能放开手脚干活，致使一些防护措施难以到位；在夜幕即将降临时，昏暗的暮色影响人们的视线，容易造成错觉；临近收工，人员疲劳过度，精力不济；午饭后，人有一段困乏瞌睡的时间……这些都是与时间相关的危险条件。要根据不同的季节和不同的时间，认真分析可能遇到的危险条件，制订切实可行的防范措施。

（2）与环境相关的危险条件。

所谓与环境相关的危险条件是指作业点周边的其他因素。例如：在高温管道处作业，防止人员烫伤；在电气设备作业，防止人员触电；在高处作业，防止人员坠落；在邻近其他电力线路附近作业，更要当心触电或影响邻近电力线路的安全运行。特别应该引起注意的是在人员集中的施工场所，一定要加强现场管理，以免发生意外。因此，高度重视与环境相关的危险条件的分析和控制，是加强现场安全管理的关键。

（3）与气候相关的危险条件。

虽然《电力安全工作规程》明确规定，在 6 级及以上大风及暴雨、打雷、大雾等恶劣天气应停止露天高处作业。但《电力安全工作规程》未规定的其他作业项目，也应将气候变化作为主要因素来考虑。例如：雷雨天，避开有可能引雷的设备，防止雷电伤人；暑天作业应防止作业人员中暑；冬天应防止作业人员冻伤；大风天，应避开室外起吊作业等，这些都属于控制的主要因素。

（4）与用具相关的危险条件。

定期检验安全用具，合理地使用工器具，也是保证施工安全的重要措施之一。未经试验的工器具切不可冒然使用，长期搁置不用的工器具，在使用前必须详细进行外表检查和机械试验。

5. 危险点

危险点是指在作业中有可能发生危险的地点、部位、场所、工器具和行为动作等。危险点分为静态危险点和动态危险点。

（1）静态危险点。

静态危险点是某个施工环节上或某个施工作业点自身存在的危险因素。例如：手拉倒链的链环之间如果用尼龙套连接，在起吊物件的作业中，尼龙套就有可能拉断导致事故的发生；500kV 带电杆塔上作业，人体与绝缘架空地线能否保证 0.4m 的安全距离，如何保证不误碰绝缘架空地线；在新架线路施工当中，放线时防止放线滑轮卡线和抽股等，这些都属于存在危险因素的作业点。关键是找准每一项工作中的危险点，认真分析出可能存在的危险因素，并分别制订出相应的控制措施。

（2）动态危险点。

动态危险点是由于管理上的混乱和操作麻痹滋生出来的不固有的危险点。例如：操作程序简单，自认为不存在危险因素的作业环节，由于过份大意，引发了不该发生的事故。例如：动火作业现场不规范就有可能导致火灾事故的发生；工作即将结束，自认为胜券在握，导致在收尾工作中发生意外。以人为本来控制动态的危险因素是关键的关键。

第三节　危险点构成及特点

一、危险点的构成

1. 有可能造成危害的作业环境和场所

现场照明不足、平台栏杆缺损、沟井盖板缺损等是工作场所的固有风险。

高空作业就有发生高空坠落的风险；在炉膛内搭设炉膛架子，就有被掉焦砸伤的风险。

例如：某厂输煤系统 7 号皮带吊砣间（标高 27m）的起吊孔防护围栏在更换皮带时被

压坏，既未及时恢复又未采取安全措施，导致在现场清理积煤时，一名临时工不慎从起吊孔坠落，发生一起高空坠落死亡事故，就是一起因作业环境和工作场所存在危险点引发的人身事故。

2. 有可能造成危害的机器设备等物体

锅炉灭火放炮、压力管道爆漏、车辆刹车失灵和工具、设备缺陷等。

机器设备没有安全防护罩，就有发生机械伤害的风险；裸露的电线，就有发生触电的风险。

例如：某厂1号炉发生锅炉灭火放炮事故，锅炉喷出的煤粉将就地的一名运行人员严重烧伤，经抢救无效死亡。这是一起设备事故延伸为人身伤害的事故。

某厂1号机组一段抽汽管弯头，由于多年运行，弯头被蒸汽长期冲刷、管壁减薄，弯头承受不住蒸汽压力爆破，蒸汽烧伤现场的3名生产用工人员，经送医院抢救，造成1人死亡2人重伤，就是一起因设备存在危险点引发的人身事故。

3. 作业人员在作业中违反安全工作规程

高空作业不按规定系安全带，就有发生高空坠落事故的风险；检修作业不按规定办理工作票或违反规程，就有发生事故的风险。

例如：某厂粉煤灰公司建材厂检修4号混砂机，未按规定彻底断开电源，临时工孙××负责监盘，防止有人启动4号混沙机。事故发生前，孙××违章擅自离开工作岗位，另一名临时工陈××违章作业，从事非本岗位的操作，准备停3号混砂机，却误启动4号混砂机，正在4号混砂机检修的蔡××被严重挤伤。这是一起因多人违章引发的人身事故。

综上所述，危险点是由人的不安全行为、物的不安全状态、作业环境不良3个要素构成的，如图10-1所示。

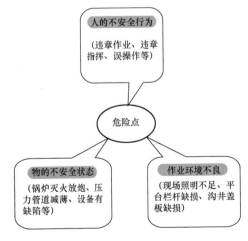

图10-1　危险点构成

二、危险点的特点

1. 危险点具有客观实在性

危险点是客观存在的，不以人的主观意识为转移。进行什么样的作业，相应地就有什么样的风险、相应的危险点，一旦主客观条件具备，它就会由潜在的危险演变为事故的发生。既然其客观存在，就有必要去通过识别和控制危险点来预防事故的发生。

2. 危险点具有潜在性

危险点的潜在性是指危险点是客观存在的，如果没有意识到或意识到但未采取防范措施，则危险点将一直潜伏存在，一旦主客观条件具备，它就会由潜在的危险演变为事故的发生。

它有两个含义：

（1）有些危险点不容易识别，往往不会引起人们的警觉，人们因而就不会去采取相应的控制措施，导致危险点一直潜伏存在，就可能引发事故的发生。

例如：多年以来，每当遇到二期磨煤机热风隔绝门犯卡时，均利用氧气来提高执行器气压，强行活动隔绝门。而没有意识到氧气遇到油脂会发生反应，会导致气缸爆炸。某厂锅炉检修人员将氧气瓶的气管接至 5 号炉 5 号磨煤机热风隔绝门气动执行器的来气母管上，强行关闭隔绝门时，气缸发生爆炸，执行器两侧气缸兰盘崩裂，两侧气缸飞出，飞出的兰盘碎片将一名临时工面部划伤。

（2）危险点已经明显地暴露出来，但因侥幸心理而不采取防范措施或采取防范措施不力，导致危险点将一直潜伏存在，一旦主客观条件具备，它就会由潜在的危险演变为事故的发生。

例如：某厂发生了一起一名锅炉检修人员跌入 1 号炉电梯竖井高空坠落死亡事故。当时电梯长期带病运行，运行时只有检修速度，使得层门电气联锁装置失去保护，没有引起人们的重视，没有采取必要的防范措施。事故发生时电梯被他人开至 63.7m，一名锅炉检修人员以为电梯仍停在 46.7m，所以就打开层门进去，结果落入井道。

3. 危险点具有复杂多变性

作业情况的复杂性决定了危险点具有复杂性。

（1）相同的任务，但由于参加人员、作业场所、工器具、季节以及作业方式各异，则所存在的危险点也会不同。

（2）所存在的危险点不是固定不变，旧的危险点得到控制，但随着作业进程新的危险点又会出现。

（3）相同的危险点也有可能存在于不同的作业过程中。

因此，分析和控制危险点的工作不能一劳永逸，在分析控制危险点时，一定要具体情况具体分析，紧密结合现场的实际情况，对症下药，采取有针对性的控制措施。

4. 危险点具有可知可防性

辩证唯物论认为，一切客观存在的事物都是可知的，既然危险点是一种客观存在的事物，我们就能够认识它，既然能够认识它，也就能采取针对性的防范措施来控制它。

当然，危险点的识别和控制是一种超前性的工作，必然有一定的难度。但是，只要思想重视，措施得力，危险点是完全可以控制与消除的。

三、危险点演变成事故的进程

危险点演变成事故一般要经历潜伏、渐进、临界和突变这 4 个阶段。

下面结合某厂 5 月 2 日 1 号炉发生锅炉灭火放炮，导致 1 名运行人员被严重烧伤死亡的事故，对危险点演变为事故的四个阶段进行阐述。

1. 潜伏阶段

（1）潜伏阶段是指危险点已经生成却没有引起人们的注意的阶段，是事故发生的初始阶段或萌芽状态。有下面几种情况：

1）危险点比较隐蔽或显露不明显，没有被识别出来，没有引起警觉。

2）危险点已经显露出来，也被识别出来，但因侥幸心理，疏于防范。

3）危险点没有交底讲明，作业人员有险不知险。

4）针对危险点制订的防范措施有漏洞，导致危险点没有得到有效的控制。

（2）以"5.2"事故为例。在危险点演变为事故的潜伏阶段，有以下几个危险点：

1）事故前，1号、3号、4号、6号制粉系统运行，每两层火焰中都隔着一层停用的燃烧器，1层、3层间距为2.07m，3层、4层间距为3.94m，4层、6层间距2.07m。炉膛火焰比较分散，上下层火焰间的相互引燃支持很差，容易发生燃烧波动。

2）事故前，煤量88t/h，其中1号磨煤机的煤量占总煤量的1/3，若1号磨煤机发生故障，将严重影响锅炉的燃烧工况。

3）事故前，因锅炉1号角下部电缆局部煤粉自燃，油速断阀系统电缆烧坏、短路，导致FSSS保护系统的PFS主保护系统直流220V保险一相熔断，PFS主系统失电，造成MFT出口继电器失电，所有MFT保护都不能动作，导致锅炉灭火保护拒动。

4）00时30分，热工在抢修烧毁的电缆工作中停电时，因就地四角油枪电源没有标志，分不清哪个是1号角保险，经值长同意，停油枪总电源，但未与炉班长、司炉联系。锅炉燃烧恶化时，将无法及时投油稳燃。

5）炉班长和司炉不知油枪总电源已停电，将干扰和延误事故处理。

存在的这5个危险点，是事故发生的初始阶段，也是事故的萌芽状态。

2. 渐进阶段

（1）渐进阶段是指潜在的危险点逐渐扩大的阶段，是事故发生的量变时期，事故苗头初见端倪。特别要注意的是人的不安全行为，如违章作业、违章指挥、违章驾驶和误操作等，会给危险点的扩大创造外部条件，而一旦危险点扩大到一定程度，就会由量变引起质变，发生事故。

（2）以"5.2"事故为例，在危险点演变为事故的渐进阶段，危险点逐渐扩大的情况如下：

00时33分，1号磨煤机下煤管堵塞，随即减少给煤量，停止1号给煤机运行，并派副司炉和助手到就地投油助燃，副司炉去A层油2、3号角。

（1）事故前，负荷166.8MW，总煤量88t/h，尚可维持基本稳定燃烧，但由于1号磨煤机的煤量占总煤量的1/3，当1号磨煤机停运后，燃烧恶化，燃烧热容量迅速下降，造成燃烧不稳，事故已经初现端倪，进入事故的量变时期。

（2）已经停了油枪总电源，燃烧恶化时，无法及时投油稳燃，发生锅炉灭火的风险越来越大，危险点逐渐扩大。

（3）炉班长和司炉不知道知油枪总电源已经停了，仍然按部就班准备投油稳燃，干扰和延误了事故处理，发生锅炉灭火的可能性越来越大，危险点进一步发展。

这是危险点向事故发展的渐进阶段，危险点逐渐向事故发展。

3. 临界阶段

（1）临界阶段是指事故将发生但还没有发生的阶段，在这个阶段危险点逐渐扩大，已进入发生事故的边缘，是危险点引发事故的最危险的阶段，也就是事故即将发生质的突变的阶段。如果危险点进一步发展，将突破安全状态的最大限度，危险点将演变为事故。

控制临界阶段的危险点是避免事故发生的最后一道防线和机会。处于这个阶段的危险点一旦被发现必须立即采取有效的防范措施处理，否则，事故必将发生。

（2）以"5.2"事故为例，在危险点演变为事故的临界阶段，已进入发生事故的边缘，情况如下：

00 时 36 分至 37 分，外出投油的助手回来向司炉汇报就地点火柜没电，油枪投不上。司炉与班长商量后，紧急启动 5 号制粉系统，并在 1min 内将给煤率加到 23t/h。5 号磨煤机投入后燃烧更不稳定，炉膛负压摆动增大，随后突然增大至－1500Pa。

（1）事故前，5 号磨煤机故障停运，磨煤机内及其输粉管内存有较多的煤粉，紧急启动 5 号磨煤机，无法进行暖磨，此时温度很低的风粉混合物进入炉膛后，对炉内燃烧起了破坏作用，使锅炉灭火。

注：此时仅仅是锅炉灭火而已。

（2）由于灭火保护拒动，没有自动切除燃料，使炉内开始聚集煤粉，由锅炉灭火向锅炉灭火放炮方向开始发展。

注：已进入发生锅炉灭火放炮事故的边缘。

（3）一方面因为没有火焰电视，另一方面因为经验不足，运行人员没有判断出此时锅炉已经灭火，没有及时切除燃料，使炉内开始聚集煤粉，进一步促使由锅炉灭火向锅炉灭火放炮方向发展。

已经进入发生锅炉灭火放炮事故的边缘，当炉膛内的煤粉达到一定浓度时，发生锅炉灭火放炮事故在所难免。

4. 突变阶段

突变阶段是指事故的形成阶段，是危险点生成、潜伏、扩大、临界的必然结果，是由量变到质变的飞跃。在突变阶段，危险点已经发展成为事故。

以"5.2"事故为例，在危险点演变为事故的突变阶段，危险点已经发展成为事故，情况如下：

00 时 38 分，炉膛压力又突然向正方向摆动至＋1500Pa。

（1）炉灭火后，炉膛内的煤粉达到爆炸极限，发生了炉膛爆燃，由锅炉灭火事故演变为锅炉灭火放炮事故。此时副司炉正在 3 号角准备投油，被喷出的高温煤粉严重烧伤。

（2）1 号炉不能远方投油，致使运行人员就地投油，导致一起设备事故发生衍生，派生出一起人身伤害事故。

（3）3 号角后墙与右侧墙连接处护板焊接工艺不良，承压能力薄弱，在炉膛爆燃时开裂，导致了人身伤害事故的发生。

（4）副司炉未按规定戴安全帽，且下身穿的裤子为化纤品，未穿厂发工作服，不符合安规要求加剧了伤害程度。

"5.2"事故中危险点演变成事故的进程如下：

（1）预防事故的最佳时机和最有效的办法是控制处于初始阶段的危险点，做到及早防范，把事故消灭在萌芽状态。

（2）危险点演变成事故是由几个演变阶段所组成的，因而控制处于潜伏阶段、渐进阶段或临界阶段的危险点都非常重要，只要做好防范工作，都能遏制事故的发生。

（3）违章作业是推动危险点向事故演变的重要因素，违章会生成危险点，扩大危险点或危险点处于临界状态，最终导致事故的发生。因此，要控制危险点，就要坚决杜绝违章行为。习惯性违章与危险点是一对孪生兄弟，习惯性违章是导致事故人为因素，危险点则是引发事故的客观因素，习惯性违章与危险点相结合，很容易造成事故。

综上所述，一切事物的发展变化都遵循从无到有、由量变到质变的客观规律，事故也不例外。事故是由危险点逐渐生成、扩大和发展所导致的，在危险点的量变期间，如果不重视而任其产生质的变化，就会导致事故的发生。

图 10-2　危险点演变成事故示意图

从图 10-2 可以看出，危险点是诱发事故的隐患，如不进行识别和控制，就有可能演变为事故。如果对存在的危险点进行识别，采取针对性的防范措施，就会化险为夷，确保安全。危险点的分析与控制正是这样一种积极预防事故发生的有效方法。

第四节　危险点的分析方法

危险点是客观存在的，分析危险点时，应紧密结合现场作业全过程的实际情况，从人的不安全行为、物的不安全状态、作业环境不良这三个要素入手展开分析，首先，应分析作业前能够预测作业全过程中的危险点，然后根据作业环境、人员状态等不确定的因素变化，分析作业过程中的动态危险点，不论是显现或潜在的危险点有多少，情况有多复杂，只要从实际出发，集思广益，充分发挥作业人员的聪明才智，掌握其分析方法，是完全可以找出全部的危险点，并对危险点加以控制，就能保证人身和设备安全。

一、危险点的分析方法

1. 归纳分析法

从已知的一些具体的事实中，分析推断出即将开始的作业中也会存在同类危险点的一种方法。这些已知的具体事实，既可以是本单位过去经历过的经验教训，也可以是本单位在同类作业中曾经发生的事故。

据不完全统计，发生人身伤害的主要原因是人的不安全行为，如违章作业、违章驾驶、违章指挥和作业方式不当等导致的，一般占事故总数的 80% 左右。

可见，违章在危险点中占第一位，在工作中应坚决杜绝违章现象，严格执行《电力安全工作规程》。

2. 演绎分析法

演绎分析法是指从危险点存在的一般规律，分析推断即将开始的作业中存在危险点的一种方法。它的特点就是干什么活，就有什么样的风险，这是客观规律。

例如：从事高空作业就有高空坠落的危险点；从事电气作业就有触电的危险点；从事起重作业就有起重伤害的危险点；夏季作业易引起中暑。但这只是对风险的宏观分析，究竟有什么样的具体情况会导致高空坠落、触电、起重伤害或者中暑的发生，就要对风险进行微观研究，要深入下去，不能浅尝辄止。

3. 调查分析法

调查分析法是指通过考察，多方了解情况，分析推断即将开始的作业存在危险点的一种方法。要了解即将开始的作业中存在的危险点，还应进行调查研究，在掌握大量情况的基础上，进行去伪存真、去粗取精、由表及里地分析加工。调查的方法很多，既可以到作业现场考察，了解那里的作业环境、工作对象，也可以向有过此类作业经验的内行请教，了解他们的意见和看法，还可以发动作业人员展开讨论，群策群力地分析预控危险点。在调查中，不仅要了解危险点有哪些以及它的发展趋势和有可能造成的危害，还要了解应该采取哪些预控措施。这样才能提高分析预控危险点的可靠程度。

4. 以《电力安全工作规程》为指南

《电力安全工作规程》（以下简称《安规》）是以前人的鲜血和生命为代价，在预防事故经验的基础上总结出来的，又经过实践检验证明是正确的科学真理，它是分析和控制危险点的行为指南。

（1）《安规》指明了各类作业中存在的危险点。

《安规》中的"不得"、"严禁"、"防止"等条款，实际上就是危险点。例如《安规》规定："有裂纹或显著变形的吊钩或吊环不得使用"，如果吊钩上有裂纹就应视为危险点；《安规》规定："在机器完全停止以前不准进行修理工作"，如果在机器没有完全停止以前进行修理工作就应视为危险点。

在作业前，要认真学习《安规》，并以此为指导，分析作业中的危险点。但是，还应注意的是《安规》只是为寻找危险点提供了一般的指导性的依据，不可能把所有的危险点都列举出来，在开展危险点预控活动中，要坚持以《安规》为指导，并从实际出发，从对实际情况的认真分析中得出科学的结论。

（2）《安规》指明了危险点的控制措施。

安全工作规程中有关应该怎么做、不应该怎么做，以及一些标准界限划定等表述，实际上就是控制危险点的基本措施，对同一类作业具有普遍的适用性和可操作性。例如，《安规》规定："在停电线路工作地段装接地线前，要先验电，验明线路确无电压"。在停电线路工作，先验明是否有电，如果有电即停止作业，这样就能防止被实际存在的电流的伤害；《安规》规定："线路经过验明确无电压后，各工作班（组）应立即在工作地段两端挂接地线。"挂接地线后，当电器设备意外带电时，电流便会经过地线流入大地。因此，挂接地线是防止人身触电的有效措施。

《安规》指明的方法和措施是控制危险点的"法宝"。严格遵守《安规》，就能遏制危险点的生成、扩大和突变。

（3）《安规》指明了发生危险后，应采取的应对措施。

《安规》的一些条款，对危险发生后的应对措施做出了明确的规定。例如，《安规》规定："制氢室着火时，应立即停止电气设备运行，切断电源，排除系统压力，并用 CO_2 灭火器灭火。由于漏氢而着火时，应用二氧化碳灭火并用石棉布密封漏氢处不使氢气逸出，或采取其他方法断绝气源"。

所以，进行危险点分析，应以《安规》为指南，分析作业中的危险点。《安规》中的"不得"、"严禁"、"防止"等条款，就是危险点。《安规》中的有关应该怎么做、不应该怎么做等条款，就是控制危险点的基本措施。

经验教训一再昭示，危险点的生成、扩大、突变以致造成事故，从主观念原因上看，皆是因为有关人员不熟悉或不能严格遵守《安规》所致。因此，加强《安规》的学习，熟练掌握《安规》，对分析和控制危险点是非常重要的。

5. 以《危险点分析及控制工作手册》为参照

《危险点分析及控制工作手册》几乎包括了电力企业所有检修项目存在的主要危险点及其主要的控制措施，有与《安规》相同的内容，也有对《安规》的补充完善，是电力企业开展危险点分析的重要参照依据，可参照它来进行危险点分析，但要注意它不是唯一的依据，要紧密结合本单位现场的实际情况，切忌不顾实际、生搬硬套。

6. 结合实际、深入细致

结合实际和针对实际是危险点分析的核心。在开展危险点分析工作中可以参照《危险点分析及控制工作手册》来进行，但切忌不顾实际、生搬硬套、一抄了事，一定要结合实际情况开展危险点分析工作。既要宏观分析，又要微观研究，把宏观上存在的风险，从微观上探究衬托出来。

例如，起重作业存在"起重伤害"的危险点，就是对风险的宏观分析。但究竟有什么样的具体情况会导致起重伤害的发生，就是对风险的微观研究。要对起重作业各个环节中的每个细节，如拴挂钢丝绳方法不当、"U"型卡磨损等微观细节存在问题都要分析透彻，这样识别出来的危险点才有针对性，制订出的防范措施才有针对性。

如果仅在宏观上知道其有危险性，而对可能引发危险的微观点分布在何处不明确的话，如此的风险分析及制订的防范措施的效能则是极低或无效的。

7. 要力求全面，避免疏漏

开展危险点分析的目的，是要把作业项目全过程中存在的危险点充分揭示出来，以便有针对性地制订防范措施，提高作业的安全可靠性。由此可见，危险点分析的全面与否直接关系到所采取的防范措施能否完备。因此，危险点分析一定要全面，避免疏漏。

例如：某一作业项目既有起重作业，又有高空交叉作业，又有周围其他作业影响。给人的表面直觉是安全风险较大，危险点很多。但这些危险点究竟存在于哪些环节之中，只有联系作业的全过程，把起重作业和高处作业及对该项作业安全有影响的周围其他作业的各个环节联系起来，在分别分析的基础上，进行全面细致的分析，才能制订出全面可靠的防范措施，这样才能算是真正意义上的危险点分析。反之，虽然分析出某些危险点，也制定了防范措施，但其防范成效是有限的，是有疏漏的。

8. 及时补充完善

检修作业开工后，如要临时变更工作方式和方法，应重新进行风险分析并制订防范措施，否则，不仅风险分析和防范措施的内容文不对题，而且安全预防作用也无从谈起。

二、如何分析危险点

危险点是由人的不安全行为、物的不安全状态及作业环境不良三个要素构成的。分析危险点应从以下几个方面考虑：

1. 作业人员的行为状况不正常构成的危险点

作业人员的心理状况（如盲目无知、麻痹侥幸、冒险蛮干及逞强好胜等不良心理状况）、精神状况（如班前饮酒、精神恍惚及萎靡不振等）、身体状况（如患有精神疾病、职业禁忌病）、工作作风（如劳动纪律松懈、工作拖拉）、安全知识、技术水平、实际工作经验以及事故应变能力等不能满足实际工作要求时，可能给人身安全或设备安全造成的危害。

例如：某厂粉煤灰公司建材厂检修 4 号混砂机，未按规定彻底断开电源，临时工孙××负责监盘，防止有人启动 4 号混沙机。事故发生前，孙××违章擅自离开工作岗位，另一名临时工陈××违章作业，从事非本岗位的操作，准备停 3 号混砂机，却误启动 4 号混砂机，正在 4 号混砂机检修的蔡××被严重挤伤。

2. 作业环境存在的危险点

作业环境的安全设施、邻近带电设备、邻近高温高压管道、作业场所狭窄、现场照明不足、在沟道及井下作业、在容器内作业、立体交叉作业、禁火区作业、高空作业、土石方作业等等，可能给人身安全或设备安全造成的危害。

例如：从事高空作业，必然有高空坠落的危险点。

3. 使用的工具、材料和设备构成的危险点

作业时使用手持电动工具、绝缘用具、风（气）动工具、电气焊工具、起重工具和试验仪器等，可能给人身安全或设备安全造成的危害。

例如：使用手持电动工具，就有触电的危险点。

4. 使用的劳动防护用品方面存在的危险点

工作人员在着装、安全带、安全帽、绝缘鞋、护目镜和绝缘手套等方面的劳动保护用品使用方法不正确，或者干脆不使用，可能给人身安全造成的危害。

例如：安全带未按期检验，高空作业人员虽然系好了安全带，但安全带的承受拉力不足，就有高空坠落的危险点。

5. 因天气状况恶劣构成的危险点

在出现刮风、雨雪及雷电等不良天气时，露天作业可能给人身或设备安全造成的危害，而引发事故的发生。

例如：大风天气在露天进行起重作业，起重设备和被吊物容易晃动，比较危险。所以《安规》规定，遇有 6 级以上的大风天气，禁止露天进行起重工作；雷雨天进行水源地巡视线路，就有被雷击的风险，所以巡视人员应穿绝缘靴，巡检时应离开避雷器 5m 远，以防落雷伤人；冰雪天路滑，发生交通事故的风险大大增加。

6. 检修的设备存在的危险点

对运行、转动、带电、高空、高温、承压、酸碱、氢气、燃油等设备进行检修或维护时，可能给设备或人身安全造成的危害。

例如：某厂发生的一名锅炉检修人员跌入 1 号炉电梯竖井高空坠落死亡事故。事故的主要原因是因维护不当，电梯长期带病运行，运行时只有检修速度，使得层门电气联锁装置失去保护，事故发生时电梯被他人开至 63.7m，一名炉检人员以为电梯仍停在 46.7m，所以就打开层门进去，结果落入井道。

7. 物质本身存在的危险

有些物质，其本身就是一种危险源，例如：高温管道；转动的设备；有毒有害化学危险品；放射性物质（如原煤斗、灰斗的铯 137 料位计）等。

三、危险点分析注意事项

（1）工作票上所列的安全措施是从设备、系统上采取的隔离措施。危险点分析主要是针对作业过程中存在的危险因素进行分析，并提出控制措施。

（2）分析工作场地可能给作业人员带来的危险因素时，应重点考虑高空、立体交叉作业、容器内、井下、邻近高压管道、邻近带电设备等。

（3）分析工作环境可能给作业人员带来的危险因素时，应重点考虑高温环境、大风、易燃、易爆、有毒、缺氧、邻近或相关班组作业、照明等。

（4）分析工具、设备可能给作业人员带来的危险因素时，应重点考虑电动工具、起重设备、安全工器具等。

（5）危险点分析时，要考虑操作程序及工艺流程的颠倒、操作方法的失误可能给作业人员带来的危险因素。

（6）危险点分析时，要考虑作业人员的身体状况不适、思想情绪波动，不安全行为，技术水平及能力不能满足作业要求等可能带来的危险因素。工作负责人在组织作业时，应作为首要的危险因素加以控制。

第五节 危险点的控制方法

危险点是人们在作业前、作业过程中预测的有可能发生事故的危险因素，找到了作业全过程的危险点后，重要的是对危险点的控制，以达到可控、在控，确保作业人员的人身安全和设备安全。

危险点应重点防范高空坠落、灼烫伤、触电、物体打击、机械伤害和起重伤害等发生频率较高的人身伤害事故。

危险点的控制方法很多，这里只介绍几种常见的控制方法，即消除法、代替法、隔离法、释放能量法、间距法、限制能量法、个人防护法、行政管理法。

一、危险点的控制方法

1. 消除法

这是从根本上消除危险源的首选方法，也是最彻底的方法。生产现场有相当多的危险源，例如：孔、洞、井、地沟盖板，栏杆缺口，导线绝缘破损，压力容器泄漏，旋转机械的异常运行，温度、压力、流量等监视参数的超标等，都是可以消除的，对此类危险源一经发现，应立即消除。

但在电力生产中，部分危险源是无法消除的，这一方法存在局限性。

2. 代替法

用低风险、低故障率的装备代替高风险装备。例如：将少油开关进行无油化改造为真空开关或 SF_6 开关，不仅灭弧性能提高，而且杜绝了油开关的爆炸事故；用全自动控制系统代替手动调节系统，提高了整体的安全运行水平；用新型清洗剂代替汽油清洗轴承等零部件，可以有效防止现场使用时引发火灾事故。

3. 隔离法

利用各种手段对危险点进行有效的隔离，是最常用的方法。

例如：执行工作票管理制度，将检修设备从正常运行的生产系统中隔离出来；拉开刀闸，利用明显的断开点把检修设备和运行设备隔离；关闭阀门并在法兰处加上堵板，把检修的系统和运行中的系统隔离；在带电设备与检修现场之间设置安全网或安全围栏，将作业环境和运行设备隔离；机械的转动部分加装固定防护装置等。

4. 释放能量法

通过采取一定的技术手段，把物质能量释放出来，从而避免人身伤害事故的发生。

例如：电气设备的保护接地，可以把漏电或碰壳设备对地电压限制在安全电压之下，从而避免人体接触设备外壳时发生触电。

电气作业时装设接地线，是保护工作人员在工作地点防止突然来电的可靠安全措施。一方面，可以将设备的感应电荷、断开部分的残余电荷放尽；另一方面，还能作用于误送来的电源，使其三相短路保护于瞬间动作跳闸，切断电源。

锅炉压力容器的安全门、锅炉烟道的防爆门和汽轮机上的大气阀，作用就是当介质的压力超过规定值时，将介质释放出来，避免事故的发生。

5. 间距法

和危险点保持一定的安全距离，是隔离法无法实施的一种有效的补充措施。

《安规》规定，设备不停电的安全距离为：电压 10kV 及以下，安全距离为 0.7m；电压 220kV，安全距离为 3m；电压 500kV，安全距离为 5m。等于或大于这样的安全距离，就能保证安全；小于这样的安全距离，就会发生危险。在变电站进行汽车吊的作业时特别应注意安全距离。

6. 限制能量法

在金属容器内作业，行灯的电压不准超过 12V；在厂区内机动车辆行驶不应超过 5km/h；在氢系统或其周围作业，必须检测氢气浓度不超过标准。

7. 个人防护法

针对作业环境、作业条件及作业中存在的危险点，有针对性地选用个人安全防护用品，是避免人身伤害的重要手段，也是贴身保护人身安全的最后手段。例如，进入生产现场应佩戴安全帽、高空作业应正确使用安全带、从事电气作业应穿绝缘鞋等。

8. 行政管理法

通过安全教育提高职工的安全意识和遵守安全规章制度的自觉性，通过合理组织避免疲劳作业，加强现场的安全监督和管理，杜绝违章作业等。

二、如何控制危险点应考虑的因素

只要是客观存在的事物，人们就有能力去认识它和控制它。潜在的危险点是一种客观存在的事物，只要我们认真去分析和预测作业中危险点，并对危险点采取针对性防范措施，危险点是完全可以控制的。其控制危险点应从以下几个方面考虑。

1. 把握危险状态与安全状态的临界点

任何事物的危险状态和安全状态都是相对的，是可以相互转换的。在一定条件下，达到一定的临界点，安全状态就会向危险状态转化。反之，通过采取控制措施，控制危险因数，则危险状态就会向安全状态转化。可以通过控制危险状态与安全状态之间的临界点来消除隐患，预防事故。

例如：锅炉灭火后，可以通过自动或人为切除燃料，来控制炉膛内的煤粉浓度，防止发生锅炉灭火放炮事故。

2. 努力满足安全状态的客观要求

事物处于安全状态是有一定条件的，只要通过努力，满足事物安全状态的要求，就能使事物处于安全状态，确保安全生产。

例如：不论多复杂的电气倒闸操作，如果严格履行操作票管理制度，按正确的操作顺序操作，加强监护，严格执行唱票复诵等规定，完全可以确保安全。

3. 制订有效的防范措施

一些作业项目，不论显现或潜在的危险点有多少，情况有多复杂。只要依据《安规》，结合实际情况，集思广益，充分发挥作业人员的聪明才智，是可以制订出切实可行、有针对性的防范措施，保证安全生产。

4. 采用现代化的手段和设备来控制危险点

控制作业中的危险点，需要有相应的技术手段和设备，这是控制危险点的物质要求。目前的现代化的手段和设备完全可以控制危险点。例如：装有漏电保护器的手提式电源箱，可以有效预防作业中的触电事故；热控专业 FSSS 系统可以对锅炉火焰进行监测，当锅炉灭火后自动切除所有燃料，而且炉膛在没有充分吹扫的情况下实现燃料禁投，有效地防止了锅炉灭火放炮事故；烟雾报警装置和灭火弹可以及时发现和处理电缆着火事故等。

第六节　危险点的分析流程

危险点分析一般由工作负责人组织，工作班成员参加；大的作业项目可由班长组织，班组成员参加；重大或危险性大的作业，可由车间组织，车间技术人员和班组成员参加。必要时，应邀请对该作业有实践经验的其他人员参加。

下面以发电机检修为例，介绍危险点的分析流程。

（1）明确作业项目。明确要进行危险点分析的作业项目，如发电机检修。

（2）将作业项目的全过程分解为若干子阶段。例如，将发电机检修分解为以下几个子阶段：①气体置换；②拆装引线；③拆装端盖；④抽装转子；⑤定子及水路检修；⑥转子检修；⑦封人孔门。

（3）逐个阶段地分析可能存在的危险点。例如，发电机定子及水路检修的危险点主要有遗留异物、腐蚀、火灾、水管损坏和损伤设备等。

（4）围绕确定的危险点，制订针对性的防范措施。例如：围绕发电机定子及水路检修的危险点，制订的针对性防范措施如下所述。

1）"遗留异物"的防范措施有：①严格执行发电机进入制度；②拆下的零部件做好记录放入专用的布袋；③定子膛内应铺设胶皮；④作业结束后，用专用苫布将两侧端部遮盖；⑤检修后，所用工具、材料应清点无误；⑥所用工具要用绳索与手腕系牢。

2）"水管损伤"的防范措施有：①检修中不得蹬踏绝缘引水管；②当水管拆开时，必须将螺口用白布缠好。

（5）填写《危险点控制措施票》。

（6）填写完票后，由工作负责人向作业班成员宣读《危险点控制措施票》中的内容，作业班成员对其内容进行补充的完善，无补充在票上分别签名。

（7）开工前，到现场应由工作负责人向作业班成员进行危险点及其控制措施的实际交底。

（8）在作业之前，预测的危险点有很大的不确定性，随着作业的进行以及实际作业情况的不断变化，新的危险点也会随之出现。因此，必须紧密结合作业进程，及时开展危险点分析，并把控制措施跟上去。

（9）完工后，对该作业项目的危险点及控制措施进行分析和总结，确定该作业项目的危险点及控制措施具体内容，为下一次检修工作做准备。

危险点分析流程如图 10-3 所示。

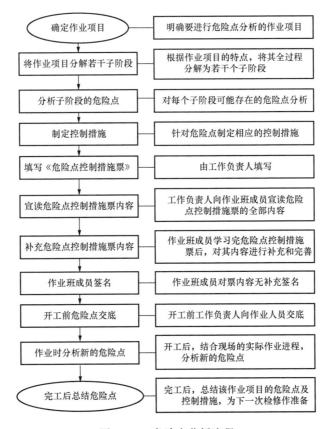

图 10-3 危险点分析流程

第七节 危险点控制措施票的填写

一、危险点控制措施票的填写

（1）由工作负责人填写《危险点控制措施票》，一式两份。

（2）填写时应采用标准术语，无标准术语时，编写危险点要力求简单明了、描述准确，保证对危险点理解的唯一性。

（3）"危险点"栏是指作业全过程的危险因素。根据作业任务、作业环境、人员状态等因素对作业全过程进行分析，找出威胁人身和设备安全的危险因素。

（4）"控制措施"栏是指针对危险点制订相应的控制措施。制订控制措施时应具有可操作性、针对性、适用性等特点，确保危险点可控在控。

（5）对于"作业成员签字"栏，工作负责人填写完票后，向作业班成员宣读其内容，作业班成员补充完善内容，无补充意见应在此栏内签名，并在作业中遵照执行。

二、填写时注意事项

1. 标准的危险点控制措施票

标准的危险点控制措施票应包括两部分内容：一是对工作的工艺流程、使用工器具、周边环境固有的危险点分析与控制措施，要事先编制好；二是涉及人员身体、情绪、气候等动态的危险点，需要作业前工作负责人临时组织分析、制订。

2. 与工作票所列安全措施的关系

工作票是从设备、系统上采取的隔离措施，是防止运行中的设备或系统对检修人员造成伤害。依据的主要是《电力安全工作规程》，是在检修开工前由运行人员所做的安全措施。

危险点分析与控制措施是从人、机、环境的不安全因素考虑所采取的安全措施，是检修人员自己落实的控制措施，是对《电力安全工作规程》中安全措施的补充和完善。

可见，危险点控制措施票与工作票采取的安全措施是相互互补关系，不能相互取代。

3. 与《检修作业指导书》的关系

在《检修作业指导书》的"作业要求"栏的安全措施条款中，除填写《电力安全工作规程》规定的要求外，还要填写"危险点分析与控制"所提出的危险点控制措施。在编制《检修作业指导书》时，要将工作班组自理的作业点危险因素及控制措施编入"检修作业流程栏"。

4. 与安全性评价的关系

安全性评价与危险点分析理论上都属于"风险评估"，都是预防控制事故的现代安全管理方法，但作用不同，应用的范围不同。安全性评价是在宏观上对一个企业的安全状况进行总体评价，危险点分析与控制是在微观上对具体作业项目进行危险点的分析与控制，防止事故的发生。

第八节　危险点控制措施票的执行

危险点是客观存在的，随着现场环境、条件和作业方式等因素的变化还会产生新的动态危险点，在作业全过程中，必须对危险点引起高度的重视，随时进行查找和分析，随时采取相应的控制措施，并监督检查危险点控制措施的执行情况，才能确保作业全过程的安全。

一、危险点控制措施的执行

（1）办理工作票（或操作票）手续时，工作票（或操作票）必须附带《危险点控制措施票》，方能办理签发或许可手续。

（2）工作票签发、操作票"四审"的同时必须审核《危险点控制措施票》，签发人或"四审"人应对《危险点控制措施票》的正确完备负责，并对其内容补充完善。

（3）开工前，工作负责人要组织作业班成员到现场进行交底，逐项落实危险点控制措施，在确认无误后，方能开始进行检修作业。

（4）在作业过程中，要随着现场环境、条件和作业方式等的变化，分析、查找新产生的动态危险点，并随时采取相应的控制措施。

（5）工作间断需要重新作业前，作业班成员到现场应重新核对危险点分析情况，无补充后方能重新作业。

（6）工作票需要办理延期手续时，《危险点控制措施票》随工作票延期时间有效。

（7）对于临时或中途加入作业的人员，必须掌握《危险点控制措施票》上的安全措施，并签字后方能参加作业。

（8）作业完工后，工作负责人要组织作业班成员进行总结，检查危险点分析是否贯穿于作业全过程，是否还有未受控的危险点等，用以补充完善此类作业项目的危险点控制措施。

（9）事故抢修及其他情况属于可以不开工作票的，也必须开展危险点分析，制订控制措施。所制订的控制措施，作业班成员必须学习和签字，并由抢修负责人收存。

（10）特殊情况由单人进行的工作，如夜间单人值班进行消缺、保护投退等，工作开始前由工作人员参照有关材料，自己进行分析和制订控制措施，并在班组日志内做好记录。

二、执行时注意事项

（1）分析危险点时，要结合现场的实际情况深入细致地分析，注意不要脱离实际空想危险点，不要流于形式。

（2）作业前，工作负责人应组织作业班成员到现场对照《危险点控制措施票》中的内容逐项进行核对，及时修改、补充和完善。

（3）危险点是客观存在的，也是随时产生变化的。在分析危险点时，不要只在作业前考虑危险点，重要的是在作业全过程中考虑动态危险点，并在《危险点控制措施票》后面及时补充和完善。

（4）在作业过程中，对于新增人员必须重新学习《危险点控制措施票》中的全部内容，无补充意见签名后，方能参加作业。

第九节　危险点控制措施票的管理

一、危险点的静态检查项目

具有以下任一情况者为"不合格票"：

（1）《危险点控制措施票》的票面没有编号。

（2）使用术语不规范且含义不清楚。

（3）填写与作业项目无关的危险点。

（4）危险点分析有疏漏，有重大的危险点没有被分析和识别出来。

（5）控制措施的内容与危险点不对应、有漏洞，或重要的措施没有填写出来。

（6）作业班成员代签名，或有参加作业人员（包括生产用工人员等）没有在票上签字。

(7)《危险点控制措施票》内容与工作票（操作票）内容不对应。

(8) 票面改后未盖章、涂改 3 处及以上或乱画。

(9) 应办理签发手续而未办理签发手续。

(10)《危险点控制措施票》撕坏或丢失。

二、危险点的动态检查项目

(1) 静态危险点检查所规定的内容。

(2) 开工时工作许可人、工作负责人是否持票共同到现场检查危险点，危险点分析是否准确，控制措施是否有针对性。

(3) 工作负责人是否随身携带《危险点控制措施票》。

(4) 开始作业前，工作负责人是否组织工作班成员学习危险点控制措施并进行安全技术交底，《危险点控制措施票》中是否有全部工作班成员的签名。

(5) 对开展危险点分析工作是否走过场，流于形式。

(6)《危险点控制措施票》中人员签名与现场工作班成员不符。

(7)《危险点控制措施票》中的控制措施是否 100%落实。

(8) 是否存在无《危险点控制措施票》工作或先工作后补票的现象。

(9) 工作负责人是否始终在现场执行监护职责，是否对现场新产生的危险点进行及时分析，并采取针对性的防范措施。

(10) 每次作业后，是否对本次作业过程开展危险点分析与控制措施的落实进行总结。

(11) 危险点控制措施票合格率的计算式为

$$危险点票合格率=\frac{已终结的合格危险点票份数}{已终结的危险点票总份数}\times100\%$$

作废、未执行的危险点票不进行合格率统计，但各单位要制订细则进行控制。

第十节　各级人员的安全责任

一、工作票签发人的安全责任

(1) 签发工作票的同时签发《危险点控制措施票》。

(2) 审查工作票时，应对《危险点控制措施票》的是否正确、完备负责。

(3) 多班组配合工作时，负责组织各班组按照《危险点分析与控制手册》的内容，结合具体工作的特点，补充和完善危险点分析与控制措施。

(4) 多专业共同作业时，要重点抓好结合部，以防止出现漏洞。

二、值长的安全责任

(1) 组织或指定单元长（班长）进行复杂的电气倒闸操作和热力系统操作的危险点分析，制订控制措施并进行审查。不得签发没有《危险点控制措施票》的操作票。

(2) 在审查和办理工作许可手续时，要审查是否有与工作相应的《危险点控制措施票》。

三、班组长的安全责任

(1) 根据工作任务安排，组织班组工作人员按照本单位的《危险点分析与控制手册》，认真分析设备系统运行方式、工作环境特点、参加工作人员的精神状况，对危险点分析与控制措施进行补充和完善，审查危险点控制措施是否符合实际，是否正确、完善。

（2）监督工作负责人组织工作班成员，根据作业情况召开危险点及控制措施分析会。

（3）班前会，组织工作组成员学习，检查和督促每个成员了解和掌握具体工作的危险点。开工前，认真检查控制措施的落实，并宣讲各作业点主要的危险点及控制措施，进行安全提示。

（4）深入现场检查危险点控制措施是否得到正确执行和落实。

（5）班后会，要对当日本班组工作过程开展危险点分析与控制措施的落实进行总结，不断提高危险点分析的准确性和控制措施的针对性。

四、工作负责人的安全责任

（1）工作前结合工作内容，组织工作班成员进行危险点分析。

（2）组织制订危险点分析和控制措施的具体内容，并填写《危险点分析措施票》。

（3）开工前，向参加作业人员宣讲危险点分析及控制措施，认真检查核实控制措施。

（4）工作中，监督检查工作班成员落实危险点控制措施情况，是否严格执行。

（5）收工后，对本工作的危险点控制措施进行总结。

五、工作许可人的安全责任

对没有认真填写《危险点控制措施票》的工作票，不得办理工作票许可手续。

六、工作班成员的安全责任

（1）工作前应学习《安全工作规程》、运行及检修工艺规程中与本作业项目有关规定、要求。

（2）认真学习本单位《危险点分析与控制手册》，积极参加本班组危险点分析，提出控制措施，在工作中认真落实。

（3）严格遵守有关规定，落实危险点分析所提出的控制措施，规范作业行为，确保自身和设备安全。

七、监护人的安全责任

（1）认真组织开展危险点分析工作。

（2）在操作过程中监督落实危险点控制措施票，对执行危险点控制措施的正确性负主要责任。

八、操作人的安全责任

（1）认真进行危险点分析工作。

（2）在操作过程中，严格执行危险点措施票，规范操作行为，对执行危险点措施票的正确性负责。

第十一节　危险点控制措施票的应用范例

【例 10 - 1】　某厂 1 号发电机为水氢氢冷却形式，开机前（机组检修后），运行人员需要对发电机进行气体置换的操作工作。其热力机械操作票的操作任务"1 号发电机气体置换（空气→CO_2→氢）"，危险点控制措施票如表 10 - 2 所示。

表 10 - 2　　　　　　　　热力（水力）机械操作危险点控制措施票

No. _____　　　　　　　　　　　　　　　　　　　　工作票编号：R4112020

操作任务：1 号发电机气体置换（空气→CO₂→氢）		
序号	危险点	控 制 措 施
1	充二氧化碳速度过快	充二氧化碳应缓慢进行，以免低温二氧化碳造成发电机骤冷而结露
2	氢气爆炸	(1) 气体置换应按规程进行，氢气一律排入大气，禁止开启氢气系统机房内排地沟门； (2) 氢气系统的操作必须使用专用防爆工具； (3) 排氢和补氢应均匀、缓慢，禁止剧烈排送，防止氢气因摩擦而自燃； (4) 氢气置换期间氢区严禁明火作业或进行能产生火花的工作
3	氢侧密封油失压	(1) 控制发电机内气体升压速度； (2) 密切监视密封油箱油位； (3) 检查氢侧密封油箱自动补、排油阀动作正常
4	置换后的氢气纯度不够，或取样点没有代表性	氢气转换二氧化碳工作必须经化验氢气纯度合格后方可停止，同时，也应注意取样与化验工作的正确性，防止误判
5	氢侧密封油箱满油	(1) 限制发电机最低氢压并避免低氢压长时间运行； (2) 密切监视密封油箱油位； (3) 检查氢侧密封油箱自动补、排油阀动作正常； (4) 氢压很低时，氢侧密封油箱油位如出现较快上涨，可适当关小空气侧密封油泵进油阀
参加操作、监护人员声明： 　我已掌握上述危险点控制措施，在操作过程中，我将严格执行。 操作人：李×× 　　　　　　　　　　监护人：张××		
完成准备工作时间：2012 年 2 月 08 日 12 时 00 分		

【例 10 - 2】　某厂 1 号炉 1 号一次风机电动机安装在 1 号炉 0m 左侧，检修车间要求对该电动机进行大修工作，办理电气第一种工作票，工作内容为"1 号炉 1 号一次风机电机大修"；危险点控制措施票如表 10 - 3 所示。

表 10 - 3　　　　　　　　检修工作危险点控制措施票

NO. _____　　　　　　　　　　　　　　　　　　　　工作票编号：D10502018

工作内容：__1 号炉 1 号一次风机电动机__

工作负责人：__李××__

序号	危险点	控 制 措 施
1	人员思想状态	保持思想稳定，工作时精力集中
2	人员精神状态	保证工作前不饮酒，休息充足，状态良好

序号	危险点	控 制 措 施
3	误动其他设备	(1) 对照工作票认真核对设备名称; (2) 办理工作许可手续后,待全体人员到达工作地点,工作负责人向全体成员交代安全措施,注意事项有周围工作环境
4	机械伤人	检查工器具合格
5	落物伤人	检查检修区域上方和周围无高空落物的危险
6	防烫伤	接触热体时带隔热手套
7	设备损坏	起重机械要经检查合格,吊索荷重适当,正确使用工器具
8	防止火灾	清洗部件要用煤油和清洗剂,清洗时要远离火源,及时清理使用后的棉纱等易燃物
9	人身触电	(1) 临时电源摆放要规范,不能私拉乱接; (2) 作电气试验时,检修人员要撤离现场,并作好配合工作; (3) 使用电气工具必须使用有漏电保护的电源
10	异物遗留在电机内	(1) 设备回装时认真检查机内无遗留异物; (2) 回装前应及时清点工器具
11	防高摔	人员站在本体上工作时选择适当的工作位置,设专人监护
12	防滑倒	及时清理地面油污
13	防爆	使用火焊时,乙炔瓶和氧气瓶要保持8m距离
14	起重伤害	(1) 在起重前要检查起重工具是否合格,不合格的严禁使用; (2) 吊装过程中要和起重人员互相配合,防止起重伤害
15	机械伤害	检查工器具是否合格,不合格的严肃使用,正确使用工器具,戴好防护用品
工作票签发人意见	同意	工作票签发人签名 张××

工作许可人补充的危险点分析:

序号	危险点	控 制 措 施
	无补充	

作业成员声明:我已经学习了上述危险点分析与控制措施,没有补充意见,在作业中遵照执行。

工作班成员签名:

　王×× 　薛×× 　刘××

2012 年 2 月 08 日

第十一章

标 准 票 库 的 建 立

第一节 概　　述

标准票库的建立是为了减小一线作业人员编制操作票、工作票的工作强度，提高票面质量和办票效果，避免因开票人员考虑不周、制订的安全措施不完善或对危险源认知不足等因素而造成事故的发生，保证票面内容的规范、标准、正确和实用，保证票面合格率达到 100%。

在电力生产中，运行人员操作设备、检修人员检修设备的工作任务种类非常多，对应的操作票、工作票也非常多，并且随着各电厂、各系统、各设备的不同，其标准票的数量就不同，为了使编制的标准票具有针对性，保证现场所有的标准作业都有对应的标准票，满足现场作业的实际需求，努力达到标准票的覆盖率为 100%，做到心中有数和量化管理，对标准票的数量进行科学的统计分析，运用排列组合方法，计算出编制标准票的大致数量，为编制标准票提供指导性的理论依据。

对于一个电厂，按照"标准作业都必须有对应标准票"的指导思想来编制标准票时，需要编制几万张、甚至几十万张标准票，在这样庞大数量的标准票库内要想找到某一张自己需要的票，没有科学地归类方法进行存放是很难找到的，为了保证每张标准票有合适的存放位置，保证标准票的分类科学、规范和实用，并且便于计算机系统的查询、统计等功能的管理，必须建立好标准票库的目录树结构。

由此可见，标准票库的建立应包括标准票库目录树结构的建立、标准票数量的统计、标准票的编制原则 3 个方面内容。

第二节 标 准 票 库 的 建 立

标准票库的建立是指建立标准票库的目录树结构，并将编制好的标准票存放在合适的指定位置内。在建立目录树结构时，应根据本单位系统、设备的实际情况以及现场需要，考虑标准票按专业、按单位进行合理地分类存放和管理，一方面要考虑到便于一线作业人员调用、查询、统计、归档和管理；另一方面要考虑到便于计算机系统的管理，保证标准票库的目录树结构直观、简洁和适用，保证标准票分类存放的合理性、实用性。

一、标准操作票库的结构

标准操作票库的结构是存放标准操作票的房间（位置）。其目录树结构一般分为四层，即第一层为单元、第二层为机组、第三层为专业、第四层为系统，如图11-1所示。

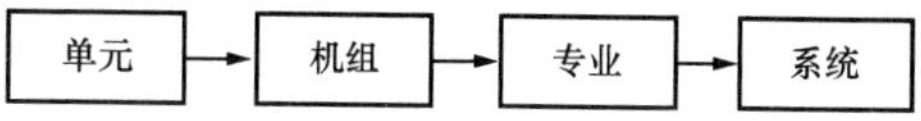

例如：某厂共有2个单元，每个单元有2台机组，其标准操作票库的目录树结构应按表11-1建立（以电气专业为例）。

单元 → 机组 → 专业 → 系统

图11-1 标准操作票库的目录树结构

表11-1　　　　　　　　标准操作票库的目录结构

一层（单元）	二层（机组）	三层（专业）	四层（系统）
一层单元	1号机组	电　气	发变组系统
			厂用电系统
			直流系统
	2号机组	同　上	
二层单元	同　上		

二、标准工作票库的结构

标准工作票库的目录树结构是存放标准工作票的房间（位置）。一般有两种建库形式，一种是以专业建立标准工作票库，另一种以单位建立标准工作票库。

（1）以专业建立标准工作票库，其目录树结构一般分为3层：第1层为专业、第2层为机组、第3层为系统，如图11-2所示。其中，专业层包括汽轮机、电气、锅炉、热控、除灰除尘、化学、燃料等。

专业 → 机组 → 系统

图11-2 以专业建立票库的目录树结构

例如：某厂共有两个单元，每个单元有两台机组，现以电气专业为例建立标准工作票库的目录树结构，如表11-2所示。

表11-2　　　　　　　　以专业建立标准工作票库结构

一层（专业）	二层（机组）	三层（系统）
电　气	1号机	发变组系统
		6kV厂用电系统
		380V厂用电系统
	2号机	发变组系统
		6kV厂用电系统
		380V厂用电系统

（2）以单位建立标准工作票库。其目录树结构一般分为4层：第1层为车间、第2层为班组、第3层为机组、第4层为系统，如图11-3所示。其中，车间层包括汽轮机车间、电气车间、锅炉车间、热控车间、化学车间、燃料车

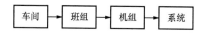

图11-3 以单位建立票库的目录树结构

间等。

例如：某厂共有两个单元，每个单元有两台机组，现以电气车间为例建立标准工作票库的目录树结构，如表 11-3 所示。

表 11-3　　　　　　　　　以单位建立标准工作票库结构

一层（车间）	二层（班组）	三层（机组）	四层（系统）
电　气	发电机班		
	变电班	1 号机组	6kV 厂用电系统
			380V 厂用电系统
		2 号机组	6kV 厂用电系统
			380V 厂用电系统
	配电班		
	炉电班		

第三节　标准操作票数量的统计

运行操作工作是通过改变设备状态来完成操作任务的，由于设备状态之间的相互转换的种类不同，就生成不同的操作票。如果对于某一个设备有几张操作票，则一个系统内包括多个设备就有几十张操作票，一个专业内包括多个系统就有几百张操作票，一台机组内包括多个专业就有几万张操作票，一个单元包括两台机组就有十几万张操作票，一个电厂包括多个单元就有几十万张操作票。可见，对于这样庞大数量的操作票库，要想做到心中有数、量化管理，必须把握住每个设备的状态转换规律性，并应用科学的统计方法，计算出单台机组操作票的数量值，才能保证满足现场生产的需求，保证标准票覆盖率达到 100% 的要求。

一、标准操作票数量统计公式

根据设备状态转换规律性，排列组合，可以计算出某一设备编制标准操作票的数量值。

设某一设备有 A、B、C、D 4 个状态；其设备状态转换是可逆的，其中：A、B_0、C、D 属主状态因子，B_1、D_1、D_2 属子状态因子，如图 11-4 所示。

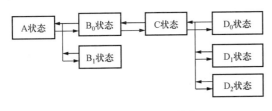

图 11-4　设备状态转换

主状态转换：正向，A 状态转换需 3 张票（AB_0、AC、AD_0），B 状态转换需 2 张票（B_0C、B_0D_0），C 状态转换需 1 张票（CD_0）；反向状态转换与此相同。所以，主状态转换共需要操作票（$3A+2B_0+1C$）×2 张。

子状态转换：正向，B_1 状态转换需 3 张票（B_1A、B_1C、B_1D），D_1 状态转换需 3 张票（D_1C、D_1B、D_1A），D_2 状态转换需 3 张票（D_2C、D_2B、D_2A）；反向状态转换与此相

同。所以，子状态转换共需要操作票（$3B_1+3D_1+3D_2$）×2 张。

综上所述，设备状态转换共需操作票数量为

$$(3A+2B_0+1C)\times2+(3B_1+3D_1+3D_2)\times2=12+18=30（张）$$

由此可推出设备状态转换的数量统计公式，见式（11-1）。

状态转换数量为

$$[(n-1)+(n-2)+\cdots+1]\times2+\left[\sum_{i=1}^{m}(n-1)\right]\times2 \qquad (11\text{-}1)$$

式中：$[(n-1)+(n-2)+\cdots+1]\times2$ 为主状态转换数量；$[\sum(n-1)]\times2$ 为子状态转换数量；n 为主状态因子数；m 为子状态因子数。

例如：图 11-4 所示，设备主状态为 4 个因子（即 A、B_0、C、D_0 状态）$n=4$，则主状态转换数量为 $[(4-1)+(4-2)+(4-3)]\times2=12$；子状态为 3 个因子（即 B_1、D_1、D_2），$\sum=3$，则 $[(4-1)+(4-1)+(4-1)]\times2=18$。所以，设备状态转换总数为 $12+18=30$ 张操作票。

二、标准操作票数量统计流程

标准操作票数量统计流程如图 11-5 所示。

1. 按机组划分专业、系统、设备

（1）按专业分类：汽轮机、电气、锅炉、除灰除尘、化学、输煤等。

（2）按系统分类：分为发变组系统、厂用电系统、直流系统等（以电气专业为例）。

（3）按设备分类：分为发电机、变压器、电动机等（以电气专业为例）。

2. 确定设备的数量

设备的数量是指在一个系统内包括有多少个同类设备。例如，1 台机组的 6kV 厂用电系统内共有 2 台吸风机。

3. 确定设备的状态

设备的状态是指通过对某一个设备特点及在系统内所起的作用进行分析，确定出该设备的状态、检修项目。例如，电动阀有运行、试转、检修 3 个状态，其中：试转包括就地、远方；检修包括开关检修、阀门检修、电动头检修。

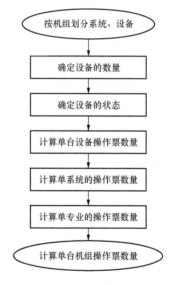

图 11-5 标准操作票数量的统计流程

4. 计算单台设备操作票的数量

设备状态确定后，套用式（11-1）即可计算出单台设备标准操作票的数量值，即

$$单台设备标准操作票=[(n-1)+(n-2)+\cdots+1]\times2+\left[\sum_{i=1}^{m}(n-1)\right]\times2$$

5. 计算系统操作票的数量

将系统的所含设备的操作票数量叠加即可。

6. 计算专业操作票的数量

将专业所含系统的操作票数量叠加即可。

7. 计算单台机组操作票的数量

将单台机组所含各专业的操作票数量叠加即可。

三、标准操作票数量统计范例

【例 11-1】 某厂在 6kV 厂用母线上共接有 10 台高压电动机，请问需要编制多少张标准操作票，才能满足标准票覆盖率为 100% 的要求？

解：（1）确定电动机的状态。

A   B   C   D

热备用 —→ 试验 —→ 冷备用 —→ 检修

     0：远方试验 0：测绝缘 0：开关本体检修

     1：就地试验 1：不测绝缘 1：电动机本体检修

                   2：电缆检修

                   3：二次回路检修

（2）计算单台电动机操作票的数量。

主状态有 A、B、C、D 4 个因子（B_0、C_0、D_0 包括在内），$n=4$；子状态有 B_1、C_1、D_1、D_2、D_3 5 个因子，$m=5$，根据式（11-1）得出

$$单台电动机操作票数量 = \left[(n-1)+(n-2)+\cdots+1\right] \times 2 + \left[\sum_{i=1}^{m}(n-1)\right] \times 2$$

$$= (3+2+1) \times 2 + (3B_1+3C_1+3D_1+3D_2+3D_3) \times 2$$

$$= 12+30 = 42（张）$$

所以需要编制 420 张操作票才能满足标准票覆盖率为 100% 的要求。

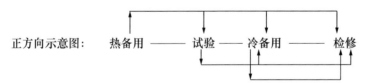

正方向示意图： 热备用 —— 试验 —— 冷备用 —— 检修

（1）A、B、C、D 分别表示设备元件的"热备用"、"试验"、"冷备用"、"检修" 4 个状态。不同的设备元件有不同的状态数。

（2）算式中（3+2+1）×2 表示："热备用"到"试验"、"冷备用"、"检修"状态转换需要 3 张，"试验"到"冷备用"、"检修"状态转换需要 2 张票，"冷备用"到"检修"状态转换需要 1 张票，即 3+2+1；"检修"向"冷备用"、"试验"、"热备用"状态的反方向转换与此相同，故 ×2。

（3）算式中（$3B_1+3C_1+3D_1+3D_2+3D_3$）×2 表示：$3B_1$ 为"就地试验"状态向其他 3 个状态转变需要的操作票数，$3C_1$ 表示"不测绝缘"向其他 3 个状态转变需要的操作票数；$3D_1$、$3D_2$、$3D_3$ 分别表示"电动机本体检修"、"电缆检修"、"二次回路检修"向其他 3 个状态转变需要的操作票数；"热备用"、"试验"、"冷备用"向 B_1、C_1、D_1、D_2、D_3 状态反方向转换与此相同，故 ×2；B_0 表示远方试验，C_0 表示"测绝缘"状态，D_0 表示"开关本体检修"，在（3+2+1）×2 中已经计算。

（4）单台电动机的 4 个基本状态和不同工作任务之间相互转变所需要的标准操作票数量。（3+2+1）×2+（$3B_1+3C_1+3D1+3D_2+3D_3$）×2=42（张）。

（5）对于状态改变和工作任务相同的设备元件，乘以该类设备元件数量，得出该类设备元件操作票总数量。所以，在 6kV 厂用母线上接有 10 台电动机，共需要编制 $10 \times 42 = 420$ 张标准操作票。

第四节　标准工作票数量的统计

标准工作票数量是由工作任务决定的，每一个工作任务就对应一张工作票，工作任务主要包括设备的大修、小修、维护消缺（检修）。由于设备结构、特点不同，其检修项目就不同。例如，某电动机轴承采用的是附带润滑油站进行冷却方式，在确定工作票数量时，首先要考虑的是电动机、润滑油站 2 部分设备，对于电动机检修工作可分为大修、小修、维护消缺，对于润滑油站检修工作也可分为大修、小修、维护消缺，并且电动机、润滑油站均不能单独停用检修，应对其检修项目进行合并来考虑，而对于电动机上的温度测点检修工作就不能分为大小修、只有更换项目。可见，在确定工作票数量时要综合进行分析，掌握设备的结构、检修项目等内容，然后根据在系统内的作用来确定出工作票数量，同时在确定工作票数量时，努力做到在工作票类型上要多而全，在同类型工作票数量上要少而精，要贴近现场实际工作，满足于生产一线作业人员的需求，并便于调用、查询、统计、归档和管理，统一标准、规范管理，保证标准工作票的规范、标准、正确和实用，达到标准工作票覆盖率 100% 的要求。

一、标准工作票数量的统计原则

（1）主要设备工作票数量的统计，原则上应按照本单位的系统和设备的 KKS 编码的数量统计。例如：某厂的循环水系统有 KKS 码 29 项，则该系统的标准工作票数量为 29 张。

（2）工作票数量的统计应按设备大修、小修、检修（维护消缺）分别考虑，不能区分大小修的设备应按一般性检修来考虑。

（3）对于有些设备虽然有 KKS 编码，但必须随系统或主设备停运才能检修（不能单独停运检修），把这类设备应归属到所在系统或主设备的检修工作票之中，而不做单独的统计。例如：定冷水泵出、入口门检修，凝结水泵入口手动门、出口电动门检修等。

（4）对于 1 个系统内包括若干个子系统时，编制标准工作票数量应按"所有子系统数量＋1（系统）"进行统计。例如，DCS 包括 33 个子控制系统，则标准工作票总数为 33＋1＝34（张）。

（5）对于一个设备包括若干个子设备的，其标准工作票数量应按"所有子设备"分别统计。例如，斗轮机设备分为大车行走设备、悬臂回转设备、悬臂俯仰设备等，而这些设备又分为机械设备、电气设备等。

（6）对于同系统、同类型的设备，仅设备编号不同，而安全措施和危险点分析均相同时，可以编制标准工作票模板，如输煤系统皮带托辊的更换等。

（7）对于设备名称和设备编号均不相同的设备，虽然安全措施和危险点分析均相同，但不得编制标准工作票模板。例如：6kV 段上的各负荷开关检修。

（8）设备上附带有子系统，但不能单独停用检修时，标准工作票的安全措施应包括在内。例如：有水冷却器的电动机的安全措施应包括关闭水冷却器的出入口门。

（9）有些设备虽然安全措施相同，但工作任务、检修内容、危险点控制措施均不同，其标准工作票应分别编制。例如：水泵电动机小修；水泵电动机大修；水泵电动机检修；水泵电动机轴承更换；水泵电动机更换。

（10）泵类、容器、手动阀门类设备检修的标准工作票数量应按台进行统计。例如，泵类有 37 台，标准工作票张数为 $37 \times 1 = 37$（张）；加热器有 12 台，标准工作票张数为 $12 \times 1 = 12$（张）；手动门有 346 台，标准工作票张数为 $346 \times 1 = 346$（张）。

（11）电动阀门、调整门、逆止门因具有独立的执行机构，而执行机构检修和阀体检修时其安全措施不同，所以，标准工作票张数分别进行统计，每台阀门为 2 张工作票。例如，电动门、调整门、逆止门共有 169 台，标准工作票张数为 $169 \times 2 = 338$（张）。

（12）对于表计、变送器、测点等单一元件的检修，原则上按每个元件一张标准工作票编制；但是，对于同一个系统或同一个设备上有多个相同的元件，仅设备编号不同时，可以编制一张标准工作票模板。例如：电极更换；水位表检修；变送器检修；压力、流量或温度元件更换。

二、标准工作票数量的统计范例

【例 11-2】 某厂热网系统的电气设备有 17 台高压电气设备、12 台低压电气设备、145 台电动门。请问应编制电气第一种工作票的数量和电气第二种工作票的数量各是多少？

解：按不同电气设备分析如下：

1. 高压电气设备

高压设备共有 17 台，每台设备均包括高压电机、高压电缆、高压配电装置、二次回路四部分的检修工作。其中：

（1）高压电机有 8 张工作票。①热网水泵电动机小修；②热网水泵电动机大修；③热网水泵电动机检修；④热网水泵电动机轴承更换；⑤热网水泵电动机更换；⑥热网水泵电动机引线检查；⑦热网水泵电动机小修试验；⑧热网水泵电动机大修试验。

（2）高压电缆有 2 张工作票。①热网水泵电动机电源电缆小修试验；②热网水泵电动机电源高压电缆检修。

（3）高压配电装置有 6 张工作票。①热网水泵电机电源开关大修；②热网水泵电机电源开关小修；③热网水泵电机电源开关小修试验；④热网水泵电机电源开关大修试验；⑤热网水泵电机电源电流互感器小修试验；⑥热网水泵电机电源电流互感器大修试验。

（4）二次回路有 4 张工作票。①热网水泵保护全部检验；②热网水泵保护部分检验；③热网水泵保护及控制回路检查；④热网水泵仪表及电流互感器效验。

（5）高压设备工作票统计结果。

单台高压设备的电气第一种工作票数量：$8+2+6+4=20$（张）。

17 台高压设备应编制电气第一种工作票数量：$(8+2+6+4) \times 17 = 340$（张）。

2. 低压电气设备

低压设备共有 12 台，每台设备均包括低压电动机、低压电机动力及控制回路、低压电动机电测回路检验三部分的检修工作。其中：

（1）低压电动机有 7 张工作票。①热网疏水泵电动机小修；②热网疏水泵电动机大修；③热网疏水泵电动机检修；④热网疏水泵电动机轴承更换；⑤热网疏水泵电动机更换；⑥热网疏水泵电动机引线检查；⑦热网疏水泵电动机高压试验。

（2）低压电机动力及控制回路有 5 张工作票。①热网疏水泵电动机控制回路小修；②热网疏水泵电动机控制回路大修；③热网疏水泵电动机控制回路检修；④热网疏水泵电动机电源开关检修；⑤热网疏水泵电动机电缆检修。

（3）低压电机电测回路检验有 1 张工作票。热网疏水泵电动机电流互感器及仪表检验

（4）低压设备工作票统计结果。

单台低压设备的电气第二种工作票数量：7＋5＋1＝13（张）。

12 台低压设备应编制电气第二种工作票数量：（7＋5＋1）×12＝156（张）。

3. 电动门

电动门共有 145 台，每一个电动门应按 4 张工作票，①电动门电气控制回路小修；②电动门电气控制回路大修；③电动门电气控制回路检修；④电动门电动机更换。

145 台电动门的电气第二种工作票数量：4×145＝580（张）。

4. 热网系统电气工作票统计结果

热网系统应编制电气标准工作票数量：340＋156＋580＝1076（张）；其中，电气第一种工作票 340 张；电气第二种工作票 736 张。

第十二章

检 修 作 业 指 导 书

第一节　概　　　述

检修作业指导书是检修工作从检修计划、人员配置、修前准备、检修工序等全过程的量化、标准化作业的管理模式。它系统涵盖了电力生产工作中所要依据的法规、制度和规程，并根据具体设备的作业指导书提炼出现场工作前准备卡、工器具材料卡、工序质量控制卡（巡视卡），根据所建立的典型危险点库提炼出现场作业的危险点分析及预控措施卡，它是从电力标准化作业着手，通过检修工作的量化管理，现场标准化作业的全过程控制，使整个电力生产过程处于可控、在控。其特点如下：

（1）简单、可靠、实用，把标准化作业这个复杂的事情简单化，为现场作业人员所喜闻乐见，彻底解决了长期存在于电力企业"两张皮"的问题。

（2）实现了精细化管理；通过技术措施加强了安全生产管理，全面的安全质量管理为点的安全质量精细化管理，提升了电力企业安全生产管理水平。

检修作业指导书实现了电力检修工作的专业化、标准化的管理。检修人员依据已审批的检修作业指导书进行设备检修作业，严格执行作业程序，规范作业人员行为，提高检修质量和工艺水平，强化危险点预控措施，是完全可以保证设备检修的安全和质量，实现检修作业程序化和作业行为规范化，有效遏止人身伤亡和误操作事故的发生，从而实现现场作业安全、质量、环境全过程可控、在控，变结果控制为过程控制。

第二节　定　义　和　术　语

1. 现场标准化作业

以企业现场安全生产、技术活动的全过程及其要素为主要内容，按照企业安全生产的客观规律与要求，制订作业程序标准和贯彻标准的一种有组织活动。

2. 全过程控制

针对现场作业过程中每一项具体的操作，按照电力安全生产有关法律法规、技术标准、规程规定的要求，对电力现场作业活动的全过程进行细化、量化、标准化，保证作业过程处于"可控、在控"状态，不出现偏差和错误，以获得最佳秩序与效果。

3. 现场作业指导书

对每一项作业按照全过程控制的要求，对作业计划、准备、实施、总结等各个环节，明确具体操作的方法、步骤、措施、标准和人员责任，依据工作流程组合成的执行文件。

4. W 质检点

W 质检点称为见证点，是检修过程中某一工序是否完成或完成结果的质量检验点。见证点在达到通知的验收时间，而检验员未到场的情况下，可以进行下一道工序。

5. H 质检点

H 质检点称为停工待检点，是检修过程中关键部位或对下一工序的质量有影响的质量控制点。停工待检点必须通过质检员验收合格的情况下，方可进行下一道工序。

停工待检点按重要程度分为 A、B、C 三级。C 级是班组验收，B 级是车间验收，A 级是厂级验收。

第三节 作业指导书的编制原则

编制作业指导书时，应遵循以下原则：

（1）体现对现场作业的全过程控制，体现对设备及人员行为的全过程管理，包括设备验收、运行检修、缺陷管理、技术监督、反措和人员行为要求等内容。

（2）现场作业指导书的编制应依据生产计划。生产计划的制订应根据现场运行设备的状态，如缺陷异常、反措要求、技术监督等内容，应实行刚性管理，变更应严格履行审批手续。

（3）应在作业前编制，注重策划和设计，量化、细化、标准化每项作业内容。做到作业有程序、安全有措施、质量有标准、考核有依据。

（4）针对现场实际，进行危险点分析，制订相应的防范措施。

（5）应体现分工明确，责任到人，编写、审核、批准和执行应签字齐全。

（6）围绕安全、质量两条主线，实现安全与质量的综合控制。优化作业方案，提高效率、降低成本。

（7）一项作业任务编制一份作业指导书。

（8）应规定保证本项作业安全和质量的技术措施、组织措施、工序及验收内容。

（9）以人为本，贯彻安全生产健康环境质量管理体系（SHEQ）的要求。

（10）概念清楚、表达准确、文字简练、格式统一。

（11）应结合现场实际由专业技术人员编写，由相应的主管部门审批。

第四节 作业指导书的编制程序

作业指导书编制的一般程序：确定项目→授权编制人员→调研设备或系统→编制→审核→批准→执行，如图 12-1 所示。

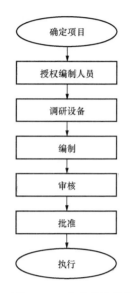

图 12-1 作业指导书的
编制程序

一、确定项目

（1）依据机组检修计划的要求，由生产技术部门依据实际情况拟定需要编制作业指导书的项目，但应包含以下项目：

1）标准项目（发电机组主设备及重要附属设备）；

2）非标项目（较复杂的技措、反措、更改、科技、节能、增加项目）；

3）需要特殊控制的工艺过程。

（2）项目拟定后，报质量管理部门审核，由质量管理部门报总工程师批准后执行。

二、授权编制人员

由生产管理部门授权相关专业技术人员编写。编制人负责作业指导书的编写，并在指导书封面上签名。

三、调研设备或系统

（1）设备或系统型号、性能、技术数据运行参数、设备环境。

（2）历次检修（或更换、改造、安装）记录。

（3）检修工器具及备品、备件和材料。

（4）进行实地考察、翻阅有关图纸、资料。

四、编制

依据相关的技术标准、规程、规范及调研结果和检修环境，以及相关的安全规程、规章制度等进行编写。一般情况下，作业指导书应包括以下内容：

1. 封面

与企业标准的封面形式要求相同。内容包括企业标准、编号、作业项目、作业日期、批准、审核、编制、发布日期、实施日期、发布单位名称。

（1）编号。应具有唯一性和可追溯性，便于查找。可采用企业标准编号，Q/×××，位于封面的右上角。

（2）作业项目。包含作业地点、设备的电压等级、设备名称、编号及作业的性质。例如："×××变电站×××kV×××线×××断路器大修作业指导书"。

（3）作业日期。现场作业具体工作时间。

（4）批准。作业指导书批准人的签名栏。

（5）审核。作业指导书审核人的签名栏。

（6）编制。作业指导书编制人的签名栏。

2. 目次

作业指导书内容的分标题（依据需要）。其内容如下：

1. 目的

2. 范围

3. 职责

4. 人员资质及配备

5. 检修内容

3. 正文

内容包括：目的；适用范围；职责；人员资质及配备；检修内容；质量标准；引用文件；使用的监视和测量装置汇总；设备和工器具汇总；备品、备件和材料汇总；作业过程；检修记录；技术记录；更换备品、备件及使用消耗性材料记录；验收合格证和验收卡。详见第五节内容。

五、审核

审核人负责审核作业指导书的内容，并对编写的正确性负责。经审核无误的作业指导书，审核人在封面上签名。

六、批准

作业指导书执行的批准人。批准人对审核后的作业指导书审阅后在封面上签名。

七、执行

经批准后的作业指导书方可下发执行，执行中发现问题应及时反馈，需修改作业指导书时，由原编制人员修改，并重新履行审批手续。

第五节　编制前的准备

一、需求

依据检修项目的复杂程度、难易程度、可操作程度确定应编制哪些项目的作业指导书，以及如何组织实施。

二、标准

确定了哪些项目需要编制作业指导书后，应首先确定检修项目所依据的国家标准（或行业标准或企业标准），在编制作业指导书的技术要求时，不得偏离或背离标准。

三、要求

作业指导书应包含明示的、习惯上隐含的或必须履行的需求或期望。例如：检修要求、质量要求、质量体系要求、客户要求等。

四、质量监督点

质量监督"W"和"H"点的设置要慎重，对于检修质量有重大影响的关键工序或项目的某个节点，作为质量监督点，一般设置为"W"点。当某个节点对质量的验证具有特殊性时，设置为"H"点，如汽轮机扣缸、发电机扣盖、压力容器焊接后。

五、可追溯性

在有可追溯性要求时，能够追溯所考虑对象的历史、应用情况或所处场所的能力。例如：原材料和零部件的来源、检修过程的历史、设备所处场所，可追溯到具体作业时间和作业人，以及质量监督和验收过程的负责人。

第六节　作业指导书的正文编制

一、目的

简要叙述该作业指导书所要达到检修质量目标。例如：保证连续运行多少天；开关动作多少次无差错；设备或系统性能、参数达到设计值等。

二、适用范围

简要叙述该作业指导书的应用范围。例如：×××型号阀门检修；×××系统检修；×××型号汽轮机检修等。

格式：适用于××××的检修。

三、职责

简要叙述负责该项目的所有人员的责任。

1. 工作负责人职责

负责办理检修工作票；负责设备（工器具）质量验证；负责备品备件和材料的质量验证；负责指定专人做好记录，确保记录真实、准确、工整；负责确认检修工作过程；负责项目自检并签证，对本项目的安全、质量负责；如果需要上一级验收（验证），负责提出验收（验证）申请。

2. 监护人职责

监护人负责按《电力安全工作规程》的要求对参加检修工作的每位人员的安全进行监督，并对被检修设备安全、工作环境实施监督。

3. 其他工作人员职责

其他工作人员在工作负责人的领导下，负责按工作程序进行工作。

4. 质检员职责

质检员负责对所有"W""H"点进行验证、签字。

四、人员资质及配备

参与检修人员都必须是经过安全、技术培训合格。

工作负责人应具备下列条件之一：三年以上的现场工作经验、技术员以上职称、经职业技能鉴定中级工以上。

作业人员应具有 1 年以上的现场工作经验或经职业技能鉴定初级工以上。

各工种的配备数量应满足需要。

格式：专责检修工 1 名：具有×××资质或条件。

检修工×名：具有×××资质或条件。

其他：具有×××资质或条件。

五、检修内容（或流程）

简要叙述检修项目的主要内容或工艺流程。

六、质量标准

简要叙述应达到的质量标准。

七、引用文件

明确编写作业指导书所引用的法规、规程、标准、设备说明书及企业管理规定和文件。

简要叙述引用的文件目录，例如：质量计划、施工组织设计、检修工艺规程及其他法规性文件或公司编制的文件。

八、使用的监视和测量装置汇总

汇总表如表 12-1 所示。

表 12-1   监视和测量装置汇总表

序号	装置或仪器名称	规格或型号	编号	备注

九、设备和工器具汇总

其包括：专用工具、常用工器具、仪器仪表、电源设施、消防器材等，汇总表如表 12-2所示。

表 12-2   设 备 和 工 器 具 汇 总

序号	设备或工器具名称	规格或型号	单位	数量	备注

十、备品、备件和材料汇总

根据检修项目，确定所需的备品备件；材料是指消耗性材料、装置性材料等。汇总表如表 12-3 所示。

表 12-3   备品、备件和材料汇总

序号	材料或备件名称	规格或型号	单位	数量	制造厂家	检验结果

十一、作业过程

详细叙述作业过程，对于重要的节点，依据性质的不同合理设置"W"点或"H"点。"W"点或"H"点的设置应反复推敲，不可多设，也不能少设，保证质量固然重要，但保证工期也同等重要。"W"点或"H"点到来时，应写明通知验证人员的方法和时间，以及等待验证的时间，如表 12-4 和表 12-5 所示。

所执行的工序完成后在其前部的"□"内打"√"，作为检修过程记录。

表 12-4   "W" 点 记 录 表

质检点（W）	
专责人/日期	
质检员/日期	

表 12-5   "H" 点 记 录 表

质检点（H）	验收级别（ 级）
专责人/日期	
C级质检员/日期	
B级质检员/日期	
A级质检员/日期	

十二、检修记录

提供设备解体检查（或安装过程中）发现的问题及处理结果记录表样，附在作业指导书后面。

十三、技术记录

提供技术记录表样，作为附录附在作业指导书后面。

十四、更换备品、备件及使用消耗性材料记录

提供更换备品、备件及使用消耗性材料记录表样，附在作业指导书后面，如表 12 - 6 所示。

表 12 - 6　　　　　　　　　备品、备件及使用消耗性材料记录

序号	材料或备件名称	规格或型号	单位	数量	制造厂家	检验结果

十五、验收合格证和验收卡

各级验收合格证和"W"、"H"点验收卡表样，作为附录附在作业指导书后面。

内容应包括：

（1）记录改进和更换的零部件；

（2）存在问题及处理意见；

（3）检修班组验收意见及签字；

（4）运行单位验收意见及签字；

（5）检修车间验收意见及签字；

（6）公司验收意见及签字。

第七节　作业指导书的文本要求

一、页面设置

（1）采用 A4 纸，竖排版竖装订，装订线位置在左侧。

（2）页边距：上、下、右分别为 1.5cm，左为 2.5cm；距边界：页眉为 1.5cm，页脚为 1cm。

二、字体设置

（1）正文采用"五号仿宋体"。

（2）一级标题采用"四号黑体"；二级标题采用"四号加黑仿宋体"。

（3）表格标题栏字体采用同正文相同字号的加粗宋体，外边框加粗 1.5 磅。

三、页脚设置

页码一律采用居中"第×页共×页"，字体为"小四号黑体"。

四、封面设计

（1）指导书的名称采用"一号或小初加粗隶书"字体。

（2）编写人、审核人、批准人、作业负责人、作业时间、单位名称和编写时间，字体采用"小三或四号黑体"。

（3）编号字体采用"四号宋体"。

（4）根据文字多少调整字体间距以及封面上下两部分的间距，使封面布局达到美观大方的效果。

第八节　作业指导书的应用与管理

一、应用

（1）各单位参照范本，结合现场实际，具体编写现场作业指导书。

（2）凡列入年度和月度生产计划的大修、小修应使用作业指导书，临时性检修宜采用作业指导书。

（3）应组织作业人员对作业指导书进行专题学习，作业人员应熟练掌握工作程序和要求。

（4）现场作业应严格执行指导书，逐项打勾或签字，并做好记录，不得漏项。

（5）指导书在执行过程中，如发现不切合实际、与相关图纸及有关规定不符等情况，应立即停止工作，作业负责人根据现场实际情况及时修改指导书，履行审批手续并做好记录后，按修改后的指导书继续工作。

（6）检修过程中如发现设备缺陷或异常，应立即汇报工作负责人，并进行详细分析，制定处理意见后（必要时应与车间技术人员一同进行），方可进行下一项工作。设备缺陷或异常情况及处理结果，详细记录在指导书内。

（7）设备发生变更，应根据现场实际情况修改作业指导书，并履行审批手续。新设备投运，应提前编制设备的作业指导书。

二、管理

（1）各单位应明确现场标准化作业归口管理部门，负责全过程的推广应用和监督检查。

（2）各单位应制定现场标准化作业管理制度，严格按照要求执行。管理制度每年修订1次。

（3）使用过的作业指导书，经主管部门审核后存档。

（4）作业指导书实施动态管理，应及时进行检查总结、补充完善。作业人员应及时填写使用评估报告，对指导书的针对性、可操作性进行评价。对可操作项、不可操作项、修改项、遗漏项、存在问题做出统计，并提出改进意见。工作负责人和归口管理部门应对作业指导书的执行情况进行监督检查，并定期对作业指导书及其执行情况进行评估，将评估结果及时反馈编写人员，以指导日后的编写。

（5）积极探索采用现代化的管理手段，开发现场标准化作业管理软件，逐步实现信息网络化。

第九节 作业指导书的应用范例

【例 12 - 1】 ××发电厂 1 号机组为东方电机有限公司生产的 300MW 汽轮发电机组，型号 QFSN-300-2-18；与机组配套的热控 DEH 系统选用的是美国 ABB 公司生产的 INFI90 型纯电调控制系统，由东方电气自动控制工程公司提供。×××发电厂对 DEH 系统进行大修，其检修作业指导书如下：

Q/IZJKTP

×××发电厂企业标准
Q/IZJKTP 106 0003-2012

检修作业指导书

作业项目：　　　1 号机组 DEH 系统
作业日期：　　　2012 年 2 月 1 日
批　　准：　×　×　×
审　　核：　×　×　×
编　　制：　×　×　×

2012—01—10 发布　　　　　　　2012—02—01 实施

×××发电厂　发布

目　　次

1. 目的
2. 范围
3. 职责
4. 人员资质及配备
5. 检修内容（或流程）
6. 质量标准
7. 引用文件
8. 监视和测量装置汇总表
9. 设备和工器具汇总表
10. 备品备件及材料汇总表
11. 作业过程
12. 检修记录
13. 技术记录
14. 备品备件和材料使用消耗记录
15. 验收合格证和验收卡

1 号机组 DEH 系统检修作业指导书

1. 目的

1.1　规范检修行为，确保 DEH 检修质量符合规定要求。

1.2　本检修程序为所有参加本项目的工作人员所必须遵循的质量保证程序。

2. 范围

适用于×××发电厂 1 号机组 DEH 系统检修工作。

3. 职责

3.1　工作负责人职责

工作负责人负责办理检修工作票；负责设备（工器具）质量验证；负责备品备件和材料的质量验证；负责指定专人做好记录，确保记录真实、准确、工整；负责确认检修工作过程；负责项目自检并签证，对本项目的安全、质量负责；如果需要上一级验收（验证），负责提出验收（验证）申请。

3.2　监护人职责

监护人负责按《电力安全工作规程》的要求对参加检修工作的每位人员的安全进行监督，并对被检修设备安全、工作环境实施监督。

3.3　其他工作人员职责

其他工作人员在工作负责人的领导下，负责按工作程序进行工作。

3.4　质检员职责

质检员负责对所有"W"点、"H"点进行验证、签字。

4. 人员资质及配备

4.1　专责检修工 1 名：必须是经过安全、技术培训合格，还应具备下列条件之一：三年以上的现场工作经验、技术员以上职称、经职业技能鉴定中级工以上。

4.2　检修工 2 名：必须是经过安全、技术培训合格，还应具有一年以上的现场工作经验或经职业技能鉴定初级工以上。

4.3　其他：必须是经过安全、技术培训合格。

5. 检修内容（或流程）

5.1　软件备份。

5.2　机柜停电，记录卡件型号、跳线开关位置。

5.3　电源、插件、机柜卫生清洁。

5.4　更换滤网、调换风扇并注油。

5.5　各种插件、插头、端子检查。

5.6　紧固固定螺丝、防尘密封处理。

5.7　电源检查系统接地检查。

5.8　冗余切换。

5.9　电磁阀检验。

5.10　通道校验、逻辑功能状态检查。

6. 质量标准

6.1　各部位卫生清洁，无明显积尘，底盘密封良好。

6.2　风扇运行平稳无异常声音。

6.3　各插接头接触良好，无应力，美观。

6.4　电源电压在额定电压的±10％范围内或满足产品技术要求，备用电源切换正常。

6.5　标志清晰。

6.6　通道精度不低于0.5级，各参数设置符合设计和工程要求。

6.7　功能测试达到产品技术规范要求，软件下装运行正常，无死机现象。

6.8　各继电器触点清洁、接触电阻小于0.1Ω，动作灵活。

6.9　用500V兆欧表测线间、线对地阻值不小于20MΩ。

7. 引用文件

7.1　《汽轮机数字电液控制系统说明书》。

7.2　Q/CDT 106 001—2004《检修作业指导书编写规范》。

7.3　QLT 838—2003《发电企业设备检修导则》。

8. 监视和测量装置汇总表

序号	装置或仪器名称	规格或型号	编 号
1	万用表		
2	500V兆欧表		
3	信号发生器		

9. 设备和工器具汇总表

序号	设备或工器具名称	规格或型号	单 位	数 量	备 注
1	数字万用表		块	1	
2	偏口钳		把	1	
3	尖嘴钳		把	1	
4	一字螺丝刀		把	1	
5	十字螺丝刀		把	1	
6	电缆刀		把	1	
7	电缆号头机		台	1	
8	塞尺		把	1	
9	信号发生器		台	1	
10	防静电手镯		只	1	

10. 备品备件及材料汇总表

序号	材料或备件名称	规格或型号	单位	数量	制造厂家	检验结果
1	模件机柜	IECAB03	个	1	Bailey 公司	
2	端子机柜	IECAB02	个	2	Bailey 公司	
3	风扇模件	IPFAN02	个	2	Bailey 公司	
4	风扇机箱	IPFCH01	个	1	Bailey 公司	
5	模块机箱	MMU01	个	6	Bailey 公司	
6	电源模板机箱	IPCHS01	个	1	Bailey 公司	
7	电源输入模块	IPECB11	个	2	Bailey 公司	
8	电源输出模块	IPSYS01	个	6	Bailey 公司	
9	电源监视模块	IPMON02	个	1	Bailey 公司	
10	多功能处理器	IMMFP02	个	8	Bailey 公司	
11	测速板	IMFCS01	块	3	Bailey 公司	
12	控制 I/O 板	IMCIS12	块	3	Bailey 公司	
13	DI 板	IMDSI12	块	6	Bailey 公司	
14	DO 板	IMDS014	块	4	Bailey 公司	
15	网络处理板	INNPM01	块	2	Bailey 公司	
16	网络接口板	INNIS01	块	3	Bailey 公司	
17	通信处理板	ICT01	块	1	Bailey 公司	
18	伺服板	IMHSS03	块	6	Bailey 公司	
19	通信接口板	IMCPM2	块	1	Bailey 公司	
20	小信号板	IMASI13	块	4	Bailey 公司	
21	现场总线板	IMFEC11	块	3	Bailey 公司	
22	内同期板	TAS01	块	1	Bailey 公司	
23	工程师站及软件		套	1	东汽	
24	操作员站及软件		套	1	东汽	
25	保安油建立压力开关	232P41CC3B	个	3	ITT 公司	
26	挂闸油建立压力开关	YWK-50-C	个	1	远东仪表厂	
27	高压遮断试验开关	132P56C3	个	2	ITT 公司	
28	超速限制试验开关	132P56C3	个	2	ITT 公司	

11. 作业流程

11.1 DEH 机柜要有专门的工作室。室内无电磁干扰，空气中的微尘应无传导性。微粒浓度应达到二级标准。室内的温度应保持在 19～23℃，温度变化率＜5℃/H，湿度保持在 35％～50％之间。 是□ 否□

11.2 DEH 系统软件备份：备份 DEH 系统的系统软件和应用软件。包括备份 MFP 中存储的用户组态逻辑。 是□ 否□

11.3 机柜停电：

11.3.1 停 DEH 系统机柜交流 220V 电源。 是□ 否□

11.3.2 停 DEH 系统机柜直流 220V 电源。 是□ 否□

11.3.3 停电后，机柜静置一天后，进行后面各项工作。 是□ 否□

11.4 分别记录机柜内各卡件的型号，并重点记录 MFP、HSS03 模件的版本号、数码开关位置、跳线位置，拔插卡件时应轻拿轻放，并戴防静电手套，保存记录的数据。 是□ 否□

11.5 进行 DEH 系统机柜和卡件清扫：逐块拔下卡件，用 1～2kg 左右压力的压缩空气吹扫卡件和机柜，工作时应戴防静电手套。 是□ 否□

11.6 DEH 系统接地端子用砂纸打磨，去除氧化层，打磨完后紧固接地端子。 是□ 否□

11.7 设备线路检查。

11.7.1 检查就地 8 个 LVDT 安装是否牢固，检查 LVDT 的信号电缆屏蔽层接地是否良好，电缆线与线之间，线与电缆屏蔽层之间绝缘是否良好。 是□ 否□

11.7.2 校验就地各压力开关（具体开关参考 5.2.2），接线端子用砂纸打磨，去除氧化层。检查紧固螺丝是否拧紧。 是□ 否□

11.7.3 检查就地各电磁阀线圈是否正常，各电磁阀插头紧固螺丝是否拧紧，检查各电磁阀的信号电缆屏蔽层接地是否良好，电缆线与线之间，线与电缆屏蔽层之间绝缘是否良好。 是□ 否□

（要检查接线的电磁阀包括：1YV，2YV，3YV，4YV，5YV，6YV-9YV，11YV-14YV，15YV-18YV，19YV，20YV，21YV，23YV，22YV，24YV）

11.8 紧固柜内所有接线端子，紧固柜内和操作员站所有数据电缆通信电缆插头。 是□ 否□

11.9 DEH 系统接地检查。

11.9.1 交流地（安全地）检查。 是□ 否□

11.9.1.1 检查机柜电源输入盘上设有接地端子，其他所有控制器、驱动器、控制柜也提供了两个 6.35MM 的螺栓用于连接接地电缆。 是□ 否□

11.9.1.2 检查连接电缆的线径应与使用电源的最粗火线线径相同，连接电缆与接地电极的连接端应是同类金属，电热融化或用特制接地排紧固螺钉使其相连，并紧固。接地电极的接地电阻应小于 5Ω。 是□ 否□

11.9.2 直流地检查。

11.9.2.1 检查电缆的线径必须与直流供电的最粗线径相同。连接电缆与接地电极的连接端应是同类金属，电热融化使其相连，并紧固。接地电缆、接地电极必须绝缘。
是□ 否□

11.9.2.2 必须远离开关盘旋转机械。 是□ 否□

11.10 系统机柜上电。

质检点（W1）	
专责人/日期	
质检员/日期	

11.10.1 检查机柜接线是否牢固。电缆应完好无破损。 是□ 否□

11.10.2 对接地电极的阻抗进行检测，应小于5Ω。 是□ 否□

11.10.3 应对电源的电流、电压、阻抗进行测试，并做相应记录。 是□ 否□

11.10.4 屏蔽层校验（如果装置未上电，则可将DC接地导线拆开）：

11.10.4.1 测量机柜与绝缘公共接地线之间的阻值，该值应小于3Ω。否则，检查相关的连接及系统连接。 是□ 否□

11.10.4.2 测量机柜的机架与DC接地汇流排之间的阻抗，该值应大于1Ω。否则，应将其他机柜与测量柜的公共接地线断开，再进行测量，直至发现问题之所在。
是□ 否□

11.11 主要继电器做动作试验，试验完毕后，用金属卡子紧固所有继电器。
是□ 否□

质检点（W2）	
专责人/日期	
质检员/日期	

11.12 进行电源卡件，MFP，通信卡件等的冗余切换试验，并做试验记录。
是□ 否□

质检点（H1）	验收级别（ 级）
专责人/日期	
C级质检员/日期	
B级质检员/日期	
A级质检员/日期	

11.13 检查SOE首出原因是否记录完善。 是□ 否□

质检点（W3）	
专责人/日期	
质检员/日期	

11.14 将正确的测点接线图贴在柜门上。

质检点（W4）	
专责人/日期	
质检员/日期	

11.15 系统逻辑功能状态检查。

11.15.1 连接 DEH 进行带电传动检查，并保证 DEH 系统能通过如下各项测试。

是□ 否□

11.15.1.1 合上 IPECB03 柜上的开关 CB1 和 CB2，IPMON01 指示灯状态正常，6 个 IPSYS01 指示正常，机柜 1 中模板指示灯指示正常。 是□ 否□

11.15.1.2 合上 OIS 主电源开关，合上 CRT 上开关，所有模板状态显示正常。

是□ 否□

11.15.1.3 分别在自动、手动方式下启动机组，按运行规程操作，皆能正常运行。

是□ 否□

11.15.1.4 自动方式运行时，以下功能正常：

转速控制器正常。 是□ 否□

调节级压力控制器正常。 是□ 否□

负荷控制器正常。 是□ 否□

调频控制正常。 是□ 否□

TPC 控制正常。 是□ 否□

预暖控制正常。 是□ 否□

负荷限制。 是□ 否□

阀位限制。 是□ 否□

单阀/顺序阀转换。 是□ 否□

11.15.1.5 高、中压主汽阀和调节阀试验正常。 是□ 否□

11.15.1.6 机组启动时超速试验正常。 是□ 否□

机组启动时飞锤试验正常。 是□ 否□

机组启动时电超速试验正常。 是□ 否□

机组启动时机械超速试验正常。 是□ 否□

11.15.1.7 高、低压遮断和超速限制电磁阀试验正常。 是□ 否□

11.15.1.8 电磁阀线圈动作电压及复位电压正常。 是□ 否□

11.15.1.9 阀门校验正常。在以下情况下，必须进行阀门校验：

机组启动前。 是□ 否□

HSS 卡、LVDT 替换过。 是□ 否□

对阀位 MFP 重新组态后。 是□ 否□

质检点（H2）	验收级别（　　级）
专责人/日期	
C级质检员/日期	
B级质检员/日期	
A级质检员/日期	

11.16　每日工作结束后要清理现场。

11.17　工作票终结。

确认检修设备完全符合标准，工作人员撤出现场，终结工作票。　　　是□　否□

12. 检修记录

1号机组DEH检修记录

编号：

×××检修	检修报告
检修情况简介：	
发生异常及处理：	
更换备品备件型号及数量：	
遗留问题及采取的预防措施：	
编写人签字/时间：	审核人签字/时间：

13. 技术记录

电磁阀线圈阻值

电磁阀名称	线圈阻值	绝缘情况
1YV		
2YV		
3YV		
4YV		
5YV		
6YV		
7YV		
8YV		
9YV		

续表

电磁阀名称	线圈阻值	绝缘情况
10YV		
11YV		
12YV		
13YV		
14YV		
15YV		
16YV		
17YV		
18YV		
19YV		
20YV		
21YV		
22YV		
23YV		

机柜内卡件的型号、版本号、数码开关位置、跳线位置记录

系统区域	卡件型号	版本	数码开关位置	跳线位置	系列号	生产日期	备注

14. 备品备件和材料使用消耗记录

序号	材料或备件名称	规格或型号	单位	数量	制造厂家	检验结果

15. 验收合格证和验收卡

设备检修质量验收卡

检修性质：_____　　专业：_____　　班组：_____　　编号：_____

机组		号机组	验收等级		级
设备名称			检修单位		
开工日期		年 月 日	竣工日期		年 月 日

检修情况及主要技术数据：

工作负责人（签字）：

验收级别	验收评价	验收人签字	验收评价	验收人签字
一级（班组）				
二级（车间、点验员）				
三级（厂部、监理）				

第十三章

"两票"管理系统

第一节 概 述

　　"两票"是电力安全生产管理基础的基础，做好"两票"管理，杜绝无票作业，大力推进标准化作业，保证"两票"管理体系的正常运转，并利用计算机网络现代化的管理手段，提高"两票"管理工作的质量和效率，是电力企业重要的战略部署，是电力企业建立安全生产长效机制的重要内容。

　　"两票"管理系统是指"两票"应用计算机网络作为载体，实现网上"两票"信息资源共享、网上办票和统计管理的综合信息管理系统。采用先进的逻辑算法和人性化的用户界面，可以快速、准确、规范地完成"两票"的网上开票、传递、审批、存档、查询和统计等工作，提高办票效率和质量，提高办公效率，规范"两票"的使用和管理，从根本上改变手工开票的各种弊端。

一、"两票"管理系统的硬件、软件运行环境要求

1. 硬件要求

　　客户端标准配置：赛扬 800、128M 内存，50M 硬盘空间，VGA 显示器，声卡，音箱，鼠标，标准键盘，打印机。

　　服务器端：普通或标准 WEB 服务器。

　　使用本系统的各台客户机与服务器之间应有网络连接，即局域网或广域网。

　　打印机配置的数量视现场情况而定，每个集控室配置一台即可。

2. 软件要求

　　客户端操作系统：中文 Windows 98/NT/2000/XP＋IE6.0 及以上版本。

　　服务器端操作系统：Windows NT/2000/2003 Server。

　　数据库：系统采用 ADO 数据库接口，可支持各种数据库，如中文 Sybase11、SQL Server、Oracle、DB2 等。

二、"两票"管理系统的主界面

　　"两票"管理系统的主界面内容有"两票"程序启动、程序安装系统、查询统计系统、系统图浏览、维护管理系统、帮助系统六个系统，每个系统包括若干个子系统，如

图 13-1 所示。

图 13-1 "两票"管理系统主界面

（1）"两票"程序启动是指"两票"生成、办理等主程序系统。分为操作票生成系统、工作票生成系统两大类。其中，工作票生成系统包括：检修申请票、工作票、动火工作票。

（2）程序安装系统是指"两票"程序下载安装系统，其包括：操作票生成系统安装、工作票生成系统安装、操作票维护程序安装、工作票维护程序安装。

（3）查询统计系统是指不进入"两票"生成系统，在网页上即可完成查询、统计、管理两票等工作，其包括：操作票查询统计、检修申请票查询统计、工作票查询统计、动火工作票查询统计等。

（4）系统图浏览是指不进入"两票"生成系统，在网页上即可浏览全厂所有专业、所有系统的图纸。

（5）维护管理系统是指为了维护"两票"管理系统内的数据库信息，保证数据库内的信息更新，保证"两票"管理系统的正常运转，而专设的维护管理系统。维护管理工作包括票库维护管理、人员库维护管理、图纸库维护管理、票样维护管理等。

（6）帮助系统是指"两票"管理系统使用说明书、常见故障及处理方法说明书等文本文件。

第二节 "两票"管理系统简介

"两票"管理系统是由数据库和功能模块构成的。数据库是为"两票"管理系统提供数据来源作为后台的技术支持性文件，功能模块是对数据库的信息进行传输、交换，以及逻辑判断等功能的处理，完成预定的操作任务或功能。

一、"两票"系统数据库

"两票"管理系统的数据库包括票库、图纸库、人员信息库、系统信息库。

(1)票库。其是指用来存放操作票、工作票的数据库,包括草稿票库、正在执行票库、终结票库、作废票库、标准票库。

1)草稿票库。存放新建工作票、新"复制"或"另存为"的工作票,草稿票库只有自己或自己的部门人员能访问,其他用户均不能访问。

2)正在执行票库、终结票库、作废票库这3个票库应相互关联的,为了实现数据传输、交换等功能,目录树的建立应相同,一般以单位组织结构建立目录树。操作票系统以单元、机组、运行值建立目录树,工作票系统以部门、车间、班组建立目录树。

正在执行票库存放已审批、正在执行的票;终结票库存放工作已完成、已终结的票;作废票库存放的是在执行票库内仍发现错误票时,由建票人作废的票。

3)标准票库。以单位组织结构建立目录树。操作票系统以单元、机组、系统、设备建立目录树;工作票系统以专业、机组、系统、设备建立目录树。票库内存放已审批后的标准票。

(2)图纸库。一般按专业、机组、系统、设备建立目录树,存放汽轮机、电气、锅炉、化学、输煤等专业系统图。图纸具有逻辑判断智能功能,可模拟操作系统图来生成操作票或工作票。

(3)人员信息库。以单位组织结构建立目录树,存放各单位人员姓名、职务和权限。

(4)系统信息库。存放两票管理系统其他信息数据,分为系统信息和辅助信息。例如:操作记录信息、查询统计信息等。

二、系统主要功能模块

"两票"管理系统的主要功能包括12个模块:操作票生成模块、工作票生成模块、票流程操作模块、票统计查询模块、票管理模块、模板管理模块、系统管理模块、系统定制模块、数据接口模块、数据管理模块、信息管理模块、辅助管理模块,如图13-2所示。

1.操作票生成模块

(1)自动生成操作票:模拟操作系统图自动生成操作票。

(2)系统图处理:对系统图导入、编辑、维护。

(3)系统参数维护:对操作设备的参数进行录入、编辑、维护。

(4)操作票维护:对操作票的格式、操作设备的操作内容进行录入、编辑、维护。

2.工作票生成模块

(1)新建工作票:填写工作票。

(2)签发工作票:工作票签发人签发工作票。

(3)审批工作票:按定制的流程执行工作票审批手续。

(4)查询工作票:工作票的灵活查询。

3.票流程操作模块

(1)标准模板开票:利用标准票的模板开具新票。

(2)非标准模板开票:若无对应的标准票模板,可利用空白模板开具非标准票(票面注明为"非标准票"),此票同时作为新建模板。

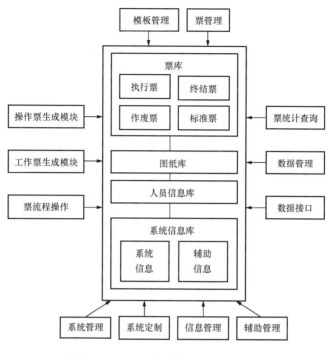

图 13-2 "两票"管理系统主要功能

（3）票操作：签发、接票、准许开工、安全措施、开工执行等各节点严格的流程操作。

4. 票统计查询模块

以组合条件灵活查询，以关键字模糊查询。查询后将符合条件的票列表统计。

5. 票管理模块

（1）票自动检查：对于"不合格票"、"问题票"相关内容的自动检查，给出检查结果清单。

（2）票人工检查：人工检查票面，确定"不合格票"、"问题票"。

（3）票统计：以班组、车间、票类型、时间段等条件对两票进行总张数、不合格数、问题数、作废数等统计报表。

（4）票点评：对不合格票、问题票进行票面点评和展评。

（5）票点评查询：分类查询/打印票点评内容。

（6）合格率统计：对已终结票按班组、车间、票类型、时间段等进行合格率统计。

（7）票操作分析：对各类票面的各类人员的签名时间、操作时间进行统计分析，筛选出不符合规定的时间项。

（8）票考核：对已终结的不合格票进行考核。

6. 模板管理模块

（1）导入模板：以 Excel、Word、手工录入等方式将已有的标准票导入系统模板库中。

（2）新建模板：使用各类票的空白模板，录入新的内容，建立新的标准模板。

（3）更新模板：对已存在的模板进行修改。

（4）审批模板：主管部门对导入、新建、修改后的模板进行审核批准。

（5）核定模板：主管部门定期或不定期对模板进行核定，可以作废、修改、确认操作。

（6）总工审批：总工对导入、新建、修改、核定后的模板进行批准确认。

（7）查询模板：各类模板的灵活查询。

（8）打印模板：打印模板票样。

7．系统管理模块

（1）用户组：对用户组信息的管理和维护。

（2）用户：对用户信息的管理和维护。

（3）部门：对部门信息的管理和维护。

（4）车间：对车间信息的管理和维护。

（5）班组：对班组信息的管理和维护。

（6）机组：对机组信息的管理和维护。

（7）专业：对专业信息的管理和维护。

（8）专业系统：对专业对应系统信息的管理和维护。

（9）操作类别：对操作类别的管理和维护。

8．系统定制模块

（1）接票与发票：对运行单位接收哪些检修单位的票定制。

（2）机组与专业：对运行单位负责的机组和专业定制。

（3）票流程：对各类票操作流程定制。

（4）特殊操作：对用户需要的特殊操作定制。

9．数据接口模块

（1）D7I接口：工作票与工单关联。

（2）安全管理接口：两票系统与安全管理的关联。

（3）运行支持接口：操作票与运行支持系统相关功能关联。

10．数据管理模块

（1）自动备份：自动备份策略。

（2）手动备份：手工备份数据。

（3）数据恢复：手工恢复数据。

11．信息管理模块

（1）信息发布：发布公告、通知等，可交流回复。

（2）信息维护：对公告、通知及回复等信息进行维护。

（3）文件上传：上传规章制度、法规、常用软件等文件。

（4）文件维护：对规章制度、法规、常用软件等文件维护。

12．辅助管理模块

（1）密码管理：登录密码、签名密码、数据库管理密码。

（2）目录树变更管理：对单位组织机构的变更。

（3）自动清票管理：为防止垃圾票在数据库的长期积存，系统内设有三个月自动清除所有的票（除标准票库）功能。

三、标准票审批模块

标准票审批模块就是建立标准的操作票、工作票模板库，使得进入标准票库内的票规范、正确和标准，保证标准票的质量和覆盖面，为一线作业人员提供操作的依据和保障。

标准票审批模板如图13-3所示，其流程如下：

（1）系统应具有对已有的标准票模板批量导入和新建、更新模板，以及空白模板到待审核模板库，经过主管部门（设备部门、发电部门）审核批准，进入待批准模板库。

（2）总工程师对待批准模板库的票审批后进入标准模板库，成为标准票存入标准票库内。

（3）当开票人搜索标准模板库中还没有需要的模板时，可使用空白模板开票（非标准票），该票同时被视为新建模板进入待审批模板库，履行以上审批程序。

（4）主管部门可以定期或不定期对标准模板库进行核定，系统记录核定时间、核定人、核定内容等，并由总工程师批准。

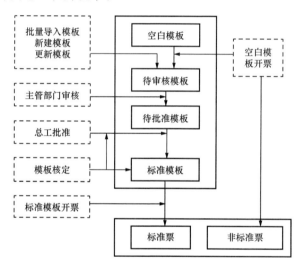

图13-3 标准票审批模板

第三节 工作票管理系统

一、手工办理工作票

工作票的提交、审批有着严格的流程要求，目前手工办理工作票的流程是如下：

（1）工作负责人或工作票签发人开出工作票，填写必要的内容，签名后提交给工作许可人等相关人员审阅。

（2）相关人员接到工作票后，首先检查开票人填写的内容是否正确和完整。如果发现错误，将工作票退回开票人，并要求其重新填写；如果没有错误，就在工作票上填写相应的内容，签名后提交给下一级相关人员审阅。

（3）根据工作票的要求，逐级提交工作票。当所有的相关人员完成审阅并签名后，由工作负责人和工作许可人同意开工，该工作票开始执行。

（4）检修人员根据这张工作票的内容来执行具体的操作，并记录操作信息，如工作负责人变更信息等。工作完成后，检修人员将工作票交给相关人员，由相关人员审阅并存档。

至此，办理一张工作票的流程结束。

手工办理工作票的缺点是：

（1）速度慢、容易出错，而且不易修改。

（2）一旦出现错误，整张工作票就要作废。作废后的工作票编号将一同废除，这样使得工作票的编号不能连续，不利于工作票的管理和查询。

（3）人工提交工作票费时费力，效率十分有限。

（4）工作票执行完毕后，不容易保存，也不容易查询和统计。

二、网上办理工作票

工作票生成系统就是通过局域网或 Internet 实现工作票的网上开票、提交、审批，从而大大提高办理工作票的效率。"两票"管理系统生成并执行的工作票全部存档，保存在服务器数据库中，以便查询和统计。

如图 13 - 4 所示，系统的主界面分为多部分组成，其功能与 Windows 中的"资源管理器"相似，当在左边的窗口中选择不同的单位和文件箱时，右边的窗口中会显示符合条件的工作票列表，十分方便工作票的管理和查询。另外，在主界面的上方还显示了当前用户单位和用户名称；主界面左方设有本地文件夹、公共文件夹；主界面右方是票列表。

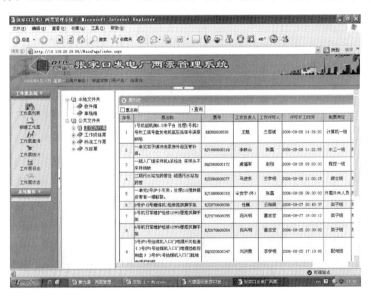

图 13 - 4　工作票系统主界面

1. **本地文件夹**

本地文件夹显示的是本部门或当前用户能够处理的工作票，只有本人或本部门的人员可以看到。分为两类：草稿箱、收件箱。

（1）草稿箱用于保存开票人尚未完成或已完成但尚未发送的工作票。新建的工作票在发送之前都存放在本箱内，另外，新复制或另存为的工作票也保存在此箱内。用户可将自己草稿箱中的票填写完毕并签名后进行转状态。

（2）收件箱用于接收和保存他人转状态给当前登录单位或当前用户的工作票邮件。

2. 公共文件夹

公共文件夹显示的是各部门所有登录本系统的用户都可以看到的文件夹，分为4类：正在执行票、工作终结票、标准工作票和作废票。

（1）正在执行票。工作票审批程序已结束、许可开工后，工作票将转到正在执行箱内，执行工作票所列的安全措施，并等待工作票结束。

（2）工作终结票。当工作结束后，工作票已执行完毕，应将所有的信息在系统中填写完整后进行存档，即将工作票转入终结工作票。工作票一旦存档后，不能再进行修改等操作，只能浏览。终结工作票保存3个月后自动清除。

（3）标准工作票。检修部门根据现场的实际设备和工作内容事先编制好的工作票，并严格按照工作票审批模板程序执行，成为标准工作票，存入到此票箱内，待作业人员使用。

（4）作废票。工作票转入正在执行票箱内后，发现该工作票仍有问题不能执行时，工作负责人可将此票作废，作废后的工作票进入此票箱内。

三、工作票系统的主要功能模块

1. 工作票流程模块

一张工作票从开票、签发、接收、执行到终结，经过了多个步骤，需要各部门具有相关权限人员的密切配合，才能完成。工作票流程形式一般有逐级传递流程、中转人传递流程、自动传递流程。对不符合流程规定的操作给出提示、警告、回退、拒绝、自动列为问题票等，对于重要操作给出确认提示，确保各节点操作的正确性，进而保证整体流程的正确性。

（1）逐级传递流程。逐级传递流程是指按照工作票的流程逐级接力传递，即由下一级审批人（A审批人）转状态给上一级审批人（B审批人），逐级传递，完成全过程的办票工作。

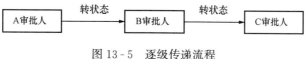

图 13-5 逐级传递流程

如图13-5所示，A审批人转状态给B审批人，再由B审批人转状态给C审批人，依次类推，完成全过程的状态转换工作。其具体流程为：用户登录→选择工作票类型→填写工作票→提交给工作票签发人→签发工作票转给运行人员→运行人员接票→办理工作票许可手续→打印工作票并执行工作票→工作票存档。

（2）中转人传递流程。中转人传递流程是指工作负责人作为整个流程的中转人，由中转人负责工作票的全过程转状态工作，即每一个节点审批后，均转给中转人，由中转人选择下一级将要转入的节点，最后完成全过程的办票工作。

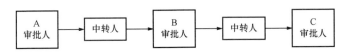

图 13 - 6　中转人传递流程

如图 13 - 6 所示，A 审批人转状态给中转人，由中转人转状态给 B 审批人，依次类推，完成全过程的状态转换工作。其具体流程为：用户登录→选择工作票类型→填写工作票→提交给工作票签发人→签发工作票后返回工作负责人→负责人再提交给运行人员→运行人员接票→办理工作票许可手续→打印工作票并执行工作票→工作票存档。

（3）自动传递流程。自动传递流程是指对于某一确定的办票流程，事先编制好固定的程序，不需要审批人选路径，当审批人签名确定后，自动转给下一级审批人。

2. 工作票功能模块

（1）工作票网上传递。

工作票在网上传递途径有自动转移、发送、退回、撤回 4 种。

1）自动转移。用户填写完工作票中的相应内容后，根据预设置的工作票流程，工作票可以自动转移到下一个状态，并根据状态提醒相应人员。

2）发送。也可以通过手工将工作票发送给相关人员或发送给相关单位，此时对接收人会有提醒。

3）退回。如果工作票有误，接收人可以将工作票退回发送人。

4）撤回。如果发送人发送工作票后，发现工作票有误，或发现工作票的接收人因出差等原因不能及时处理工作票，发送人可以撤回工作票。

（2）图形开票功能。

开票过程中，安全措施的填写可以通过图形点击生成，这种生成方式不仅提高录入速度还规范了输入的内容，而且在图形上点击作措施的时候，图形能根据是否带电自动变色，直观地了解工作区域的带电情况，界面如图 13 - 7 所示。

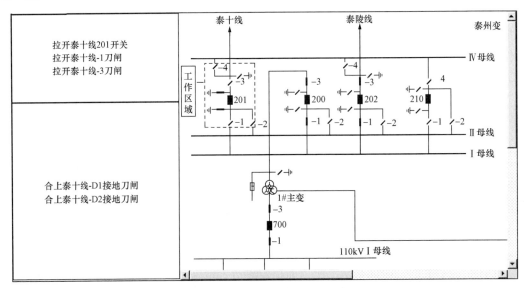

图 13 - 7　工作票系统图形开票

（3）标准工作票调用。

对于典型的工作，用户可通过选择机组、系统、专业、工作票的种类（一种票、二种票）等相关条件得到标准工作票列表，并调用符合工作任务要求的标准工作票；也可以输入关键字进行全库搜索，得到符合条件的标准工作票。工作票生成后，与此工作相关联的操作票、设备停送电联系单以及对应的危险点分析控制单都可以根据选择自动生成。

（4）支持剪贴图操作。

在工作票中需要画示意图的地方，可以直接在一次系统中选择需要的区域后进行剪切，然后直接粘贴即可，粘贴的图形能够根据区域自动的缩放。

（5）密码签名及签名区保护功能。

票面中所有的签名点，不能使用键盘直接输入用户姓名，也不能通过常用词输入。只有用户输入正确的密码后，用户的姓名才能显示在签名点上。工作票系统密码签名对话框如图13-8所示。

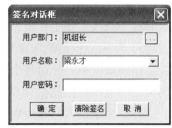

图13-8　工作票系统密码签名

系统要求签名人必须是当前登录人，以保证系统运行的安全性。

一个用户在工作票签名点签名后，系统会锁定其填写的相关内容，使其变为"只读"的签名保护区。这样就能够保证用户填写的内容不会被别人"冒名"改动。

（6）填写内容完整性检查功能。

用户填写完工作票后，系统检查填写内容的完整性。工作票的填写要求比较严格，大部分单位要求工作票中的每项内容都必须填写，没有内容可填的地方应填写"无"。

本系统具有检查"空元件"的功能，如果用户填写内容不完整性或用户忘记了签名，则系统提示用户，禁止用户提交工作票。

（7）用户角色及权限检查功能。

用户填写工作票时，系统自动检查用户的角色和填写权限。

用户的权限主要包括：创建新票权限、退票权限、执行工作票权限、存档权限等。用户的权限各不相同。

用户的权限同时也决定用户可以在工作票上签名的位置，例如：只有具有"签发人"权限的用户才可以在"工作票签发人"处签名。

如果用户的角色和填写权限与工作票的要求不符，则系统提示用户，禁止用户填写工作票。

（8）开票流程控制功能。

工作票内容依照开票流程逐级依次填写、审批。

系统控制内容的填写次序，将用户当前不能填写的内容锁定，仅开放流程允许填写的内容，防止越级填写。

系统控制工作票的发送次序，将用户当前不能发送的接收人或单位锁定，仅开放流程允许接收的人或单位，防止越级发送。

（9）状态的自动转换。

票的状态可以根据用户需要设定，用户也可以自己随时设定而不用修改程序。状态间的转换用户可以设定各种条件和检查，如必须签发人签名、产生页号、该状态的某些控件不能为空等，当用户完成一个状态后系统会自动根据设定的条件转换到下一个状态。

（10）来票自动提醒功能。

当接收人收件箱中有未读工作票时，系统将自动提醒接收人注意，保证工作票的快速流转。

（11）工作票页号管理功能。

系统自动管理工作票页号，每个单位的每种工作票都可以进行独立编号。

当一张工作票执行时，系统会为其分配页号，该工作票的页号会在基准页号的基础上自动加1，并且支持在月初或年初时工作票页号自动重排。

（12）单线传递。

当一张工作票在网上流转时，数据库中总保持唯一的一个数据记录，网上只有一个用户能够打开修改这张工作票，避免多人同时打开、修改同一张工作票。

（13）危险点控制措施票管理。

工作票系统中，针对每个工作票可以生成危险点控制措施票，措施票的生成可以直接调用典型的危险点控制措施票，也可以手工生成，生成的时候可以从已有的危险点中选择，也可以手工输入，界面如图13-9所示。

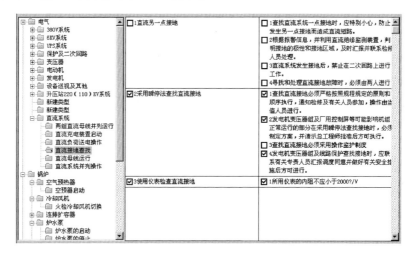

图13-9　工作票系统危险点调用图

（14）两票关联管理。

通过两票关联，用户可以确定本张工作票与哪些操作票属于同一个工作内容。

（15）摘要、批注管理。

该功能可帮助用户快速了解一张工作票的内容和要求，通过摘要窗口，用户可了解工作票的主要工作内容及负责人。在工作票的传送过程中，用户可以通过批注窗口中互相传递信息，例如：指出票面缺陷、解释工作时间等。

（16）钥匙管理。

将开关室等房门的钥匙信息输入本系统，可方便地查询钥匙的使用情况，例如：钥匙的借出或交回时间，借出人的姓名、电话等信息。

（17）接地线状态查询。

将单位中接地线的信息输入本系统后，可以方便地查询接地线的使用情况，例如：每条接地线的挂接地点、挂接时间等信息。

（18）常用词库、术语库规范化文本输入。

为方便用户的文本输入，系统中加入了常用词功能。通过调用常用词，用户可以方便快捷地完成工作票内容的输入。

通过使用术语库可以使工作票的填写内容更加规范。工作票系统常用词库界面如图 13-10 所示。

图 13-10　工作票系统常用词库界面

（19）电力输入法的功能。

具体地说是一种电力控制专用词计算机输入法，是针对目前电力系统中电力专业词汇输入不便而产生的，利用输入电力专业词汇全拼首字母进行词汇输入。该输入法与现有技术相比，具有设计合理、使用方便、能够加快电力专业词汇输入速度、提高电力系统控制人员工作效率且适用于电力系统各部门等特点，因而，具有很好的推广使用价值。

（20）工作票档案管理。

用户可以将执行的工作票存档，工作票保存的期限由具有权限的用户自己设定。工作票存档后，其内容会被完全锁定，不能再进行修改。

通过系统中的工作票查询统计功能，用户可以快速查询到工作票的使用情况。工作票系统存档票箱如图 13-11 所示。

（21）工作票完成登记。

工作票对应工作结束时，系统提供与此张工作票所操作设备相关联的正在执行的其他工作票列表，提示用户是否应该办理工作票结束。工作票结束后，自动的对工作票执行情况做记录。

（22）工作票情况审核。

对工作票的审核可以根据用户权限的不同有不同的审核权限：

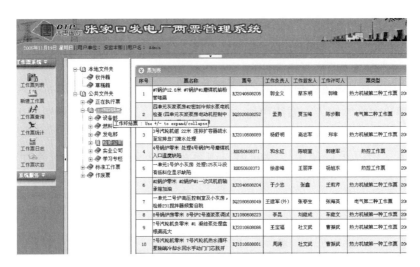

图 13-11　工作票系统存档票箱

　　1）班组级别。如果用户的权限是班组一级时，审核页面中显示的是当日本班组已执行的工作票，以便班组自查。

　　2）部门管理人员。如果用户的权限是部门管理人员时，管理人员可以对当前正执行或已完成的工作票进行动态检查，同时管理者还可以按月、时间段、工作票类别等条件查询历史工作票并进行审核。

　　3）生产技术部门或安全监察部门。如果当前用户是生产技术部门及安全监察部门时，可以对正在执行或已执行的工作票进行抽查。

　　（23）工作票查询统计功能。

　　本系统具有完善的查询统计功能。查询的条件包括：按制票人查询、按单位（班组）查询、按时间查询、按票类型查询、按工作票名称查询等。同时，也可以使用上述条件进行组合查询。

　　查询功能允许用户浏览工作票的具体内容。

　　（24）工作票索引自定义功能。

　　使用者可以根据自己的习惯，建立自己的已生成工作票的索引，以便从工作票库中查找所需的工作票。自定义的索引可以有多级，例如：一级索引为"各票箱"，二级索引为"单位"，三级索引为"班组"。典型的查找过程可以为：先找工作票所属的票箱，再找工作票所在的单位，再找工作票所在的班组。通过这种逐级查找的方法，可以快速地找到所需的工作票。

　　（25）工作票列表自定义功能。

　　使用者可以根据自己的习惯，建立自己的工作票的列表要显示的列，可以方便地在不打开票的情况下看到该票的相关信息。自定义的列可以是工作票所有字段，也可以是字段中的一部分，通过这种定义，用户在使用的时候就可以不打开票方便地查看自己所需要的票信息。

　　（26）用户定制功能。

　　由于各个单位工作票管理制度不同，用户对工作票生成系统的要求也不相同。本系统将 6 年来各个单位提出的要求全部保留在系统中，用户可通过修改选项，选用某些功能或禁用某些功能，将系统定制成自己需要的系统。

（27）日志记录。

每一位用户登录本系统后所做的各种重要操作，都会被系统自动记录下来，形成操作日志，便于日后的查询。

被记录的操作包括：发送、收回、存档、删除等操作。

（28）工作票流程跟踪。

可以查看任意一张票的当前状态以及当前票的传送过程，可以记录下工作票在每个状态的处理时间、处理人等信息。

（29）与 MIS 系统的接口功能。

本系统为 B/S 结构，存放在服务器上。只需在 MIS 系统界面上增加一个超级链接即可方便地实现与 MIS 系统的接口。

用户的计算机上只要安装了 Web 浏览器，就可以方便地实现对工作票的各种操作，实现客户端免维护。

第四节 操作票管理系统

一、工作原理

从运行人员的操作分析中可以看出，运行人员操作（检查）的设备数量虽多，但类型却不多，约二十种左右。大致有：开关、刀闸、地线、验电杆、压板、保险、切换开关、按钮、仪表、光字牌等。操作票生成系统将这些设备抽象成各种元件，如开关元件、刀闸元件等。每种元件具有名称（如"济姚线 201 开关"）、状态（如"合"、"分"）等属性，并在计算机上以图形表示。

开关、刀闸、地线等一次设备元件放在一次系统图画面中，保险、压板、切换开关等二次设备元件放在保护屏画面中，并对画面建立直观方便的索引。这样，用户很容易找到要操作设备对应的元件。

当用户用鼠标单击元件时，计算机根据元件的名称、类型和状态，记录一行文字。例如："断开济姚线 201 开关"、"检查济姚线 201-2 刀闸分闸到位"、"取下济姚线 201 开关合闸保险"等。当用户按操作任务规定的操作顺序用鼠标依次点击各个要操作的设备对应的元件时，计算机就按对应的顺序自动记录下了一行行文字，将这些文字以操作票表格的形式打印出来，就生成了一张完整的操作票。

在用户单击各个要操作设备对应的元件生成操作票的过程中，计算机根据逻辑闭锁关系，对操作的正确性进行"误防"检查，闭锁错误的操作，并给出操作错误的原因。因此本系统生成的操作票不会出现"带负荷拉刀闸"、"带负荷合刀闸"、"带电挂地线"、"带地线合开关"、"走错间隔"、"未验电挂地线"等错误。同时，由于操作票的文字内容是由计算机生成的，因此，生成的操作票具有高度的一致性和规范性，与手工开票相比，开票速度可提高 20～30 倍。

二、操作票系统功能简介

1. 操作票流程模块

操作票系统的流程相对简单一些，其具体流程是：用户登录→选择操作票类型→填写操作票→打印操作票→回填操作票→操作票存档。

2. 操作票功能模块

操作票管理系统的主要功能模块如下：

（1）误操作智能逻辑判断。

操作票生成系统具有强大的逻辑分析功能，在点击生成操作票的过程中，可以判断各种错误操作，并且提示用户错误操作的原因，同时禁止用户在操作票上记录该项错误操作。

系统可以实现任意元件之间的闭锁，包括一次设备与二次设备之间的逻辑闭锁。

（2）操作步骤重演及正确性验证。

操作票点击生成后，操作票步骤可重演，从而实现操作票正确性的自动校验。操作票正确性自动校验应用在以下 3 种场合：

1）调出标准票直接使用前。操作票的自动校验功能可确保此标准票与当前的运行方式相符。

2）用户对点击生成的操作票进行了编辑（插入或删除一行）后。操作票的自动校验功能可确保操作票编辑后，其闭锁逻辑仍然正确。

3）正式打印出票前。在正式打印出票前对操作步骤进行重演，可确保此票的闭锁逻辑正确无误。

（3）操作任务模板化输入。

操作任务可通过"点击"生成。例如：通过点击"倒旁路"、"停电"等操作任务类型，找到相应的操作任务模板；再通过点击"220kV"、"济姚线 201 开关"等电压等级和调度号，替换操作任务模板中的电压等级和调度号等相关词，最终可完整地组合出操作任务。

操作任务"点击"生成，使操作任务的书写更加快速、规范。操作任务"点击"生成过程中所选择的"倒旁路"、"停电"、"220kV"、"济姚线 201 开关"等信息作为操作票的属性，可用于操作票查询、统计时的关键词。

操作任务也可手写输入，以适应特殊的情况。

（4）操作任务与操作内容一致性判断。

在操作票生成过程中，可能出现操作任务与操作内容不一致的问题，即操作的设备不是操作任务中要求的设备。例如：操作任务为"济姚线 201 开关停电检修"，而开票时点击生成了济姚线相邻的"党化线"的停电检修步骤。虽然操作步骤符合逻辑，但操作票是错票。操作票生成系统通过操作任务中的操作任务类型、调度号来确定可操作的元件集合，当操作的元件不属于该集合时，系统禁止该操作，从而避免操作任务与操作内容的不一致。

（5）标准票直接使用及运行方式自动校验。

如果管理制度允许，用户可从标准票库中选择一张标准票直接使用。为了防止调出的标准票不适合当前的运行方式,本系统设计了运行方式自动校验功能,自动检查当前设备的运行方式是否符合调出的标准票的运行方式。

(6) 信息回填和运行方式自动调整。

操作票的"回填"功能是指操作票执行完毕后,用户补充(回填)操作票的信息,例如:操作开始时间、操作结束时间、操作人、监护人、实际操作的步数等信息。这些信息对于操作票的管理(查询、统计、归档)有重要的意义。

此外,本系统根据回填的"实际操作的步数"自动调整操作票生成系统的运行方式,从而保证操作票生成系统中的元件的状态和现场设备的状态始终一致。

(7) 页号管理。

操作票的页号具有重要的意义。操作票生成系统对页号进行严格的管理。除为打印机卡纸而保留的修改页号功能外,其他情况下禁止修改页号。

页号在打印时自动"过号",但在打印存档票、练习票时,票面上不打印页号,也不自动"过号"。

用户可以自己定义页号的格式,例如:用户根据自己的要求,可以选择"前缀+日期+序号"的格式。各个分厂(机组)、操作队(中心值班站)、变电站可单独编号也可统一编号。

(8) 术语库规范化文本输入。

系统具有一个用户可维护的术语库。术语库可规范操作任务、操作项的文本描述,使操作票书写更加规范,同时也便于查询和统计。

(9) 危险点控制内容自动生成。

系统可以实现危险点控制内容自动生成。每个操作任务可以有一项或多项总的危险点控制内容,每个操作项可以有单独的危险点控制项。总的危险点控制内容通过选择生成;每个操作项的危险点控制项在点击生成操作票时自动跟随生成。

用户可以编辑供选择的总的危险点控制项、定义编辑每个操作自动跟随的危险点控制项。

该功能包括安全措施的自动生成功能。

根据用户的需要,用户也可以不使用危险点控制自动生成功能。

(10) Web 浏览器查询统计操作票。

操作票生成系统具有完善的 Web 浏览查询功能。例如:可以按开票人、操作人、操作票的开工时间、完工时间查询统计操作票。统计还包括管理人员关心的一些统计数据,例如:合格票数、合格率、操作项数等。此外,还可以实现对月、季度、年开票情况的查询统计。

Web 浏览器查询功能允许用户浏览操作票的具体内容。

(11) 用户定制功能。

由于各个单位的操作票管理制度不同,用户对操作票生成系统的要求也不相同。例如:有的单位禁止调出标准票直接打印使用,有的单位则允许;有的单位在系统开出的上一张操作票执行完毕之前禁止开下一张,有的单位则允许等。本系统各个单位提出的要求全部保留在系统中,用户可以通过修改选项,选用某些功能或禁用某些功能,将系统定制成自己需要的系统。

（12）日志功能。

操作票生成系统具有日志功能。通过日志可以查阅开票的情况、对系统的更改情况（更改页号、闭锁逻辑关系、运行方式等）。日志查询的结果可打印输出。

（13）与实时监控系统、误访闭锁系统接口。

通过与实时监控、误防闭锁系统的接口功能，操作票生成系统可获取实时监控系统或误防闭锁系统中的系统运行方式（开关、刀闸、地线等设备的状态）。此功能减少了用户手工设置运行方式的麻烦，避免了因为运行方式不正确开错票的情况。

此外，操作票生成系统还可与误防闭锁的电脑钥匙通信，将操作票中的操作步骤下载到误防闭锁的电脑钥匙中，代替误防闭锁系统中的模拟盘。

（14）与 MIS 系统接口。

本系统的 Web 浏览查询统计模块是一个独立的模块，存放在服务器上，只需在 MIS 系统界面上增加一个超级链接即可方便地实现与 MIS 系统的接口。用户的计算机上只要安装了 Web 浏览器，就可以方便地实现对操作票的查询、统计以及对操作票的浏览，实现客户端免维护。

（15）练习开票功能。

"练习"开票方式是为培训目的而设计的一种工作模式。用户在"练习"开票方式可以任意开票。

正式开票、练习开票的运行方式独立保存，互不影响。

（16）兼容性功能。

本系统的版本升级，充分考虑了兼容性问题。低版本系统的数据库字段没有任何改动，新增加的字段均有默认值。用户升级时只需把数据库的内容导入新数据库中即可，并且各种新增功能均是在不影响以前系统功能的前提下设计的。

（17）票档案管理。

凡操作票生成系统生成的操作票，经正式打印输出，并回填开始时间、结束时间、实际操作步数等信息后，就成为了已使用票。系统对已使用票建立档案，保存在操作票档案库中。具有典型意义的已使用票可由授权的用户转为标准票，存放在标准票档案库中，供以后使用。操作票系统存档票箱如图 13-12 所示。

操作票按分类建立索引，有机地组织起来。如按"机组"、"电压等级"等建立索引以便于查找，在需要时可以方便地调出。

随着使用操作票生成系统次数的增多，标准票档案库中很快就会积累大量的标准票，特别是那些常用的标准票。这样，使用一段操作票生成系统后，使用者几乎不用通过点击元件生成操作票，而更多的是到标准票档案库中调出一个标准票，直接打印输出。

为防止调用错误的标准票，系统在使用标准票时，具有运行方式自动检验功能。对运行方式与当前设备运行方式不符的标准票禁止调出使用。

根据规章制度要求的不同，用户可以更改选项，禁止用户直接调出标准票使用。

使用者可对操作票档案库、标准票档案库进行维护，如删除一些不用或错误的操作票、编辑操作票内容等。

图 13-12 操作票系统存档票箱

任何对标准票档案库中标准票的修改操作,必须具有一定的权限,以保证标准票档案库中标准票的正确性。

三、其他便捷功能

操作票生成系统作为一种管理性和工具性相结合的软件,除具有齐全的功能外,还应当具有工具性软件的基本特征,即"便捷好用"。操作票生成系统的一个重要特点就是设计了许多方便用户的便捷功能,让用户使用时得心应手。其具体功能如下:

1. 矢量图形的放大缩小功能

矢量图的优点是信息存储量小,分辨率完全独立,在图像的尺寸放大或缩小过程中图像的质量不会受到丝毫影响,而且它是面向对象的,每一个对象都可以任意移动、调整大小或重叠。可以对整个画面或选定的部分画面进行放大或缩小,方便浏览全图或看清图中的部分内容。

2. 图形的带电变色功能

图形中的各条线路根据电压等级可以设定为带电时显示何种颜色,当线路带电时,则这条线路变成设定的电压等级颜色;不带电,则默认显示为黑色。

3. 画面网页式连接功能

一般系统是由十几幅到几百幅(主要是大型发电厂)画面组成的,为方便用户快速调出元件所在的画面,系统允许自定义画面之间的关联(类似网页的连接)。如点击一次系统图中某条线路的名称,就可以调出此条线路的保护屏画面。

4. 接地线拖放式挂接、拆除功能

在地线室选择合适的接地线后,可以直接将接地线拖放到系统图中,从而完成接地线的挂接。点击已挂接的接地线可拆除接地线。

5. 相关操作项自动跟随功能

在记录生成操作票的过程中,有的操作总是成对出现的。例如:"断开济姚线 201 开关"与"检查济姚线 201 开关在"分闸"位"两项总是成对出现。在这种情况下用户可以使用自动跟随功能。当点击生成第一项操作时,第二项操作自动跟随生成,提高生成操作票的效率。

6. 操作撤销及状态自动恢复功能

在记录生成操作票的过程中，如果发现操作出现错误，不必从头重做。用户可以使用"撤销"功能，"撤销"一步或若干步操作，从正确的地方继续操作。已改变的设备状态在撤销操作时自动恢复成原来的状态。

7. 操作项整行编辑功能

对已记录生成的操作票，使用者可以插入、删除某些操作项，或对某些操作项的文字进行编辑。操作票修改后可存盘或打印输出。这样，就不要求使用者必须完全正确地一次性地记录一张票，避免因某个操作项错误而需重做整张操作票的问题。这对记录生成复杂的操作票很有帮助。

在对操作项进行整行编辑后，需要启动正确性自动校验功能，以保证修改后的操作票的操作顺序仍然正确。

8. 参照标准票开票功能

由于本系统为裂变屏幕方式，使用者可同时看到上下两个窗口。因此，使用者可以在票面窗口中调出一张标准票，参照着标准票的步骤，点击生成自己的操作票。

9. 操作票索引自定义功能

使用者可以根据自己的习惯，建立自己的已生成操作票的索引，以便从操作票库中查找所需的操作票。自定义的索引可以有多级，例如：一级索引为"机组"，二级索引为"任务类型"，三级索引为"调度号"。典型的查找过程可以为：先找操作票所属的机组，然后找操作票的任务类型，最后找操作票操作的设备。通过这种逐级查找的方法，可以快速地找到所需的操作票。

10. 操作票列表自定义功能

使用者可以根据自己的习惯，建立自己的操作票的列表要显示的列，可以方便地在不打开票的情况下看到该票的相关信息。自定义的列可以是操作票所有字段，也可以是字段中的一部分，通过这种定义，用户在使用的时候就可以不打开票方便地查看自己所需要的票信息。

11. 票面窗口自动滚动功能

在点击元件生成操作票的过程中，记录操作票的窗口（下部小窗口）自动滚动，总是将最后记录的三行内容显示在窗口中，使用者可以很方便地知道已进行了那些操作。

12. 设备窗口、票面窗口的大小调节功能

用户可以任意调整元件窗口和票面窗口的大小。例如：用户可全屏幕显示票面窗口，浏览记录的操作票。

13. 提高输入速度的常用词功能

系统在大部分编辑窗口中设置了常用词功能，它包含了编辑操作过程中经常使用的词汇和相关术语。使用常用词可减少操作中的键盘输入，提高输入的速度，提高操作票书写的规范性。

14. 电力输入法的功能

具体地说是一种电力控制专用词计算机输入法，是针对目前电力系统中电力专业词汇

输入不便而产生的,利用输入电力专业词汇全拼首字母进行词汇输入。该输入法和现有技术相比,具有设计合理、使用方便、能够加快电力专业词汇输入速度、提高电力系统控制人员工作效率且适用于电力系统各部门等特点,因而,具有很好的推广使用价值。

15. 易于使用的"免键盘"功能

用户在记录生成操作票的过程中几乎不使用键盘,完全使用鼠标进行操作,使用者不必具有太多的计算机知识就可以自如地使用本系统。

第五节 "两票"管理系统

"两票"管理系统就是对"两票"进行动态跟踪检查、统计分析、考核、整改,全面贯彻"分级管理、逐级负责"的"两票"管理要求,按班组、车间(队、值)、主管部门、安监部门、主管厂领导分层次进行管理,以灵活高效的统计、查询、分析、自动检查、手工检查等多种手段及时发现问题,以记录、点评、展评、总结、考核、整改措施等多种方式处理和解决问题,确保"两票"管理的规范化。"两票"的管理系统如图 13 - 13 所示。

班组、车间(队、值)、主管部门、安监部门等用户根据权限不同使用不同的"两票"管理功能:

(1)班组用户:可以对本班组的"两票"进行综合查询、自动检查、人工检查、统计报表。

(2)车间用户:可以对本车间的"两票"进行综合查询、自动检查、人工检查、统计报表、点评展评。

(3)主管部门用户:可以对"两票"进行综合查询、自动检查、人工检查、统计报表、点评展评、分析考核。

(4)安监部门用户:可以对"两票"进行综合查询、自动检查、人工检查、统计报表、点评展评、分析考核、对主管部门考核、提出整改措施。

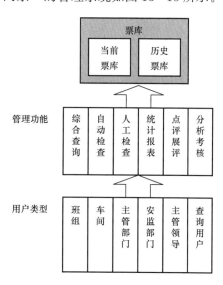

图 13 - 13 "两票"的管理系统

(5)主管领导用户:可以对"两票"进行综合查询、统计报表、模板审批等。

(6)查询用户:可以对"两票"进行综合查询。

第 六 节 其 他 管 理 系 统

一、数据接口预留

数据接口预留就是对用户相关系统提供预留数据接口,如 D7I 系统、安全管理系统、运行支持系统等,实现如下功能。

(1)在 D7I 系统中根据需要将"检修工单"生成"工作票申请"传至"两票"系统。

(2)在"两票"系统中由工作负责人根据"工作票申请"开工作票。

（3）"工作票"与"工单"关联，在 D7I 中可以查看工单对应的工作票及执行状态，在"两票"系统中可以查看工作票对应的工单及执行状态。

（4）安全管理系统可以调用"两票"系统的查询统计功能。

（5）用户提出的其他数据接口功能。

对于运行支持系统，根据用户的要求提供数据输出和数据接收接口，满足用户对相关应用系统集成应用的需要。

二、客户需求定制

客户需求定制就是针对用户的具体客户化需求进行在线定制，系统提供如下定制功能：

（1）"两票"模板（票类型、票面格式）定制。

（2）"两票"流程（开票、签发、接票、准许开工等节点和顺序）定制。

（3）组织机构（部门、车间、队、值、班组）定制。

（4）用户组、用户、角色权限定制。

（5）系统参数（机组、专业、系统、操作类别等）定制。

（6）发票与接票（检修与运行）交叉对应关系定制。

（7）运行班组与机组、专业对应关系定制。

（8）申请单格式、流程定制。

（9）特殊操作（例如：修改安全措施后是否需要审批）定制。

（10）其他需要的定制。

第十四章

《安规》工作票释义

本章编写是依据中华人民共和国国家质量监督检验检疫总局、中国国家标准化管理委员会联合发布的《电业安全工作规程 第1部分：热力和机械》（GB 26164.1—2010）中的工作票部分（第4部分），发布日期2011年1月14日，实施日期2011年12月1日。以下规程内容和序号与《电业安全工作规程》相同。

4. 工作票

4.1 工作票种类

4.1.1 在热力、机械和热控设备、系统上进行安装、检修、维护、试验工作，需要对设备、系统采取安全措施，需要运行人员在运行方式、操作调整上采取保障人身、设备安全措施的工作时，必须使用工作票。

【释义】 工作票是指在设备检修作业时，落实安全技术措施、组织措施及有关人员安全责任，进行检修作业的书面依据，是保证检修作业过程中人身安全和设备安全的重要措施。工作票包括：热力机械第一种工作票、热力机械第二种工作票、热控第一种工作票、热控第二种工作票。

【案例】 某厂检修人员陈某巡检时，发现1号斗轮机改向滚筒北侧轴承温度高，陈某在未办理工作票的情况下，带领工作人员梁某、邵某进行轴承加油工作，运行人员在不知情的情况下启动1号斗轮机皮带，皮带运转造成正在轴承加油工作的梁某，坠落至1号斗轮机回程皮带上，人随皮带移动至托滚支架与回程皮带间隙处时受到强烈挤压。经送医院抢救无效死亡。

本案中，检修人员存在侥幸心理，认为给轴承短时加油设备暂时不会启动，图省事不办票，擅自进行检修工作，造成事故的发生。

4.1.2 火力发电厂在生产设备、系统上工作，需要将设备、系统停止运行或退出备用，由运行值班人员采取断开电源、隔断与运行设备联系的热力系统时，对检修设备进行消压、吹扫等任何一项安全措施的检修工作，应使用热力机械工作票。

【释义】 热力机械工作票分为：热力机械第一种工作票、热力机械第二种工作票。

1. 热力机械第一种工作票适用范围：

（1）需要将生产设备、系统停止运行或退出备用，由运行值班人员按《电业安全工作规程》的规定采取断开电源、隔断与运行设备联系的热力系统，对检修设备进行消压、吹扫等任何一项安全措施的检修工作。

（2）需要运行人员在运行方式、操作调整上采取保障人身、设备安全措施的工作。

2. 热力机械第二种工作票适用范围：

（1）不需将生产设备、系统停止运行或退出备用，不需运行值班人员采取断开电源、隔断与运行设备联系的热力系统。

（2）不需运行值班人员在运行方式、操作调整上采取措施的。

（3）在设备系统外壳上的维护工作，但不触及设备的转动或移动部分。

（4）在锅炉、汽轮机、化水、脱硫、除灰、输煤等生产区域内进行粉刷墙壁、屋顶修缮、整修地面、保洁、搭脚手架、保温、防腐等工作。

（5）有可能造成检修人员中毒、窒息、气体爆炸等，需要采取特殊措施的工作，不准使用该票。

【案例】 某厂的原煤仓内壁上粘煤严重，需要清理作业。工作负责人办理了热力机械第二种工作票后，带领作业人员王某到原煤仓清煤作业，王某站在距煤仓底部 3m 左右位置进行清煤，工作负责人在煤仓外手拉安全绳并进行监护。作业过程中磨煤机仍在同时运行，由于原煤不断地向磨煤机内输入，原煤仓底部因煤被输空而造成坍塌，将王某腿部埋住。工作负责人立即通知值长停止磨煤机运行，并组织施救，造成王某左腿骨折。

本案中，如果当时办理的是热力机械第一种工作票，停止磨煤机运行，并做好现场安全措施后再作业，就不会发生此次事故。

4.1.3 火力发电厂在热控电源、通信、测量、监视、调节、保护等涉及 DCS、联锁系统及设备上的工作需要将生产设备、系统停止运行或退出备用的，使用热控工作票。

【释义】 热控工作票分为：热控第一种工作票、热控第二种工作票。

1. 热控第一种工作票使用范围：热控人员在汽轮发电机组的热控电源、通信、测量、监视、调节、保护等涉及 DCS、联锁系统及设备上的工作，如需要将生产设备、系统停止运行或退出备用等。

2. 热控第二种工作票使用范围：热控人员在不涉及热控保护、联锁、自动系统以及在不参与 DCS 或设备上的且不需要运行值班人员采取断开电源、隔断与运行设备联系的热力系统工作，如就地指示仪表校验、敷设电缆等工作。

【案例】 某厂 1 号炉大修后，一直存在着炉膛负压波动大（曲线成锯齿状，波动范围 100Pa）缺陷，经查，因送风机动叶调节挡板周期振荡所致，当时机组处在正常运行状态。热控工作负责人办理了热控第二种工作票后，便到工程师站开始对保护定值、逻辑参数等进行修改，由于修改 A、B 送风机调节参数不当，造成 B 送风机动叶调节突然关至 0%，一次风压低至 1.5kPa，给粉机全跳，汽包水位高 III 值保护动作，锅炉 MFT 动作，机组解列。

本案中，如果当时办理的是热控第一种工作票，停止某一台送风机运行，就不会发生此次事故。

4.1.4 水力发电厂在水力机械、设备、系统上进行安装、检修、维护、试验工作，需要对设备、系统采取安全措施的或需要运行人员在运行方式、操作调整上采取保障人身、设备安全措施的，使用水力机械工作票（格式见附录A）。

【释义】 水力机械工作票分为：水力机械第一种工作票、水力机械第二种工作票。

1. 水力机械第一种工作票使用范围：

（1）水轮机、蜗壳、导水叶、调速系统、风洞内、进水口闸门等机械部分及涉及油、水、风等管道阀门的工作。

（2）各种送、排风机和冷冻设备的机械部分工作。

（3）电梯、门机、桥机、尾水台车、启闭机等机械部分工作。

（4）各种水泵的非电气部分工作。

（5）各种空压机的工作。

（6）水工建筑物及其他非电气部分。

（7）需要在运行方式、操作调整上对水力设备、水工建筑物采取保障人身安全、设备安全措施等工作。

2. 水力机械第二种工作票使用范围：水力发电厂的不需运行值班人员在运行方式、操作调整上采取措施的机械设备及水工建筑物定期维护、清扫、巡视等工作。

4.1.5 水力发电厂在水力机械设备的控制电源、通信、测量、监视、控制、调节、保护等系统的工作，使用水力自控工作票。

【释义】 本条款是对水力发电厂水力自控工作票使用范围的规定。

4.1.6 工作票的安全措施栏可以使用附页。

【释义】 检修较复杂的设备或系统时，需要断开的电源、隔断、运行设备（系统）较多，采取的安全措施也较多。在填写工作票时，通常主页填写不下，应续填写在附页内。

4.1.7 非集控运行发电厂，热机与电气联系进行停送电，应使用停、送电联系单（格式见附录A）。

【释义】 停、送电联系单是热机运行（锅炉运行、汽轮机运行、化学运行、输煤运行等）要求电气运行对设备停（送）电的通知单。电气运行人员接到设备停（送）电联系单后，根据电气系统运行方式及现场实际情况，决定能否做有关安全措施。在做安全措施时，必须填写操作票，由操作人和监护人执行操作，设备停（送）电后，再由电气运行通知热机运行。

注：非集控运行发电厂禁止热机运行人员直接进行停送电操作。

4.1.8 现场进行动火作业时，应根据消防规程的相关规定，同时使用动火工作票。

【释义】 《电力设备典型消防规程》规定"防火重点部位或场所以及禁止明火区如需动火工作时，必须执行动火工作票制度"。

防火重点部位是指火灾危险性大、发生火灾损失大、伤亡大、影响大（简称四大）的部位和场所。一般指燃料油罐区、控制室、调度室、通信机房、计算机房、档案室、锅炉燃油及制粉系统、汽轮机油系统、氢气系统及制氢站、变压器电缆间及隧道、蓄电池室、易燃易爆物品存放场所，以及各单位主管认定的其他部位和场所。

禁止明火区应依据火灾"四大"原则，结合企业实际情况自行确定，一般分为二级。

一级禁火区是指火灾危险性很大、发生火灾时后果很严重的部位或场所；二级禁火区是指一级禁火区以外的所有防火重点部位或场所。

【案例】 某厂在两个储油罐（1000m³）顶部分别安装排空装置，每罐充油约 700t。工作负责人只办理了热力机械第一种工作票，未办理动火工作票。随后带领 1 名焊工爬到 2 号储油罐顶部，未检测可燃气体浓度，焊工就开始动火作业。当焊工点火时，引燃了燃油蒸汽，2 号储油罐爆炸起火，并引起 1 号储油罐起火，2 人当场死亡。

本案中，如果使用了动火工作票，按规定检测了可燃气体浓度，并由消防专业人员现场监护，就可以避免此次事故的发生。

4.2 工作票的使用

4.2.1 工作票应使用统一格式，各单位可以根据实际情况进行补充，但不得删减。

【释义】 工作票格式是按照现场实际作业流程、"三种人"安全职责及生产管理职责编制的。它是电力行业多年来使用工作票的经验总结，其执行程序严谨，安全职责明确，各单位不得删减其内容。但可根据本企业实际情况进行补充。

4.2.2 工作票一式两份，检修人员手执一份，运行人员留存一份。

【释义】 工作票是现场布置安全措施的依据，是准许检修人员作业的凭证。运行和检修人员各持有一份工作票的目的是对作业现场的安全各负其责。

检修人员手执工作票的主要用途有：①对照工作票核实现场安全措施的布置情况；②便于现场有关人员查证工作票；③便于检修管理部门对工作票的统计、分析和管理。

运行人员留存工作票的主要用途有：①当班运行值布置现场安全措施的依据；②接班运行值核实现场安全措施的依据；③便于运行管理部门对工作票的统计、分析和管理。

4.2.3 各单位应每年对工作负责人、工作许可人、工作票签发人进行安全规程、运行和检修规程的培训和考试，考试合格的，经厂（公司）领导批准，予以公布。

【释义】 工作票"三种人"是指工作票签发人、工作负责人、工作许可人。通常工作票签发人和工作负责人是由检修人员担任（水电、风电除外），工作许可人由运行人员担任。

电力企业的安全规程、运行和检修规程是保证安全生产的指导手册，所有从事电力生产的工作人员均应掌握。特别是工作票"三种人"是生产现场作业的直接操作人员，涉及较多的设备种类和不同专业，如果人员变动为新岗位、长时间未从事本岗位工作，或未掌握本岗位的专业技能和个人防护，极易造成人员误操作或人身伤害事件。因此，规定此条款。考试并公布"三种人"的目的是，①检查作业人员能否胜任"三种人"的工作；②明确作业人员可担任"三种人"的角色，并准许上岗；③避免不具备"三种人"资格的人员开票；④便于对"三种人"安全生产的监督管理。

4.2.4 工作票应用钢笔或圆珠笔填写与签发。由计算机生成的工作票可采用电子签名。

【释义】 手写工作票使用钢笔或圆珠笔的目的是防止他人改动；由计算机生成的工作票，在工作票第 9 项（批准工作时间）后，可采用电子签名。严禁他人代签名。

【案例】 某厂热控人员检修水泵入口电动阀门。工作负责人办理完热控第一种工作票的签发手续后，将工作票发给了运行人员。运行值班负责人王某接收工作票后，使用了多人电子签名密码，顺利地代签办理了工作票许可手续，工作负责人带领 2 名检修人员进入了现场，拆开了电动阀门接线盒，当检修工李某用手摸电源线时，触电失稳，从 2m 多高的脚手架上坠落摔伤。

本案中，由于当时运行值班室处需要等待办理工作票的检修人员较多，值班负责人王某为了图省事，提高办票效率，便使用他人的密码待办工作票，办票时，他记忆中该电动阀门已停电，不用再做任何安全措施了，就许可开工，失去了他人的技术把关作用，造成此次事故的发生。

4.2.5 工作票由工作负责人填写，工作签发人审核、签发。

【释义】 工作负责人是检修工作班负责人，也是工作监护人。通常由设备责任人或熟悉设备的人员担任。主要负责正确地和安全地组织工作，对工作人员给予现场指导，监督检查检修全过程的作业行为。为保证工作班成员的作业安全，工作负责人必须对现场安全措施布置的正确性和完善性负责，所以规定此条款。

工作票签发人是签发工作票的人员。通常由工作负责人对应的部门领导和专业技术人员担任。由于部门领导把握着整体安全生产情况和工作进度，在安排检修工作前，必须对选派工作负责人的能力进行确认，并对此项检修工作的重要性及安全注意事项进行交底，所以规定此条款。

4.2.6 一份工作票中，工作票签发人、工作负责人和工作许可人三者不得相互兼任。一个工作负责人不得在同一现场作业期间内担任两个及以上工作任务的工作负责人或工作组成员。

【释义】 工作票签发人、工作负责人和工作许可人的安全职责各不同，工作票签发人主要是论证确定设备检修的必要性和可能性，工作班成员安排合理性；工作负责人主要是正确地和安全地组织检修工作，保证安全地和圆满地完成工作任务；工作许可人主要是正确地布置作业现场的安全措施，负责办理工作票手续。如果"三者"相互兼任，将会失去被兼任人的安全职责，造成安全生产管理存在缺失，所以规定此条款。

在同一现场作业期间内，如果一个工作负责人同时担任两个及以上工作任务，由于作业地点的位置不同，在同一时间内一人只能监护一个工作班，此时，另一个工作班将会失去现场监护，造成现场安全监护存在缺失，极易发生事故。因此规定此条款。

【案例】 某厂修补输煤 2 号皮带的同时还需要补焊 2 号皮带落煤管。由于皮带班组人员少、设备消缺量较大，班长派一名工作负责人王某带领 2 个工作班（5 名农民工）进行工作，王某同时开了 2 张工作票（1 张修补 2 号皮带，1 张补焊 2 号皮带落煤管），并且同时开工。在作业中，王某正在指导 2 号皮带修补作业，另一个工作班在 2 号皮带落煤管处进行焊接时，不慎将周边的煤粉引燃，王某立即组织人员进行灭火，造成 2 号皮带烧毁，3 人烧伤。

本案中，如果 2 个工作班分别设有工作负责人，分别监护作业现场，是可以避免此次事故的发生。

4.2.7 机组大、小或临修时，可按设备、系统、专业工作情况使用一张工作票。

【释义】 在机组大（小）修或临修时，主设备及主要辅助设备已全部停运，并处在设备待检修或检修状态，此状态已将设备的电源断开、阀门关闭且与运行系统隔离，不存在运行设备（系统）危及人身安全的风险。为保证机组的检修工期，提高办理工作票效率，减少开票人数，避免重复布置现场安全措施，在确保人员作业安全的前提下，可采取特殊的办票形式，即按照设备、系统、专业工作情况，将有关联的设备或工作任务合并为一张工作票，通常指开大票。

开大票主要是指：2个及以上作业组的工作票所列全部安全措施能在工作开始前一次完成。但必须由车间指定一个总工作负责人，各作业组应有单一工作负责人，并在工作班成员栏内注明。

4.2.8 一个班组在同一个设备系统上依次进行同类型的设备检修工作时，如全部安全措施不能在工作开始前一次完成，应分别办理工作票。

【释义】 一个检修班组通常管辖同一类型的设备，而同类型设备常安装在不同的地点，取自不同的电源，如果检修时使用一张工作票，票中所列的全部安全措施将无法一次完成，将会造成现场布置安全措施不完善，作业人员扩大检修范围等风险，所以规定此条款。例如：1号储油罐为空罐，2号储油罐已存油，需要对1、2号储油罐的液位计同时改造作业。

【案例】 某厂进行1号、2号储油罐液位计改造工作，安全措施之一是将需改造1号储油罐的剩余燃油导入2号储油罐中，改造结束后再将2号储油罐的油全部导入1号储油罐，之后进行对2号储油罐的液位计改造工作。此项工作本应分别对两个储油罐的液位计改造工作办理工作票，并分别作好清空储油罐内的燃油工作，但工作负责人只开了一张工作票，作业中，检修人员在打开改造的2号储油罐（空罐）液位计时，误将存有燃油的1号储油罐液位计打开，燃油外漏，发生火灾危险。

4.2.9 工作票必须编号。要确保每份工作票在本厂内的编号唯一，且便于查阅、统计、分析。

【释义】 工作票有两种编号，一种是工作票的自身顺序号，在票面左上方，标示"No. x"；另一种是在执行工作票时，由运行人员填写（工作票登记本或微机办票系统的工作票台账登记序号），在票面右上角标示。工作票编号通常为9或10位数码，构成方式"票种类+车间+月+序号"。

1/2	3/4	5/6	7—10
票种类	车间	月	序号

第1~2位表示票种类，R1（热力机械第一种工作票）；R2（热力机械第二种工作票）；K1（热控第一种工作票）；K2（热控第二种工作票）；J1（水力机械第一种工作票）；J2（水力机械第二种工作票）；SK（水力自控工作票）；H1（一级动火工作票）；H2（二级动火工作票）。

第3~4位表示车间，01为汽轮机车间，02为电气车间。

第5~6位表示月，取值1~12。

第7~10位表示票序号，取值0000~9999。

如编号R10112020的含义为：R1（热力机械第一种工作票）、01（汽轮机车间）、12（12月）020（第20张工作票）。

4.2.10 在危及人身和设备安全的紧急情况下，经值长许可后，可以没有工作票即进行处置，但必须由运行班长（或值长）将采取的安全措施和没有工作票而必须进行工作的原因记在运行日志内。

【释义】 危及人身安全的紧急情况有人员已触电、设备（系统）对人员已造成伤害、人员已中毒或窒息施救、其他伤害人员的施救等。

危及设备安全的紧急情况有设备（系统）已着火，设备（系统）已被水掩、热力汽（水）系统严重泄漏、氢气系统严重泄漏、压力容器严重超压等。

在紧急处置工作结束后，运行班长（或值长）必须将有关内容记录在运行日志内。如发生时间、发生原因、处置过程关键点、参加处置的人员、处置后结论等。

4.2.11 许可进行工作的事项（包括工作票号码、工作任务、许可工作时间及完工时间）必须记在运行班长（或值长）的操作记录簿内。

【释义】 运行班长（或值长）的操作记录簿是运行交接班时的重要记事本。其中一项重要内容就是工作票执行情况，运行接班后可依据工作票的记录情况来确认设备状态，考虑运行方式变化，合理地安排本班工作。记录工作票的主要内容有工作票号码、工作任务、许可工作时间及完工时间。

【案例】 某厂锅炉车间制粉班处理1号机组2号磨煤机和4号磨煤机的润滑油系统缺陷。制粉班班长安排1名工作负责人，工作负责人图省事只开了一张工作票，并把安全措施连写在一起，其中一项安全措施是"断开2、4号磨煤机电源"。运行人员在做安全措施时只断开了2号磨煤机电源，漏断开4号磨煤机电源，也未做记录就许可了开工。另一个运行值接班后未认真检查工作票的执行情况，误认为4号磨煤机没有检修工作，就启动了4号磨煤机，造成2人重伤，1人死亡。

4.3 填写工作票

4.3.1 工作票的填写必须使用标准的术语，设备应注明名称及编号。

【释义】 手写票时，应做到字迹工整、清楚，不得涂改；使用电子票时，应采用宋体五号字。为避免因文字描述不规范、地方方言差异、理解不一致而造成的事故，必须使用标准术语。

标准术语	应用设备	规 范 描 述
开启 关闭	手动阀门 电动阀门 调整阀门 气动阀门 液压阀门	开启×××阀门（电动门、气动门、调整门、液压门） 关闭×××阀门（电动门、气动门、调整门、液压门）
开启到位 关闭到位	手动阀门 电动阀门 调整阀门 气动阀门 液压阀门	检查×××阀门（电动门、气动门、调整门、液压门）开启到位 检查×××阀门（电动门、气动门、调整门、液压门）关闭到位
至×%位 在×%位	调整阀门	开启（关闭）×××调整阀门至×××位 检查×××调整阀门在×××位

标准术语	应用设备	规 范 描 述
合上 断开	电动阀门	合上×××电动阀门电源开关 断开×××电动阀门电源开关
装设 拆除	堵板	在×××法兰处装设堵板 在×××法兰处拆除堵板
上锁 除锁	重要阀门	在×××阀门处上锁 在×××阀门处除锁
挂上 摘下	安全标示牌	在×××处挂上"×××"标示牌 摘下×××处"×××"标示牌

设备应使用"双重名称"描述，即中文名称和阿拉伯数字编号，例如：2号炉1号磨煤机33入口门。

4.3.2 票面需要填写数字的，应使用阿拉伯数字（母线可以使用罗马数字）；时间按24h计算，年度填写4位数字，月、日、时、分填写2位数字。

【举例】 220kV Ⅳ母线；2012年06月07日10时05分。

4.3.3 "工作负责人"栏：工作负责人即为工作监护人，单一工作负责人或多项工作的总负责人填入此栏。

【举例】 对多项工作的总负责人应填写姓名（总），例如：李××（总）。

4.3.4 "班组"栏：一个班组检修，班组栏填写工作班组全称；几个班组进行综合检修，则班组栏填写检修单位。

【举例】 防磨防爆班；锅炉车间。

4.3.5 "工作班成员"栏：应将每个工作人员的姓名填入"工作班成员"栏，超过10人的，只填写10人姓名，并写明工作班成员人数（如＊＊＊等共 人），其他人员姓名写入附页。"共 人"的人数包括工作负责人。有监护人的应明确监护人。

【举例】 王××（监护）。

4.3.6 "工作地点"栏：写明被检修设备所在的具体地点。

【举例】 3号机组厂房0m 2号给水泵处。

4.3.7 "工作内容"栏：描述工作内容，要求准确、清楚和完整。

【举例】 3号机组2号给水泵温度接线盒加固处理。

4.3.8 "计划工作时间"栏：根据工作内容和工作量，填写预计完成该项工作所需时间。

【释义】 "计划工作时间"应根据工作内容和工作量，填写预计完成该项工作所需时间。注意，不包括运行人员做安全措施等所需要的时间。

4.3.9 "必须采取的安全措施"栏：填写检修工作应具备的安全措施，安全措施应周密、细致，不错项、不漏项。检修工作需要运行人员在运行方式、操作调整上采取的措施，以及采取隔断的安全措施，必须写入安全措施栏。不需要做安全措施则在相应栏内填写"无"，不应空白。

【释义】 填写保证检修工作安全的隔离措施，具体内容：

（1）要求运行人员在运行方式、操作调整上采取的措施。

（2）要求运行人员采取隔离、隔断的安全措施，例如：断开设备电源、隔离带电设备、隔断运行的热力系统等。

（3）热控人员为保证人身安全和设备安全，必须采取的防范措施。

（4）检修自理，必须写明检修人员需要所做的具体安全措施，并由运行人员许可。

（5）如不需要做安全措施，则在相应栏内填写"无"，不得空白。

4.3.10 工作票安全措施"执行情况"栏：根据"必须采取的安全措施"栏中的要求，需要运行值班人员执行的，由工作许可人完成安全措施后，在相应栏内做"√"记号，如不需要做安全措施的，工作许可人在对应的"执行情况"栏中填写"无"；需要检修作业人员执行的安全措施，由工作票填写人在相应的措施后注明"检修自理"，工作负责人完成该项安全措施后，在对应的"执行情况"栏内填写"检修自理"。

【释义】 工作票安全措施"执行情况"栏是在运行人员布置完现场安全措施后填写此栏。对不需要做安全措施的，工作许可人应在对应的"执行情况"栏中填写"无"，严禁此栏为空。对检修自理的安全措施，运行人员要做好相关的事故预想。

【案例】 某厂热控车间电动门班更换给水泵电动门一限位开关。工作负责人填写了热控工作票，"必须采取的安全措施"栏内填写的"检修自理"，运行人员给办理了工作许可手续后，工作负责人带领 1 名检修工将电动给水泵控制电源小开关"断开"（位于主控室），并到给水泵处开始作业。在作业中，运行人员接班后巡视主控室设备时，发现电动给水泵控制电源小开关在"断开"位，也未挂安全警示牌，他误认为小开关自掉（因为曾发生过开关自掉），便顺手合上小开关，正在更换电动门限位开关的检修工触电，并从 2m 多高的脚手架上坠落，腰部骨折。

4.3.11 "运行值班人员补充的安全措施"栏的内容包括：由于运行方式或设备缺陷需要扩大隔断范围的措施；运行人员需要采取的保障检修现场人身安全和运行设备安全的措施；补充工作票签发人（或工作负责人）提出的安全措施；提示检修人员的安全注意事项；如无补充措施，应在该栏中填写"无补充"，不得空白。

【释义】 运行人员在办理工作许可手续前，可根据设备或系统运行情况、作业现场以及办理工作票的实际情况填写此栏，作为运行人员补充的安全措施，如无补充措施应填写"无补充"，不得空白。

【案例】 某厂电气车间开关班清扫 110kVA 母线瓷瓶，运行人员按工作票要求做好了安全措施，并将工作票发出。由于 115 开关正处于停电检修状态（换油），电气车间副主任王某临时提出清扫 115-4 刀闸，此项工作已超出工作票范围，需要运行人员补充安全措施，工作负责人将此项工作任务交给了检修工胡某。当时胡某口头通知运行人员来补做安全措施，副主任王某没等运行人员到来，就用随身携带的钥匙打开了专用梯子铁锁（属运行管理），把专用梯子错放在带电的 114-4 刀闸架构上，并随手摘掉了 114-4 刀闸"高压危险"标示牌后，便爬上 114-4 带电刀闸架构，当接近 114-4 刀闸时，触电坠落，经送医院抢救无效死亡。

4.3.12 "批准工作结束时间"栏：由值长根据机组运行需要填写该项工作结束时间。

【释义】 "批准工作结束时间"栏由值长填写。当机组大（小）修或临修时，应根据机组主设备检修时间或大（小）修指挥部的检修进度来确定时间；当设备消缺时，应根据机组运行需要及设备检修情况来确定时间。注意，批准工作结束时间不得超过计划工作时间。

4.3.13 工作许可人和工作负责人在检查核对安全措施执行无误后，由工作许可人填写"许可工作开始时间"并签名，然后，工作负责人确认签名。

【释义】 在机组运行时，运行方式及设备运行状况是由运行人员把握，掌握着系统设备整体运行情况及检修设备隔离情况，"许可工作开始时间"是工作票中的关键点之一，如果工作负责人填写此栏，由于他对运行方式和系统设备状况不清，对现场工作组的整体检修布局情况不清，对检修设备与运行系统隔离情况不清，存在着运行系统或设备危及人身安全的风险，所以规定此条款。

4.3.14 "工作票延期"栏：工作负责人填写，当班值长（单元长）或值班负责人确认签名。

【释义】 "工作票延期"以值长（或单元长）批准的有效期限为准。工作许可人、工作负责人应按照批准有效期限执行，不得超期。

4.3.15 "允许试运时间"及"允许恢复工作时间"栏：当班工作许可人填写并签名，工作负责人确认签名。

【释义】 "允许试运时间"是指工作负责人将工作票交回运行人员，运行人员将原做的安全措施已拆除，具备设备试运条件后，工作许可人准许试运设备的时间。

"允许恢复工作时间"是指检修设备试运行工作结束，运行人员将拆除的安全措施重新全部恢复，具备设备检修条件后，工作许可人准许检修人员重新工作的时间。

4.3.16 "工作终结时间"栏：工作负责人填写并签名，工作许可人签名确认。

【释义】 "工作终结时间"是指检修工作已结束，工作人员已全部撤离，现场已清理完毕，工作负责人与工作许可人共同到现场验收后，双方确认工作终结的时间。

4.3.17 使用热控工作票和水力自控工作票时，"需要退出热工保护或自动装置名称"栏由工作负责人填写，同时填写主保护退、投申请单，履行审批手续，并将审批单附在工作票后。

【释义】 热工保护及自动装置是保证热力设备（系统）安全、稳定、可靠运行的装置，具有正常运行时的参数自动调整、设备故障时能自动切断事故源等功能，如果热力设备（系统）失去保护及自动装置运行，将会危及设备（系统）的安全稳定运行，且存在着事故扩大的安全风险，所以，禁止擅自退出热工保护及自动装置。

当热控设备（水力自控设备）需要检修时，首先由工作负责人填写"主保护退（投）申请单"，履行审批手续，待有关部门批准后，方可办理热控工作票（水力自控工作票），并将审批单附在工作票后面。

4.3.18 "备注"栏填写内容：需要特殊注明以及仍需说明的交代事项，如该份工作票因故未执行，电气第一种工作票中接地线未拆除等情况的原因等；中途增加工作成员的情况；其他需要说明的事项。

【释义】 "备注"栏主要填写票面各栏目中未说明，但对现场作业安全有关的其他信息。

4.3.19 每份工作票签发人和许可人修改不得超过两处。其中设备名称、编号、接地线位置、日期、时间、动词以及人员姓名不得改动。工作票票面修改处应有修改人员签名或盖章。

【释义】 工作票是检修人员与运行人员工作间的相互合作、相互约定凭证。为保证执行过程中的严肃性，避免引发双方歧义，对动词和姓名关键字、错漏字改动进行了规定。其错漏字修改原则如下：

（1）填写时写错字，更改方法为在写错的字上划两道水平线，接着写正确的字即可。

（2）审查时发现错字，将正确的字写到空白处圈起来，将写错的字也圈起来，再用线连接。

（3）漏字时，将要增补的字圈起来连线至增补位置，并划"∧"符号。禁止使用"……"、"同上"等省略词语。

（4）修改处要有运行人员签名确认。

4.4 工作票的执行程序

4.4.1 工作票的生成。根据工作任务的需要和计划工作期限，确定工作负责人。工作负责人根据工作内容及所需安全措施选择使用工作票的种类，填写工作票或调用标准工作票。

【释义】 工作票的生成有手写票或调用标准工作票两种形式，由工作负责人负责。

标准工作票是由本企业针对设备、系统实际情况，组织有关专业技术人员提前编制好的工作票，并经有关人员审批无误后，将其录入到标准票库内。由于标准工作票是经过各级专业人员审核把关，具有可操作性和权威性，可以保证工作票中的安全措施正确和完善，如果工作需要从库中调用后即可使用。对特殊情况库中无标准工作票时，可使用手写工作票。

4.4.2 工作票的签发。工作负责人填写好工作票，交给工作票签发人审核，由工作票签发人对票面进行审核，确认无误后签发。

【释义】 工作票签发人一般由工作负责人所在单位领导或专业技术人员担任，对其工作任务的必要性及安排工作的合理性负责。审核的主要内容有：①审核检修设备的必要性和可能性；②审核安排工作班成员的合理性和保障性；③审核现场安全措施布置的正确性和完善性。

【案例】 某厂2号输煤变压器检修。工作负责人填写好工作票，找工作票签发人审核签字，当时工作票签发人正在开会，并用手机发短信，让工作负责人给代签一下工作票，工作负责人代签了工作票，办理了工作许可手续。由于工作票中的安全措施漏写了"断开2号输煤变低压侧开关和刀闸"，运行人员也未发现，此时变压器仍处在带电状态。工作负责人带领1名检修工来到现场打开了大门，检修工爬上2号输煤变压器，触电死亡。

本案中，如果工作票签发人认真审核了工作票中的安全措施内容，就可以避免此次事故的发生。

4.4.3 工作票的送达。计划工作需要办理第一种工作票的，应在工作开始前，提前一日将工作票送达值长处，临时工作或消缺工作可在工作开始前，直接送值长处。

【释义】 计划工作一般指机组大修或小修。在此期间办理工作票数量较多，而"第一种工作票"需要运行人员填写操作票、到现场布置安全措施。如果当天送达"第一种工作票"的数量较多，将增加了运行人员的操作量，甚至难以全部办理完当天送传工作票，同时，由于运行人员操作量大，疲劳作业将可能会造成误操作；另外，检修人员在主控室等候的时间也较长。所以规定此条款。

【案例】 某厂2号机组大修。大修开工第二天，锅炉车间制粉班上午9时40分送达了"热机第一种工作票"，工作负责人王某便在主控室等待开工，由于当天9时40分前送达到主控室的工作票数量较多，运行人员只能按照排队顺序办理。11时05分，早已在磨煤机处等待开工的工作班成员着急了，便给工作负责人王某打电话，王某就让运行人员给他先办理一下工作票开工手续，运行人员同意后，在办票过程中，被另一个作业班的工作负责人李某发现了，李某就与运行人员争吵，不让他蹭队办票，工作负责人王某就生气了，便动手打另一工作负责人李某，将李某打伤。

本案中，如果检修人员提前一日将"第一种工作票"均送达到运行值班室处，运行人员按照接收工作票的顺序办票，并做好现场的安全措施后，再通知工作负责人办理工作许可手续，就可以避免此次事件的发生。

4.4.4 工作票的接收。值班人员接到工作票后，单元长（或值长负责人）应及时审查工作票全部内容，必要时填写好补充安全措施，确认无问题后，填写收到工作票时间，并在接票人处签名。

【释义】 工作票的接收是指当值运行人员已接收到工作负责人送达的工作票，且填写了收到工作票时间。"收到工作票时间"应由单元长（或值长）填写并签名。在审查工作票时，如有疑问应向工作票签发人询问清楚，如工作票存在以下问题，应拒收该份工作票，并通知工作票签发人重新签发。

（1）使用工作票的种类错误。

（2）工作内容或工作地点不清。

（3）计划工作时间已过期或超出计划停电时间。

（4）安全措施有错误或遗漏。

（5）安全措施中的动词被修改，设备名称及编号被修改，接地线位置被修改，日期、姓名被修改。

（6）错字、漏字的修改不规范。

（7）"必须采取的安全措施"栏空白，或遗漏重要措施。

（8）没有附带危险点控制措施票（热机、热控和水力机械第二种票除外）。

（9）在易燃易爆等禁火区内进行动火工作没有附带动火工作票。

（10）工作负责人和工作票签发人不在文件公布名单内，或超范围办理工作票。

【案例】 某厂为网上办票。当值运行许可人李某接收到锅炉风机班送达的热力机械第一种工作票（工作任务：2号风机消缺）。此时，单元长正在输煤系统查看5号皮带机故障原因，运行许可人李某未汇报单元长，也未做任何记录，就擅自做主办理了工作许可手续，工作负责人带领3名检修工到2号风机处开始工作，在检修中，单元长返回到主控室就给另一个运行监盘人员下令，启动2号风机，当时3名检修工正在拆除联轴器，将2名检修工将手搅断。

本案中，如果由单元长审核并接收工作票，掌握设备、系统运行的整体现状及检修实际情况，是可以避免此次事故的发生。

4.4.5 安全措施的执行。根据工作票计划开工时间、安全措施内容、机组启停计划和值长（或单元长）意见，由运行班长（或单元长）安排运行人员执行工作票所列安全措施。

【释义】 安全措施的执行是指按照工作票中所列安全措施进行的一系列操作。运行操作前应先填写操作票，经审查无误签字后，等待运行班长（或单元长）下达操作命令，操作人和监护人方可执行操作，操作结束后由监护人汇报运行班长（或单元长），终结操作票。

工作票中所列安全措施布置完成后，必须由工作许可人会同工作负责人一起到现场进行确认，无误后方准办理许可手续。禁止采用口头（电话）交代方式。

【案例】 某厂汽机车间处理高压加热器泄漏缺陷。工作负责人将已签发的工作票交给了运行人员，运行人员为检修布置了现场安全措施后，未同工作负责人一起到现场确认，双方开始办理工作许可手续，在办票的过程中，由于2名检修工在现场已看到了运行人员布置了安全措施，认为可以开工了，他们在拆除高压加热器入口门时，因高压加热器水侧放空气门与放水门未开到位，高压加热器水侧的水未放尽，余水喷出烫伤2名检修工。

本案中，如果工作许可人会同工作负责人一起到现场确认安全措施的布置情况，就可以避免此次事故的发生。

4.4.6 安全措施中如需由（电气）运行人员执行断开电源措施时，（热机）运行人员应填写停、送电联系单，（电气）运行人员应根据联系单内容布置和执行断开电源措施。措施执行完毕，填好措施完成时间，执行人签名后，通知热机运行人员，并在联系单上记录受话的热机运行人员姓名，停电联系单保存在电气运行人员处备查，热机运行人员接到通知后，应做好记录。对于集控运行的单元机组，运行人员填写电气倒闸操作票并经审查后即可执行。严禁口头联系或约时停、送电。

【释义】 对非集控运行机组的停（送）电通常使用停（送）电联系单，此联系单是热机运行人员要求电气运行人员协助完成检修设备的停（送）电任务，电气运行人员完成设备停（送）电任务后再通知热机运行人员。严禁采用约时停（送）电方法。

约时停（送）电是指双方事前预约好停（送）电时间后不再互相联系，只要时间一到，立即进行操作。这种行为在实际工作中存在极大的安全风险。

【案例】 某厂汽机车间水泵班检修水泵。汽机运行班长用电话与电气运行班长约定"9时整送电空试水泵"，由于电气运行人员操作水泵开关（380V）时犯卡，9时未能送上电，汽机运行班长用电话询问情况后，又通知工作负责人可以进行检修，此时，电气运行班长忘记了告知操作人和监护人不准送电，而他们将已合闸的开关推到"运行"位（开关"五防"功能失效），水泵突然启动，正在水泵处作业的3名检修工立即躲闪，2人躲闪摔伤，1人左手被绞断。

本案中，如果使用了设备停、送电联系单，就可以避免此次事故的发生。

4.4.7 现场措施执行完毕后，登记在工作票记录本中。

【释义】 工作票记录本是用于运行人员执行工作票全过程中的情况记录，便于运行交接班及工作安排。其格式如下：

工 作 票 记 录 本

接票时间	专业	工作票编号	工作票内容	开工时间	工作负责人	措施执行人	开工许可人	完工时间	完工许可人
月 日 时 分				月 日 时 分				月 日 时 分	
月 日 时 分				月 日 时 分				月 日 时 分	

【案例】 某厂水源地的运行管理工作较差，只有当值"运行日志"，其他专用记录本均没有（包括工作票记录本），所有当值运行情况均写在"运行日志"内。某月3日，当值运行班为"水源地6号深井泵检修"办理了工作票许可手续，由于当时正遇水源地低压配电室改造工程，操作量较大，运行事情也较多，当值运行班长王某在"运行日志"内漏记了"6号深井泵检修"。4日，另一个运行值接班后，班长李某查阅了"运行日志"，但未到现场检查，便安排启动6号深井泵，此时，正在现场作业的3名检修工，由于躲闪不及，造成1死2重伤。

本案中，如果运行管理增设有"工作票记录本"，就可以避免此次事故的发生。

4.4.8 工作许可。检修工作开始前，工作许可人会同工作负责人共同到现场对照工作票逐项检查，确认所列安全措施完善和正确执行。工作许可人向工作负责人详细说明哪些设备带电、有压力、高温、爆炸和触电危险等，双方共同签字完成工作票许可手续。

【释义】 开工后，严禁运行或检修人员单方面变动安全措施。

工作许可是运行人员准许检修人员可以开工的指令。工作许可应以工作许可人、工作负责人的双方签字为准，签字前双方必须到现场对照工作票中的安全措施进行逐项检查确认，若发现以下情形之一，不准许可开工：

（1）断开的电源开关处未挂安全警示牌。

（2）未按规定要求挂好接地线。

（3）隔断的关键阀门未加锁或未挂安全警示牌。

（4）阀门关断不严，仍有较多的介质流出。

（5）交叉作业现场未可靠隔离。

（6）作业现场周边的井坑孔洞未按规定防护。

（7）夜间，作业现场无照明或照明不充足。

（8）作业现场存在着危及人身安全的危险源。

（9）室外作业，天气恶劣。

【案例】 某厂处理高压加热器的入口阀门泄漏缺陷。运行人员按照工作票中的安全措施要求关闭了管道来汽阀门（未关严），但未打开管道疏水阀门。工作负责人未到现场核实安全措施，就办理了工作许可手续，并带领2名检修工进入现场，在拆阀门时，余汽喷出，2名检修工来不及躲闪、严重烫伤。

本案中，如果工作许可人严格按照工作票中的要求布置好安全措施，或者双方到现场逐项检查确认安全措施，就可以避免此次事故的发生。

4.4.9 工作监护。开工后，工作负责人应在工作现场认真履行自己的安全职责，认真监护工作全过程。

【释义】 工作负责人因故暂时离开工作地点时，应指定能胜任的人员临时代替并将工作票交其执有，交代注意事项并告知全体工作班人员，原工作负责人返回工作地点时也应履行同样交接手续；离开工作地点超过两小时者，必须办理工作负责人变更手续。

工作监护是指许可开工至工作结束的作业全过程监护。工作监护由工作负责人负责，如果工作负责人因故暂时离开工作地点时，必须指定临时工作负责人，并在工作票"备注"栏内注明离开原因，以及离开和返回时间。工作负责人现场监护的主要工作：

（1）工作班成员的精神状态是否良好，情绪是否稳定。

（2）个体防护能否满足工作要求。

（3）检修现场布置的安全措施是否到位，检修设备与运行设备或系统是否可靠隔离，能否保证工作班成员的作业安全。

（4）工作中，随着现场或设备状态改变可能会出现新的安全风险，是否对其采取防控措施或及时消除。

（5）对于特殊作业现场（例如：高温高压管道附近，与带电设备安全距离较小附近、交叉作业现场等）是否提高监护等级。

（6）工作班成员是否严格按照工作程序作业，是否严格执行《电业安全工作规程》，有无违章作业或做与工作无关的事情。

【案例】 某厂输煤车间皮带班更换2号甲路皮带机托辊，工作负责人办理工作票手续后，带领2名临时工（李某、王某）开始工作，工作期间，工作负责人回到皮带班拿工具，让2名临时工继续更换托辊。由于旧托辊被卡住拆不下来，李某便用撬棍进行撬动，因用力过猛撬棍打在正运行的2号乙路皮带机上，撬棍飞出打在王某头部，经送医院抢救无效死亡。

本案中，如果工作负责人始终在现场履行监护职责，及时纠正作业过程中的不安全行为，就可以避免此次事故的发生。

4.4.10 工作人员变更。工作班成员变更，新加入人员必须进行工作地点和工作任务、安全措施学习，由工作负责人在两张工作票的"备注"栏分别注明变更原因、变更人员姓名、时间并签名。

【释义】 工作负责人变更，应经工作票签发人同意并通知工作许可人，在工作票上办理变更手续。工作负责人的变更情况应记入运行值班日志。

工作人员变更包括工作班成员变更、工作负责人变更。工作班成员变更应经工作负责人同意，并将变更情况记录在两张工作票的"备注"栏内，其目的是便于监督检查现场工作班成员是否超范围作业，工作结束后便于清点人数；工作负责人变更应经工作票签发人同意，并将变更情况记录在运行值班日志内，其目的是便于交接班运行人员掌握现场检修情况，便于监督检查工作负责人是否超范围作业，便于运行人员与工作负责人的工作联系。新加入人员必须办理完变更、交接手续后，方准参加作业。

【案例】 某厂输煤项目部更换5号皮带机液力偶合器。工作负责人王某办理了工作票，带领3名检修工进行检修，在检修中，项目部某领导将工作负责人王某抽调来回，让他处理斗轮机缺陷，又更换另一个工作负责人李某，但未办理工作负责人变更手续。第二天，输煤调度长接班后询问调度员说："5 号皮带机更换液力偶合器的工作干完了没有?"调度员说："干完了，工作负责人王某现在斗轮机消缺了"。接着，调度长下令恢复 5 号皮带机，开启皮带机，将正在作业的 3 名检修工搅伤。

本案中，如果将工作负责人王某变更为李某的情况记录在"运行日志"内，或输煤调度长派人到现场核实情况，就可以避免此次事故的发生。

4.4.11 工作间断。工作间断时，工作班人员应从现场撤出，所有安全措施保持不动，工作票仍由工作负责人执存。间断后继续工作前，工作负责人应重新认真检查安全措施应符合工作票的要求，方可工作。当无工作负责人带领时，工作人员不得进入工作地点。

【释义】 工作间断是指工作班人员全部撤离作业现场开始至重新返回现场的时间段。在此期间内，作业现场无人看守，现场的安全措施不能保证无人变动，一旦安全措施被变动了，工作人员再重新返回现场时未认真检查，极易发生事故，所以规定此条款。

【案例】 某厂安装电除尘灰斗工程。23 日晚工作结束后，检修人员未将乙炔气瓶的阀门关严，就将乙炔带插入灰斗夹缝中，使灰斗内乙炔气体大量聚集。24 日上午开工前，检修人员进入灰斗内，未重新检查现场的安全措施，就直接点燃气割把，引爆了灰斗内聚集的乙炔气体，造成一死二伤。

本案中，如果检修人员将乙炔气瓶的阀门关严，或者工作间断后、再重新作业前，认真检查现场的安全措施，就可以避免此次事故的发生。

4.4.12 工作延期。工作票的有效期，以值长批准的工作期限为准。工作若不能按批准工期完成时，工作负责人必须提前 2h 向工作许可人申明理由，办理申请延期手续。延期手续只能办理一次，如需再延期，应重新签发新的工作票。

【释义】 工作延期是指在批准工作期限内需要再延长工作时间。在设备检修期间内，经常会遇到许多不确定因素而影响检修工期，为减少办票次数，提高工作效率，第一种工作票可以办理工作延期手续，但必须在工作票的"备注"栏内注明申请工作延期的理由。通常申请工作延期有以下几种情形：

(1) 填写"计划工作时间"或"批准工作时间"考虑不周，时间不够用。

(2) 因人员专业技术水平低或人数少，不能顺序消缺，延误了时间。

(3) 检修设备缺少零部件，影响检修工期。

(4) 检修技术方案考虑不成熟，需要重新研究确定，影响检修工期。

(5) 与其他工作组配合作业时，其他工作组影响检修工期。

(6) 处理检修现场突发事件时，影响检修工期。

(7) 天气变化影响检修工期，如大风、大雨等。

注：热力机械第二种工作票、热控第二种工作票、水力机械第二种工作票不允许办理工作延期手续。

【案例】 某厂水泵班检修发电机 2 号定冷水泵。工作负责人办理了工作票，带领 2 名检修工对 2 号定冷水泵进行检修，水泵解体后发现有一个配件没有，立即通知了物质公司购买配件，配件购买回来已距工作票的批准工作时间仅有一天时间，工作负责人口头通知值长需要再延长检修时间半天，值长答应了，但未办理工作票延期手续。第二天，单元长接班后，认为2号定冷水泵已检修完毕，未到现场核实检查，就安排恢复送电操作，当运行人员开启水泵时，将正在检修水泵的2名检修工手被绞断。

本案中，如果工作负责人办理了工作票延期手续，或者接班单元长派人核实作业现场的情况，就可以避免此次事故的发生。

4.4.13 设备试运。检修后的设备应进行试运。检修设备试运工作应由工作负责人提出申请，经工作许可人同意并收回工作票，全体工作班成员撤离工作地点，由运行人员进行试运的相关工作。严禁不收回工作票，以口头方式联系试运设备。

【释义】 试运结束后仍然需要工作时，工作许可人和工作负责人应按"安全措施"执行栏重新履行工作许可手续后，方可恢复工作。如需要改变原工作票安全措施，应重新签发工作票。

设备试运是验证设备检修效果的重要工作环节。设备试运前，必须由工作许可人将工作负责人持有的工作票收回；如果需要变动其他工作组的安全措施时，还需要将其他工作组的工作票全部收回。收回工作票的目的是：①工作许可人和工作负责人双方同意设备试运的约定；②暂时终止工作组的检修权限；③检修设备的操作权限移交给运行管理。通常设备试运的项目如下：

（1）对于不能直接判断的检修设备的性能及检修质量是否达到要求的，工作终结前必须进行试运。

（2）所有泵、风机、电机、开关、电动（气动）阀门（挡板）等设备大修或解体后均需进行试运。

（3）所有保护、联锁回路检修后必须进行相关联锁试验。

（4）所有辅机的控制回路检修后必须进行相关联锁试验。

【案例】 某厂输煤车间机械班更换斗轮机斗轮轴承。工作负责人办理了工作票手续，带领2名检修工进入现场作业，斗轮轴承更换好后，工作负责人用手机通知运行班长"要求斗轮试转"，并口头与斗轮机司机闫某说明情况，司机闫某同意试转，然后开启了斗轮，发现设备仍有问题，立即停止斗轮运行，并告知工作负责人试转情况。工作负责人又同2名检修工进入了斗轮内检修，在检修过程中，运行班长让另一位斗轮机司机王某替换闫某，让闫某返回输煤调度室吃午饭，并交代王某检修人员让开一下斗轮，要求进行试转，司机王某替换闫某后，观察斗轮周边无人，就按了起动警铃（约10s），开启了斗轮，发现有人从斗轮内甩出，立即停止斗轮机，造成一死二重伤。

本案中，如果工作负责人、工作许可人严格履行工作票的设备试运手续，就可以避免此次事故的发生。

4.4.14 工作终结。工作结束后，工作负责人应全面检查并组织清扫整理工作现场，确认无问题后，带领工作人员撤离现场。工作许可人和工作负责人共同到现场验收，检查设备状况，有无遗留物件，是否清洁等，然后在工作票上填写工作结束时间，双方签名，工作方告终结。

【释义】 工作终结是指设备检修工作已结束，工作现场已清扫干净，工作班成员已全部撤离现场，工作许可人和工作负责人共同验收了设备和现场，但未办理工作票终结手续。

4.4.15 工作票终结。运行值班人员拆除临时围栏，取下标示牌，恢复安全措施，汇报值长（班长、机组长）。对未恢复的安全措施，汇报值长（班长、机组长）并做好记录，在工作票右上角加盖"已执行"章，工作票方告终结。

【释义】 工作票终结是指检修工作已结束，拆除现场安全措施，汇报值长（班长、单元长），并在工作票上盖"已执行"章。运行人员在办理工作票终结手续时，若发现以下情形不得办理：

（1）检修（包括试验人员）人员未全部撤离工作现场。

（2）设备变更或改造后的交接记录不清。

（3）安全措施未全部拆除。

（4）有关测量试验工作未完成或测试不合格。

（5）检修（包括试验）人员和运行人员没有共同赴现场检查或检查不合格。

【案例】 某厂锅炉空气预热器小修。工作负责人办理了工作票，带领 2 名检修工对空气预热器进行检修，共检修了 8 天。工作结束后，工作人员全部撤离了预热器，人孔门未关闭，工作负责人到主控室办理工作票终结手续，在此期间，1 名检修工突然想起他有一把铁锤放在预热器内，然后，他就让另 1 名检修工在人孔门处看护，自己进去找铁锤，在找铁锤时，工作负责人刚办理完工作票结束手续，运行人员就开始恢复送电，启动预热器，将正在找铁锤的检修工搅死。

本案中，如果在办理工作票终结手续前，工作许可人、工作负责人共同赴现场检查，确认工作班人员全部撤离现场，就可以避免此次事故的发生。

4.5 工作票管理

4.5.1 工作票实施分级管理、逐级负责的管理原则。运行、检修主管部门应是确保工作票正确实施的最终责任部门。安全监督部门是工作票的监督考核部门，对执行全过程进行监督，并对责任部门进行考核。

【释义】 检修工作涉及发电企业所有的生产部室、车间和班组，由于工作票使用量大、涉及的专业多，其管理采用"分级管理、逐级负责"是有效的方法，通常运行管理部门负责管理运行人员持有的已执行工作票，检修管理部门负责管理检修人员持有的已执行工作票，安全监督部门负责对其进行监督，体现了"管生产必须管安全"原则，避免了执行环节流于形式、弄虚作假等现象。

4.5.2 发电企业领导应定期组织综合分析执行工作票过程中存在的问题，提出改进措施。

【释义】 工作票执行的好坏可以直接反映出本单位安全生产管理工作，反映出本单位员工的安全意识，抓发电企业安全生产的重点工作要放在生产现场安全，抓生产现场安全的重点工作要放在工作票的执行。企业领导通过定期组织分析工作票在执行过程中存在的问题，提出解决问题方案和改进措施，才能发现安全生产管理的薄弱环节，为下一步安全生产管理的重点工作提供了依据，所以规定此条款。

4.5.3 已执行的工作票应由各单位指定部门按编号顺序收存，至少保存 3 个月。

【释义】 收存已执行的工作票目的是：①便于对工作票进行统计和管理；②便于分析

工作票的执行情况，并提出改进建议；③便于查证事故发生的原因。

4.6 工作票中相关人员的安全责任

4.6.1 工作票签发人

工作是否必要和可能；

工作票上所填写的安全措施是否正确和完善；

经常到现场检查工作是否安全地进行。

【释义】 工作票签发人是签发工作票的人员。一般由开票单位的领导或专业技术人员担任，如车间主任、车间技术人员。通常实行"点检定修制"的企业执行双工作票签发人，即工作票签发人、点检签发人，并明确以下安全职责：

（1）工作票签发人。审核工作的必要性和可能性；审核工作班成员和技术力量是否适当，满足工作需要；审核票面的安全措施考虑是否完善。

（2）点检签发人。审核检修工作内容是否正确；审核计划检修工期是否合理；审核票面的安全措施考虑是否完善；对检修质量进行验收。

4.6.2 工作负责人

正确地和安全地组织工作；

对工作人员给予必要指导；

随时检查工作人员在工作过程中是否遵守安全工作规程和安全措施。

【释义】 工作负责人是检修工作班的负责人，也是工作监护人。一般由本设备责任人或熟习本设备的人员担任。对于发包工程应实行工作票双负责人制（长期外委队伍除外），并明确以下安全责任：

（1）发包企业工作负责人：对现场作业安全措施是否执行到位，施工人员是否在指定时间、区域内工作负责。

（2）外包队伍工作负责人：对施工作业的现场组织、协调和施工作业人员安全行为负责。

4.6.3 工作许可人

检修设备与运行设备确已隔断；

安全措施确已完善和正确地地执行；

对工作负责人正确说明哪些设备有压力、高温和有爆炸危险等。

【释义】 工作许可人是办理工作票的运行负责人员。一般由当班运行人员担任。本条款明确了工作许可人的安全责任。

4.6.4 值班负责人（运行班长、单元长）

对工作票的许可至终结程序执行负责；

对工作票所列安全措施的完备、正确执行负责；

对工作结束后的安全措施拆除与保留情况的准确填写和执行情况负责。

【释义】 值班负责人是当班运行的负责人员。一般由运行班长、单元长担任。本条款明确了值班负责人的安全责任。

4.6.5 工作班成员

工作前认真学习安全工作规程、运行和检修工艺规程中与本作业项目有关规定、

要求;

参加危险点分析,提出控制措施,并严格落实;

遵守安全规程和规章制度,规范作业行为,确保自身、他人和设备安全。

【释义】 工作班成员是检修设备的作业人员。一般由检修工人担任。本条款明确了工作班成员的安全责任。

4.6.6 值长

负责审查检修工作的必要性,审查工作票所列安全措施是否正确完备、是否符合现场实际安全条件;

对批准检修工期,审批后的工作票票面、安全措施负责;

不应批准没有危险点控制措施的工作票。

【释义】 值长是当值运行的生产总指挥人员,也是运行值的最高管理者。本条款明确了值长的安全责任。

附 录

附录A 生产任务单

表 A.1 ×××公司（发电厂）管理任务单

任务单编号：

管理任务					
下 达 人		下达时间		计划完成时间	
接收部门		接收时间		部门接收人	
接 收 人		接收时间		实际完成时间	
备 注					

表 A.2 ×××公司（发电厂）工作任务单

任务单编号：

工作任务					
下 达 人		下达时间		是否开票	是/否
接收部门		接收时间		部门接收人	
接收班组		接收时间		班组接收人	
接 收 人		接收时间		工作票编号	
计划完成时间		终结时间			
备 注					

表 A.3 ×××公司（发电厂）操作任务单

任务单编号：

操作任务					
下 达 人		下达时间		是否开票	是/否
接收部门		接收时间		部门接收人	
接 收 人		接收时间		操作票编号	
计划完成时间		终结时间			
备 注					

附录 B 操作票票样

表 B.1　　　　　　　　　　电气倒闸操作票（票样 A4 纸）

单位				编号		
发令人		受令人		发令时间		年　月　日　时　分

操作开始时间：＿＿＿＿＿＿＿＿＿
　　　　＿＿＿年＿＿月＿＿日＿＿时＿＿分

操作结束时间：＿＿＿＿＿＿＿＿＿
　　　　＿＿＿年＿＿月＿＿日＿＿时＿＿分

监护操作：＿＿＿＿＿　　　单人操作：＿＿＿＿＿＿＿　　　检修人员操作：＿＿＿＿＿

操作任务：

顺序	模拟	操 作 项 目	实际	时间

备注：

操作人：　　　　　　监护人：　　　　　　值班负责人：　　　　　　值长：

第　页　共　页

表 B.2   **电气倒闸操作前标准检查项目表（票样 A4 纸）**

操作任务：		操作票编号：	
序号	检 查 内 容	核实情况	备注
1	核实目前的系统运行方式	是 （ ） 否 （ ）	
2	个人通信工具是否已关闭	是 （ ） 否 （ ）	
3	是否有检修作业未结束	是 （ ） 否 （ ）	
4	检查检修作业交待记录	是 （ ） 否 （ ）	
5	所要操作的电气连接中是否有不能停电或不能送电的设备	是 （ ） 否 （ ）	
6	是否已核实所要操作开关（刀闸）目前状态	是 （ ） 否 （ ）	
7	检查电气防误闭锁装置工作正常	是 （ ） 否 （ ）	
8	核实要操作设备的自动装置或保护投入情况记录	与操作票填写一致 （ ）	
9	操作对运行设备、检修措施是否有影响	有影响 （ ） 无影响 （ ）	
10	操作过程中需联系的部门或人员		
11	操作需使用的安全工器具		
12	操作需使用的备品、备件（保险）		
13	操作需使用的安全标志牌		
14	其他		
危 险 点		控 制 措 施	
人员精神状况			
人员身体状况			
人员搭配是否合理			
人员对系统和设备是否真正熟悉			
设备存在缺陷对操作的影响			
温度、湿度、气温、雨、雪对操作的影响			
照明、振动、噪声对操作的影响			
相邻其他操作或工作对操作的影响			
（本栏及以下由各单位根据操作任务填写）			

参加操作、监护人员声明：我已掌握上述危险点预控措施，在操作过程中，我将严格执行。

操作人：＿＿＿＿＿＿＿＿   监护人：＿＿＿＿＿＿＿＿

完成准备工作时间：＿＿＿＿年 ＿＿月 ＿＿日 ＿＿时 ＿＿分

表 B. 3   电气倒闸操作后应完成的工作表（票样 A4 纸）

操作任务：		操作票编号：	
序号	内　　容	落实情况	备注
1	登记地线卡	已完成（　） 无地线（　）	
2	登记绝缘值	已完成（　） 无绝缘值（　）	
3	修改模拟图	已完成（　） 无模拟图（　）	
4	登记保护投退操作记录	已完成（　） 未完成（　）	
5	拆除的接地线放回原存放地点	已完成（　） 无地线（　）	
6	摘下的安全标志牌、使用的安全工器具放回原存放地点	已完成（　） 无标志牌（　） 无安全工器具（　）	
7	未用完的备品、备件（保险）放回原存放地点	已用完（　） 无备品、备件（　）	
8	如实做操作记录	是（　） 否（　）	
9	向值长、机组长汇报	是（　） 否（　）	
10	操作录音文件保存	是（　） 否（　）	
11	值长对照录音对操作过程进行检查	是（　） 否（　）	
12	其　他		

操作人：＿＿＿＿＿＿　监护人：＿＿＿＿＿＿　时间：＿＿＿＿＿年＿＿月＿＿日＿＿时＿＿分

表 B. 4   **热力（水力）机械操作票（票样 A4 纸）**

单位				编号	
发令人		受令人		发令时间	年　月　日　时　分

操作开始时间： 　　　年　月　日　时　分	操作结束时间： 　　　年　月　日　时　分

监护操作＿＿＿＿＿＿＿＿　　　单人操作：＿＿＿＿＿＿　　　检修人员操作：＿＿＿＿＿＿

操作任务：

顺序	操　作　项　目	√	时间

备注：

操作人：＿＿＿＿＿　　监护人：＿＿＿＿＿　　值班负责人：＿＿＿＿＿　　值长：＿＿＿＿＿

第 页 共 页

285

表 B.5　　　　　　　　　　　　**设 备 停 电 联 系 单**

编号：

工作票号		值长（单元长）	
停电设备名称			
热机申请人（班长）		电气接受人（班长）	
申请停电时间	年　月　日　时　分	停电措施执行完时间	年　月　日　时　分
停电措施执行人		已通知热机负责人	年　月　日　时　分

表 B.6　　　　　　　　　　　　**设 备 送 电 联 系 单**

编号：

工作票号		值长（单元长）	
送电设备名称			
热机申请人（班长）		电气接受人（班长）	
申请送电时间	年　月　日　时　分	送电完毕时间	年　月　日　时　分
送电措施执行人		已通知热机负责人	年　月　日　时　分

附录C 检修申请票票样

表 C.1　　　　　　　　　　　　**主设备检修申请票（票样 A4 纸）**

检修设备名称：	申请人：
检修工作内容：	
对系统的影响（降低出力或改变运行方式）：	
计划工作时间：自＿＿＿＿年＿＿月＿＿日＿＿时＿＿分至＿＿＿＿年＿＿月＿＿日＿＿时＿＿分 共＿＿天 ＿＿小时	
申请单位意见： 　　　　　　　　　　　　　　　　　单位负责人：＿＿＿＿＿　　　＿＿＿＿年＿＿月＿＿日	
设备部门审核意见： 　　　　　　　　　　　　　　　　　设备部部长：＿＿＿＿＿　　　＿＿＿＿年＿＿月＿＿日	
发电部门审核意见： 　　　　　　　　　　　　　　　　　发电部部长：＿＿＿＿＿　　　＿＿＿＿年＿＿月＿＿日	
生产领导批示： 　　　　　　　　　　　　　　　　　生产领导：＿＿＿＿＿　　　＿＿＿＿年＿＿月＿＿日	
＿＿时＿＿分向值班调度员＿＿提出申请。 　　　　　　　　　　　　　　　　　值长：＿＿＿＿＿　　　＿＿＿＿年＿＿月＿＿日	
＿＿时＿＿分值班调度员＿＿批准检修申请，此时间已通知＿＿同志。 批准时间：自＿＿＿＿年＿＿月＿＿日＿＿时＿＿分至＿＿＿＿年＿＿月＿＿日＿＿时＿＿分 共＿＿天＿＿小时 　　　　　　　　　　　　　　　　　值长：＿＿＿＿＿　　　＿＿＿＿年＿＿月＿＿日	
＿＿日＿＿＿＿时＿＿分向值班调度员＿＿报完工。 　　　　　　　　　　　　　　　　　值长：＿＿＿＿＿　　　＿＿＿＿年＿＿月＿＿日	

表 C. 2　　　　　　　　辅助设备检修申请票（票样 A4 纸）

检修设备名称：　　　　　　　　　　　申请人：
检修工作内容：（非计划）（计划）
对系统的影响（退出备用或对用户构成影响）：
计划工作时间：自＿＿年＿＿月＿＿日＿＿时＿＿分至＿＿年＿＿月＿＿日＿＿时＿＿分　共＿＿天＿＿小时
申请单位意见： 　　　　　　　　　　　　　　　单位负责人：＿＿＿＿＿　　＿＿＿＿＿年＿＿月＿＿日
设备部审核意见： 　　　　　　　　　　　　　　　设备部：＿＿＿＿＿　　＿＿＿＿＿年＿＿月＿＿日
发电部审核意见：（或对运行人员提示） 批准工作时间自＿＿月＿＿日＿＿时＿＿分至＿＿月＿＿日＿＿时＿＿分　共＿＿小时 如果影响供电（热、水），上述批准时间应通知有关部门 　　　　　　　　　　　　　　　发电部：＿＿＿＿＿　　＿＿＿＿＿年＿＿月＿＿日
影响消防水系统运行，须经安监，消防监督部门批准 安监部门批准人：＿＿＿＿＿年＿＿月＿＿日，消防部门批准人：＿＿＿＿＿年＿＿月＿＿日
生产领导批示： 　　　　　　　　　　　　　　　生产领导：＿＿＿＿＿　　＿＿＿＿＿年＿＿月＿＿日
实际开工时间：＿＿＿＿＿年＿＿月＿＿日＿＿时＿＿分，实际完工时间：＿＿＿＿＿年＿＿月＿＿日＿＿时＿＿分 未按时开完工原因： 　　　　　　　　　　值长、单元长或运行班长：＿＿＿＿＿　　＿＿＿＿＿年＿＿月＿＿日

表 C.3   **设备异动申请票（票样 A4 纸）**

申请单位		申请时间	
设备名称			
异动部位			

异动原因：

对运行或备用设备的影响《简图》：

单位负责人：_____   申请人：_____

发电部意见：	设备部意见：
部门负责人：_____ _____年___月___日	部门负责人：_____ _____年___月___日

生产厂长或总（副总）工程师批准：

签名：_____年___月___日

表 C. 4   主要保护投退申请票（A4 纸）

保护名称:	
计划退出保护时间:	＿＿＿＿年＿＿月＿＿日＿＿时＿＿分
计划投入保护时间:	＿＿＿＿年＿＿月＿＿日＿＿时＿＿分
申请人签字:	＿＿＿＿年＿＿月＿＿日
单位负责人签字:	＿＿＿＿年＿＿月＿＿日
申请退保护理由:	
发电部门意见 批准工作时间：自＿＿＿＿年＿＿月＿＿日＿＿时＿＿分至＿＿＿＿年＿＿月＿＿日＿＿时＿＿分 签字：＿＿＿＿ ＿＿＿＿年＿＿月＿＿日	
总工程师批示: 签字：＿＿＿＿ ＿＿＿＿年＿＿月＿＿日	

附录 D 工作票主票票样

表 D.1   **电气第一种工作票（票样 A3 纸）**

No. ＿＿＿＿＿＿＿   工作票编号：＿＿＿＿＿

1. 工作负责人（监护人）：＿＿＿＿＿   班组＿＿＿＿   附页＿＿张

2. 工作班成员：＿＿＿＿＿＿＿＿＿＿＿＿＿＿＿＿＿＿＿＿＿＿＿＿＿＿＿＿＿＿＿＿＿＿＿

3. 工作地点：＿＿＿＿＿＿＿＿＿＿＿＿＿＿＿＿＿＿＿＿＿＿＿＿＿＿＿＿＿＿＿＿＿＿＿

4. 工作内容：＿＿＿＿＿＿＿＿＿＿＿＿＿＿＿＿＿＿＿＿＿＿＿＿＿＿＿＿＿＿＿＿＿＿＿

5. 计划工作时间：自＿＿＿＿年＿＿月＿＿日＿＿时＿＿分至＿＿＿＿年＿＿月＿＿日＿＿时＿＿分

6. 安全措施：

下列由工作票签发人（或工作负责人）填写：   下列由工作许可人填写：

应断开断路器和隔离开关，包括填写前已断开断路器和隔离开关（注明编号）、应取熔断器（保险）：	已断开断路器和隔离开关（注明编号）、已取熔断器（保险）：	
应装设接地线、隔板、隔罩（注明确切地点），应合上接地开关（注明双重名称）：	已装设接地线、隔板、隔罩（注明地线编号和地点），已合上接地开关（注明双重名称）：	编号：
		共 组
应设遮拦、应挂标示牌：	已设遮拦、已挂标示牌：	
工作票签发人：＿＿＿＿＿ ＿＿＿＿＿年＿＿月＿＿日＿＿时＿＿分 点检签发人：＿＿＿＿＿ ＿＿＿＿＿年＿＿月＿＿日＿＿时＿＿分 工作票接收人：＿＿＿＿＿ ＿＿＿＿＿年＿＿月＿＿日＿＿时＿＿分	工作地点保留带电部分和补充安全措施： 工作许可人：＿＿＿＿＿ 值班负责人：＿＿＿＿＿	

7. 批准工作时间：自＿＿＿＿年＿＿月＿＿日＿＿时＿＿分。

值长（或单元长）：＿＿＿＿＿

8. 许可工作开始时间：＿＿＿＿＿年＿＿月＿＿日＿＿时＿＿分。

工作许可人：_____　　　　工作负责人：_____

9. 工作负责人变更：原工作负责人_____离去，变更_____为工作负责人，变更时间___年___月___日___时___分。

工作票签发人：_____　　　　工作许可人：_____

10. 工作票延期，有效期延长到_____年___月___日___时___分。

工作负责人：_____　　　　值长（或单元长）或值班负责人：_____

允许试运时间	工作许可人	工作负责人	允许恢复工作时间	工作许可人	工作负责人
月　日　时　分			月　日　时　分		
月　日　时　分			月　日　时　分		
月　日　时　分			月　日　时　分		

11. 检修设备需试运（工作票交回，所列安全措施已拆除，可以试运）：

12. 检修设备试运后，工作票所列安全措施已全部执行，可以重新工作：

13. 工作终结：工作人员已全部撤离，现场已清理完毕。全部工作于_____年___月___日___时___分结束。

工作负责人：_____　　　　点检验收人：_____　　　　工作许可人：_____

接地线共_____组，已拆除_____组，未拆除_____组，未拆除接地线的编号_____值班负责人：_____

14. 备注：_____

_____

_____。

表 D. 2　　　　　　　　　**电气第二种工作票（票样 A4 纸）**

No. _____　　　　　　　　　　　　　　　　　工作票编号：_____

1. 工作负责人（监护人）：_____　　班组：_____　　附页：___张

2. 工作班成员：_____共_____人

3. 工作地点：_____

4. 工作内容：_____

5. 计划工作时间：自_____年___月___日___时___分至_____年___月___日___时___分

6. 工作条件（停电或不停电）：_____

7. 安全措施：

下列由工作票签发人（或工作负责人）填写：　　　下列由工作许可人填写：

工作票签发人：_____　　_____年___月___日___时___分

点检签发人：_____　　_____年___月___日___时___分

8. 工作票接收人：_____　　_____年___月___日___时___分

9. 许可开工时间：_____　　_____年___月___日___时___分

工作许可人：_____　　工作负责人：_____

10. 检修设备试运行：

检修设备需试运（工作票交回，所列安全措施已拆除，可以试运）：			检修设备试运后，工作票所列安全措施已全部执行，可以重新工作：		
允许试运时间	工作许可人	工作负责人	允许恢复工作时间	工作许可人	工作负责人
月 日 时 分			月 日 时 分		
月 日 时 分			月 日 时 分		
月 日 时 分			月 日 时 分		

11. 工作终结：工作人员已全部撤离，现场已清理完毕，全部工作于_____年___月___日___时___分结束。

接地线共_____组已拆除，全部措施已恢复。

工作负责人：_____　　点检验收人：_____　　工作许可人：_____

12. 备注：_____

_____

_____。

表 D. 3   **热力机械第一种工作票（票样 A3 纸）**

No. _____   工作票编号：_____

1. 工作负责人：_____   班组：_____   附页：_____ 张

2. 工作班成员：_____共_____人

3. 工作地点：_____

4. 工作内容：_____

5. 计划工作期限自_____年___月___日___时___分至_____年___月___日___时___分

6. 安全措施：

安全措施	执行情况（√）
（1）应断开下列开关、刀闸和保险等，并在操作把手（按钮）上设置"禁止合闸，有人工作"警告牌：	（1）
（2）应关闭下列截门、挡板（闸板），并挂"禁止操作，有人工作"警告牌：	（2）
（3）应开启下列阀门、挡板（闸板），使燃烧室、管道、容器内余汽、水、油、灰、烟排放尽，并将温度降至规程规定值：	（3）
（4）应将下列截门停电、加锁，并挂"禁止操作，有人工作"警告牌：	（4）
（5）其他安全措施：	（5）

工作票签发人：_____   _____年___月___日___时___分

点检签发人：_____   _____年___月___日___时___分

7. 工作票接收人：_____   _____年___月___日___时___分

8. 运行值班人员补充的安全措施：

补充的安全措施	执行情况（√）

9. 批准工作时间：_____年___月___日___时___分至_____年___月___日___时___分
值长（或单元长）：_____

10. 上述安全措施已全部执行，核对无误，从_____年___月___日___时___分许可开始工作。
工作许可人：_____　　工作负责人：_____

11. 工作负责人变更：自_____年___月___日___时___分原工作负责人离去，变更为_____担任
工作负责人。
工作票签发人：_____　　工作许可人：_____

12. 工作票延期：有效期延长到_____年___月___日___时___分
值长（或单元长）：_____　　运行值班负责人：_____　　工作负责人：_____

13. 检修设备试运行：

检修设备需试运（工作票交回，所列安全措施已拆除，可以试运）：			检修设备试运后，工作票所列安全措施已全部执行，可以重新工作：		
允许试运时间	工作许可人	工作负责人	允许恢复工作时间	工作许可人	工作负责人
月　日　时　分			月　日　时　分		
月　日　时　分			月　日　时　分		
月　日　时　分			月　日　时　分		

14. 工作终结：工作人员已全部撤离，现场已清理完毕。全部工作于_____年___月___日___时___分结束。
工作负责人：_____　　点检验收人：_____　　工作许可人：_____

15. 备注：_____
_____
_____。

表 D.4   **热力机械第二种工作票（票样 A4 纸）**

No. _____   工作票编号：_____

1. 工作负责人：_____ 班组：_____

2. 工作班成员：_____ 共_____人

3. 工作地点：_____

4. 工作内容：_____

5. 计划工作时间：自_____年___月___日___时___分至_____年___月___日___时___分

6. 危险点分析及控制措施：

序号	危险点	控　制　措　施

工作班成员声明：我已经学习了上述危险点分析与控制措施，没有补充意见，在作业中遵照执行。

工作班成员签名（必须本人手签名）：

                                  _____年___月___日

工作许可人补充的危险点分析：

序号	危险点	控　制　措　施

工作票签发人：_____   _____年___月___日___时___分

点检签发人：_____   _____年___月___日___时___分

7. 工作票接收人：_____   _____年___月___日___时___分

8. 许可开始工作时间：_____年___月___日___时___分

工作许可人签字：_____   工作负责人签字：_____

9. 工作结束时间：_____年___月___日___时___分

工作负责人签字：_____   点检验收人：_____   工作许可人签字：_____

10. 备注：_____

_____

_____

_____

_____ 。

表 D.5   **热控第一种工作票（票样 A3 纸）**

No. _____   工作票编号：_____

1. 工作负责人（监护人）：_____   班组：_____   附页：_____张

2. 工作班成员：_____ 共_____人

3. 工作地点：_____

4. 工作内容：_____

5. 计划工作时间：自_____年___月___日___时___分至_____年___月___日___时___分

6. 需要退出热工保护或自动装置名称：_____

7. 必须采取的安全措施：

具体安全措施：	执行情况（√）
（1）由运行人员执行的有：	
（2）运行值班人员补充的安全措施（工作许可人填写）：	
（3）由工作负责人执行的有：	

工作票签发人：_____   _____年___月___日___时___分

工作票接收人：_____   _____年___月___日___时___分

8. 工作票接收人：_____   _____年___月___日___时___分

9. 批准工作时间：自_____年___月___日___时___分至_____年___月___日___时___分

值长（或单元长）：_____

10. 由运行人员负责的安全措施已全部执行，核对无误。从_____年___月___日___时___分许可开始工作。

运行值班负责人：_____   工作负责人：_____   工作许可人：_____

11. 工作负责人变更：自_____年___月___日___时___分原工作负责人离去，变更为_____担任工作负责人。

工作票签发人：_____   运行值班负责人：_____

12. 工作票延期：有效期延长到_____年___月___日___时___分

值长（或单元长）：_____   运行值班负责人：_____   工作负责人：_____

13. 检修设备试运行：

检修设备需试运（工作票交回，所列安全措施已拆除，可以试运：			检修设备试运后，工作票所列安全措施已全部执行，可以重新工作：		
允许试运时间	工作许可人	工作负责人	允许恢复工作时间	工作许可人	工作负责人
月 日 时 分			月 日 时 分		
月 日 时 分			月 日 时 分		
月 日 时 分			月 日 时 分		

14. 工作结束：工作人员已全部撤离，现场已清理完毕。全部工作于_____年___月___日___时___分结束。

工作负责人：_____   工作许可人：_____

15. 备注：_____

表 D. 6   **热控第二种工作票（票样 A4 纸）**

No. _____   工作票编号：_____

1. 工作负责人：_____   班组：_____

2. 工作班成员：_____ 共_____人

3. 工作地点：_____

4. 工作内容：_____

5. 计划工作时间：自_____年___月___日___时___分至_____年___月___日___时___分

6. 危险点分析及控制措施：

序号	危险点	控 制 措 施

作业成员声明：我已经学习了上述危险点分析与控制措施，没有补充意见，在作业中遵照执行。

工作班成员签名：

                                            _____年___月___日

工作许可人补充的危险点分析：

序号	危险点	控 制 措 施

工作票签发人：_____   _____年___月___日___时___分

点检签发人：_____   _____年___月___日___时___分

7. 工作票接收人：_____   _____年___月___日___时___分

8. 许可开始工作时间：_____年___月___日___时___分

    工作许可人签字：_____   工作负责人签字：_____

9. 工作结束时间：_____年___月___日___时___分

    工作负责人签字：_____   工作许可人签字：_____

10. 备注：_____

_____

_____。

附录 E 工作票附票票样

表 E.1 　　　　　　　　　 一级动火工作票（票样 A4 纸）

No. _____　　　　　　　　　　　　　　　　　　　　　　工作票编号：_____

动火部门		班组		动火工作负责人	
动火地点					
设备名称					

动火工作内容：

申请动火时间	自_____年___月___日___时___分开始至_____年___月___日___时___分结束		
检修应采取的安全措施	运行应采取的安全措施		消防队应采取的安全措施

审批人 签章	动火工作票签发人	消防部门负责人	安监部门负责人	厂领导	值长

动火区域（有易燃易爆气体、粉尘场所）测量结果：

测量地点：_____　　使用仪器：_____　　　　可燃气体（粉尘浓度）：_____

测量值：_____　　测量时间：_____年___月___日___时___分　　测量人：_____

测量值：_____　　测量时间：_____年___月___日___时___分　　测量人：_____

测量值：_____　　测量时间：_____年___月___日___时___分　　测量人：_____

测量值：_____　　测量时间：_____年___月___日___时___分　　测量人：_____

测量值：_____　　测量时间：_____年___月___日___时___分　　测量人：_____

检修应采取的安全措施已做完。　　　　　　　　　　工作负责人签字：	消防队应采取的安全措施已做完。　　　　　　　　　消防监护人签字：	运行应采取的安全措施已做完。　　　　　　　　　　运行许可人签字：

应配备的消防设施和采取的消防措施已符合要求。易燃易爆物含量测定合格。

　　　　　　　　　　　　　　　　　　　　　　　　　　　　　　消防监护人签字：

允许动火时间：自_____年___月___日___时___分开始

　　　　　　　　　　　　　　　　　　值长签字：_____动火执行人签字：_____

结束动火时间：自_____年___月___日___时___分结束

动火执行人签字：_____消防监护人签字：_____动火工作负责人签字：_____值长签字：_____

备注：

表 E. 2　　　　　　　　　　　**二级动火工作票（票样 A4 纸）**

No. _____　　　　　　　　　　　　　　　　工作票编号：_____

动火部门		班组		动火工作负责人	
动火地点					
设备名称					

动火工作内容：

申请动火时间	自_____年___月___日___时___分开始至_____年___月___日___时___分结束

检修应采取的安全措施	运行应采取的安全措施

审批人签章	动火工作票签发人	消防部门人员	安监部门人员	值长	单元长（班长）

运行应采取的安全措施已做完。 运行许可人签字：_____	检修应采取的安全措施已做完。 工作负责人签字：_____

应配备的消防设施和采取的消防措施已符合要求。

　　　　　　　　　　　　　　　　消防监护人（部门义务消防员）签字：_____

允许动火时间：自_____年___月___日___时___分开始

单元长（班长）签字：　　　　　　　　　　　　　　动火执行人签字：_____

结束动火时间：自_____年___月___日___时___分结束

动火执行人签字：_____　　　　消防监护人（部门义务消防员）签字：_____

动火工作负责人：_____　　　　　　　　单元长（班长）签字：_____

备注：

表 E.3   **生产区域动土工作票（票样 A4 纸）**

No. _____   工作票编号：_____

项目名称			动土许可人		设备部副部长签
建设单位		（填写单位名称）	批准开工时间		_____年___月___日___时
施工单位		（填写单位名称）	设备部	电气	（供电负责人签字）
动土票签发人	建设单位	（设备部副部长签字）		土建	（土建主管签字）
	施工单位	（负责人签字）		机务	（锅炉、汽机主管签字）
				通讯	（通讯负责人签字）
工作负责人		（工程项目负责人签）	安监部		（安监部部长签字）

计划开工时间：_____年___月___日___时 计划完工时间：_____年___月___日___时	动土许可人及其他签字人的意见及建议（现场卫生符合文明生产标准）：
动土区域及工作内容（附图）： 	
土方量 弃土地点	
安全措施： 	动土结束时间：_____年___月___日___时___分 动土施工工作负责人：_____ 动土工作许可人：_____

附言：本表一式两份，工作负责人持一份，动土许可人持一份。

表 E. 4   **二次工作安全措施票（票样 A4 纸）**

单位				编号	
被试设备名称					
工作负责人			工作票签发人		
工作时间	自_____年___月___日___时___分至_____年___月___日___时___分				

操作任务：

安全措施：包括应打开及恢复压板、直流线、交流线、信号线、联锁线和联锁开关等，按工作顺序填用安全措施

序号	执行	安全措施内容	恢复

执行人：_____   监护人：_____   恢复人：_____   监护人：_____

表 E. 5　　　　　**热力（水力）机械操作危险点控制措施票（票样 A4 纸）**

工作票编号：＿＿＿＿＿＿

操作任务：		
序号	危险点	控　制　措　施

参加操作、监护人员声明：我已掌握上述危险点预控措施，在操作过程中，我将严格执行。

操作人：＿＿＿＿＿＿　　　　　　　　　监护人：＿＿＿＿＿＿

完成准备工作时间：＿＿＿＿＿年＿＿月＿＿日＿＿时＿＿分

表 E.6   **工作票危险点控制措施票（票样 A4 纸）**

工作内容：_____

工作负责人：_____   工作票编号：_____

序号	危险点	控 制 措 施

工作票签发人意见：	工作票签发人：

工作许可人补充的危险点分析：

序号	危险点	控 制 措 施

作业成员声明：我已经学习了上述危险点分析与控制措施，没有补充意见，在作业中遵照执行。

工作班成员签名：

_____年___月___日

304

附 录 F 检 修 作 业 指 导 书

表 F.1　　　　　　　检修作业指导书封面格式（A4 纸）

××××（企业名称）企业标准

Q/×× ××× ××××-××××

检修作业指导书

作业项目：＿＿＿＿＿＿＿

作业日期：＿＿＿＿＿＿＿

批　　准：＿＿＿＿＿＿

审　　核：＿＿＿＿＿＿

编　　制：＿＿＿＿＿＿

××××-××-××发布　　　　　　　　　　　　××××-××-××实施

××××××（企业名称）发布

表 F.2　　　　　　　检修作业指导书目次（A4 纸）

目　　次

表 F. 3　　　　　检修作业指导书正文格式（A4 纸）

××××× 检修作业指导书

1　目的

×××××××××××××××××××××××。

2　范围

适用于××××××××××××××××××××××××××检修。

3　职责

3.1　工作负责人职责

3.2　监护人职责

3.3　其他工作人员职责

3.4　质检员职责

4　人员资质及配备

4.1　专责检修工 1 名；具有×××资质或条件。

4.2　检修工×名；具有×××资质或条件。

4.3　其他：具有×××资质或条件。

5　检修内容（或流程）

×××××××××××××××××××××××××××××××。

5.1　××××××××××××××××××××××××××××。

5.1.1　×××××××××××××××××××××××××××。

………

6　质量标准

×××××××××××××××××××××××。

6.1　××××××××××××××××××××××××××××。

6.1.1　×××××××××××××××××××××××××××。

………

7　引用文件

7.1　×××××××××××××××××××××××××××。

7.1.1　××××××××××××××××××××××××××。

………

8　监视和测量装置汇总表

序号	装置或仪器名称	规范或型号	编号	备注

9　设备和工器具汇总表

序号	设备或工器具名称	规格或型号	单位	数量	备注

续表

10 备品备件及材料汇总表

序号	材料或备件名称	规格或型号	单位	数量	制造厂家	检验结果

11 作业流程

11.1 ××××××××××××××××××××××××××××××××××××。

11.1.1 ××××××××××××××××××××××××××××××××。

………

质检点（W）	
专责人/日期	
质检员/日期	

11.2 ××××××××××××××××××××××××××××××××××××。

质检点（H）	验收级别（ 级）
专责人/日期	
C级质检员/日期	
B级质检员/日期	
A级质检员/日期	

11.3 分部试运

11.3.1 ×××××××××××××××××××××××××××

12 检修记录

附录1：×××××××××××××××××××××××××。

13 技术记录

附录2：×××××××××××××××××××××××××。

14 备品备件及材料使用消耗记录

序号	材料或备件名称	规格或型号	单位	数量	制造厂家	检验结果

15 验收合格证和验收卡

附录3：××××××××××××××××××××××××。

附录G 两票管理记录本

表 G.1　　　　　　　　　　　　　设备检修工作票记录本（A4 纸）

接票时间	专业	工作票编号	工作票内容	开工时间	工作负责人	措施执行人	开工许可人	完工时间	完工许可人
月　日　时　分				月　日　时　分				月　日　时　分	
月　日　时　分				月　日　时　分				月　日　时　分	
月　日　时　分				月　日　时　分				月　日　时　分	
月　日　时　分				月　日　时　分				月　日　时　分	
月　日　时　分				月　日　时　分				月　日　时　分	
月　日　时　分				月　日　时　分				月　日　时　分	
月　日　时　分				月　日　时　分				月　日　时　分	
月　日　时　分				月　日　时　分				月　日　时　分	
月　日　时　分				月　日　时　分				月　日　时　分	
月　日　时　分				月　日　时　分				月　日　时　分	

表 G. 2   **设备停送电记录本（A4 纸）**

工作票编号	设备名称	停电通知人	停电时间	停电操作人	送电通知人	送电时间	送电操作人
			月　日　时　分			月　日　时　分	
			月　日　时　分			月　日　时　分	
			月　日　时　分			月　日　时　分	
			月　日　时　分			月　日　时　分	
			月　日　时　分			月　日　时　分	
			月　日　时　分			月　日　时　分	
			月　日　时　分			月　日　时　分	
			月　日　时　分			月　日　时　分	
			月　日　时　分			月　日　时　分	
			月　日　时　分			月　日　时　分	

表 G. 3　　　　　　　　设备装（拆）接地线记录本（A4 纸）

工作票编号	地线装设位置	地线号	设备地刀号	装设时间	操作人	拆除时间	操作人
				月　日　时　分		月　日　时　分	
				月　日　时　分		月　日　时　分	
				月　日　时　分		月　日　时　分	
				月　日　时　分		月　日　时　分	
				月　日　时　分		月　日　时　分	
				月　日　时　分		月　日　时　分	
				月　日　时　分		月　日　时　分	
				月　日　时　分		月　日　时　分	
				月　日　时　分		月　日　时　分	
				月　日　时　分		月　日　时　分	
				月　日　时　分		月　日　时　分	

表 G. 4　　　　　　　　**继电（热控）保护投停记录本（A4 纸）**

保护名称	投入时间	退出时间	投停原因	批准人	通知人	操作人	备注
	月　日　时　分	月　日　时　分					
	月　日　时　分	月　日　时　分					
	月　日　时　分	月　日　时　分					
	月　日　时　分	月　日　时　分					
	月　日　时　分	月　日　时　分					
	月　日　时　分	月　日　时　分					
	月　日　时　分	月　日　时　分					
	月　日　时　分	月　日　时　分					
	月　日　时　分	月　日　时　分					
	月　日　时　分	月　日　时　分					
	月　日　时　分	月　日　时　分					

注：保护设备归属电气、热控填入备注栏内。

表 G. 5　　　　　　　　　　　　　设备检修记录本（A4 纸）

设备名称：

内容：

工作负责人签字：＿＿＿＿＿＿＿＿＿　　　　　　　　　　＿＿＿＿＿年＿＿＿月＿＿＿日＿＿＿时＿＿＿分

运行值班负责人签字：＿＿＿＿＿＿＿＿＿

一值：　　　　二值：　　　　三值：　　　　四值：　　　　五值：

表 G. 6　　　　　　　　　　　继电保护交代记录本（A4 纸）

设备名称：			保护装置名称：
编号	保护名称	变比	保护定值及装置状况，是否可以投运

工作负责人：_____　　　　　　　　　　　_____年___月___日___时___分

运行值班负责人：_____

一值：　　　二值：　　　三值：　　　四值：　　　五值：

313

表 G. 7   **热控保护交代记录本（A4 纸）**

系统名称：

编号	保护及设备名称	保护定值、装置是否可以投运及必要操作说明

工作负责人：_____   _____年___月___日___时___分

运行值班负责人：_____

一值：   二值：   三值：   四值：   五值：

表 G. 8   **设备异动、变更记录本（A4 纸）**

申请日期	设备异动、变更内容	对系统设备运行的影响	竣工日期	通知人